高等职业教育计算机类系列教材

C#程序设计教程

主　编　倪步喜
参　编　张苏豫　项道东

机械工业出版社

本书基于控制台应用程序，介绍 C#程序设计的基础知识。全书共 12 章，内容包括 Visual Studio 2015 集成开发环境、C#语言基础知识、程序控制结构、异常处理、方法编程、类和对象、继承与多态、接口类型、数组与集合、委托与事件、对象的序列化与反序列化，最后是综合实践模块，要求学生设计并实现通讯录应用程序。

本书采选了作者积累多年的教学素材，章节内容层层递进，涵盖了信息技术类专业后续开发设计类专业课程的基础知识，实例丰富、解析透彻，章节练习题充足、难度适中，力求符合教师教学和学生自学的需要。

本书可作为高职高专院校和高等技术型院校信息技术及其相关专业的教材，也可作为软件开发人员及其他程序设计爱好者的自学参考书或培训教程。

为方便教学，本书配备电子课件等教学资源。凡选用本书作为教材的教师均可登录机械工业出版社教育服务网 www. cmpedu. com 免费下载。如有问题请致信 cmpgaozhi@ sina. com，或致电 010-88379375 联系营销人员。

图书在版编目（CIP）数据

C#程序设计教程／倪步喜主编. —北京：机械工业出版社，2017. 2（2024. 7 重印）
高等职业教育计算机类系列教材
ISBN 978-7-111-56027-2

Ⅰ. ①C… Ⅱ. ①倪… Ⅲ. ①C 语言-程序设计-高等职业教育-教材 Ⅳ. ①TP312. 8

中国版本图书馆 CIP 数据核字（2017）第 027026 号

机械工业出版社（北京市百万庄大街 22 号 邮政编码 100037）
策划编辑：刘子峰 责任编辑：刘子峰 陈瑞文
责任校对：刘 岚 封面设计：陈 沛
责任印制：郜 敏
北京富资园科技发展有限公司印刷

2024 年 7 月第 1 版 · 第 3 次印刷
184mm×260mm · 16. 75 印张 · 425 千字
标准书号：ISBN 978-7-111-56027-2
定价：49. 00 元

电话服务
客服电话：010-88361066
010-88379833
010-68326294

网络服务
机 工 官 网：www. cmpbook. com
机 工 官 博：weibo. com/cmp1952
金 书 网：www. golden-book. com
机工教育服务网：www. cmpedu. com

前　言

C#是微软发布的一种面向对象的、运行于 .NET Framework 之上的高级程序设计语言。2015 年 7 月，随着 Visual Studio 2015 的发布，C#以其可支持 Windows 应用开发、跨平台移动开发、Web 和云开发等特性，成为目前最流行的程序设计语言之一。

“C#程序设计”是高职高专院校和高等技术型院校信息技术类专业普遍开设的课程，其总体目标是使学生掌握 C#语言的基本语法，理解面向对象的程序设计思想，学会使用 .NET Framework 的常用基础类进行程序设计，掌握使用 C#语言进行面向对象编程的技术与方法，能够用所学的编程技术开发具有一定复杂程度的控制台应用程序，并为后续学习相关的应用程序设计课程打下良好基础。

全书共 12 章，内容简要介绍如下：

第 1 章介绍 .NET Framework、Visual Studio 2015 集成开发环境以及第一个控制台应用程序。

第 2 章介绍 C#语言基础知识，包括值类型与引用类型、数据类型转换、运算符和表达式、枚举与结构类型。

第 3 章介绍控制流程语句的应用、穷举法、数组初步，并提供巩固训练内容，让初学者得以有缓冲的机会，让他们有时间更扎实地掌握 C#基础知识与控制语句的应用。

第 4 章介绍异常处理机制，包括异常处理语句的使用，以及认识异常与异常类。

第 5 章介绍方法的定义与使用，其中包括了递归方法，并提供巩固训练内容。

第 6 章介绍类和对象，包括类成员的可访问性、构造方法、属性、this 关键字、静态成员及只读字段等。

第 7 章介绍继承与多态，包括基类成员在派生类中的可见性、派生类的构造方法、改写基类对象的行为，以及抽象类与抽象方法。

第 8 章介绍接口，包括接口的声明与实现、IComparable 接口与 IComparer 接口的使用、自定义泛型类及其类型参数约束。

第 9 章介绍数组与集合，包括二维数组、IEnumerator<T>、IEnumerable<T>、ICollection<T>等类库中常用的集合接口，以及 Dictionary<TKey, TValue>对象与 List<T>对象的使用等。

第 10 章介绍委托与事件，包括委托类型的声明与使用，以及事件的定义、引发与处理过程。

第 11 章介绍对象的序列化与反序列化，还介绍了文件、文件夹以及文本文件的操作。

第 12 章是综合实践模块，内容是关于通讯录的设计与实现。通过该项目的实践，初学者可融会贯通前述章节的知识，提高程序设计的综合能力。

本书编写特点如下：①精心选取典型实例，分析透彻，解析明了，突出重点；②代码详细，注释丰富，可读性强，可操作性强，便于自学；③涵盖 C#的主要内容，满足信息技术类专业后续课程的需要；④章节设计遵循规律，层层递进，充分考虑了学习要求与教学要求；⑤章节学习目标明确，课后练习丰富。

本书由温州职业技术学院的倪步喜担任主编，并负责统稿、定稿。温州职业技术学院的张苏豫和项道东参与了本书的编写。

由于编者水平有限，书中错误及不当之处在所难免，恳请广大读者批评指正。

编　者

目　录

第1部分

基础模块

第1章　初识 C#

学习目标

1）了解 .NET Framework 的结构。

2）了解公共类型系统。

3）熟悉 Visual Studio 2015 的安装和开发环境。

4）了解帮助信息的查阅方法。

5）了解对象浏览器窗口的使用。

6）熟悉入口方法 Main( )。

7）熟悉 C#控制台应用程序项目的创建、打开与运行方法。

8）熟悉解决方案资源管理器的使用。

C#（读作 C Sharp）是微软（Microsoft）公司发布的一种面向对象的、运行于 .NET Framework 之上的高级程序设计语言。它继承了 C 和 C++ 强大功能的同时，去掉了它们的一些复杂特性，又借鉴了 Java 的很多特点。它综合了 Visual Basic 简单的可视化操作和 C++ 的高运行效率，以其强大的操作能力、优雅的语法风格、创新的语言特性和便捷的面向组件编程的支持，成为 .NET 开发的首选语言。

本章将概要介绍 C#语言、.NET Framework 和 Visual Studio 2015 集成开发环境，并对第一个控制台应用程序进行介绍说明。

1.1　.NET Framework

1.1.1　.NET Framework 概述

.NET Framework（.NET 框架）是支持生成和运行下一代应用程序和 XML Web Services 的内部 Windows 组件，是用于构架、配置、运行网络服务以及其他应用程序的开发环境，是微软为开发应用程序而创建的一个平台。利用它，程序员可以开发 Windows 桌面应用程序、Web 应用程序、Web 服务以及其他类型的应用程序。.NET Framework 的设计方式确保它可以用于各种语言，包括 C#、C++、Visual Basic、JavaScript 等。所有的这些语言都可以访问 .NET Framework，它们彼此之间还可以通信。

.NET Framework 旨在实现下列目标：

1）提供一个一致的面向对象的编程环境。无论对象代码是在本地存储和执行，还是在本地执行但在 Internet 上分布的，或是在远程执行的，它们面向对象的编程环境都是一致的。

2）提供软件部署和版本控制冲突最小化的代码执行环境。

3）提供安全的代码执行环境，包括执行未知的或不完全受信任的第三方代码。

4）提供可消除脚本环境或解释环境性能问题的代码执行环境。

5）使开发人员一致对待类型区别较大的应用程序，如基于 Windows 的应用程序和基于 Web 的应用程序。

6）按照工业标准生成所有通信，以确保基于 .NET Framework 的代码可与任何其他代码集成。

1.1.2　.NET Framework 的结构

.NET Framework 以微软的 Windows 操作系统为基础，主要包括公共语言运行时（Common Language Runtime，CLR）和 .NET 框架类库（Framework Class Library，FCL）。在图 1-1 所示的 .NET Framework 体系结构图中，展示了公共运行时、类库、应用程序以及与整个系统之间的关系。

公共语言运行时是 .NET Framework 的基础，可以将 CLR 看作一个在执行时管理代码的代理，它提供内存管理、线程管理和远程处理等核心服务，并且还强制实施严格的类型安全检查，保证了代码的准确性。受 CLR 管理的代码称为托管代码（Managed Code），不受 CLR 管理的代码称为非托管代码（Unmanaged Code）。

.NET Framework 的另一个主要组件是类库，它是一个综合性的面向对象的可重用类型集合，可以使用它开发多种应用程序，这些应用程序包括传统的命令行或图形用户界面（GUI）应用程序，也包括基于 ASP. NET 所提供的最新创新的应用程序（如 Web 窗体和 XML Web Services）。

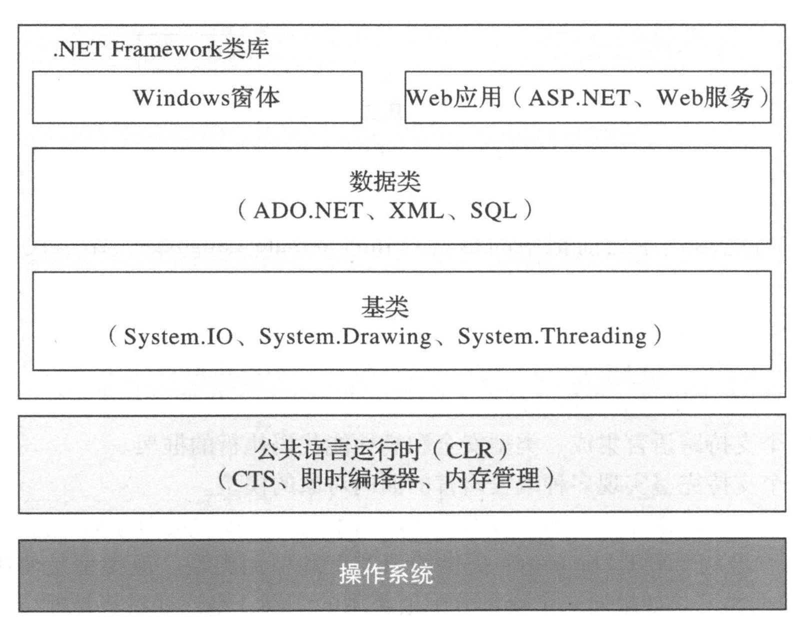

图 1-1　.NET Framework 体系结构

1. 公共语言运行时

公共语言运行时（CLR）和 Java 虚拟机一样，也是一个运行时环境，是一个可由多种编程语言使用的运行环境。CLR 的核心功能包括：内存管理、程序集加载、安全性、异常处理和线程同步。它可由面向 CLR 的所有语言使用，并保证应用和底层操作系统之间必要的分离。CLR 是 .NET Framework 的主要执行引擎。

在 .NET 平台上，应用程序无论使用何种语言编写，在编译时都会被语言编译器编译成微软中间语言代码（MSIL）。在运行应用程序时，CLR 自动启用 JIT（Just In Time）编译器把

MSIL 进一步编译成操作系统能够识别的本地机器语言代码，即本地代码，然后运行并返回处理结果。CLR 工作机制如图 1-2 所示。

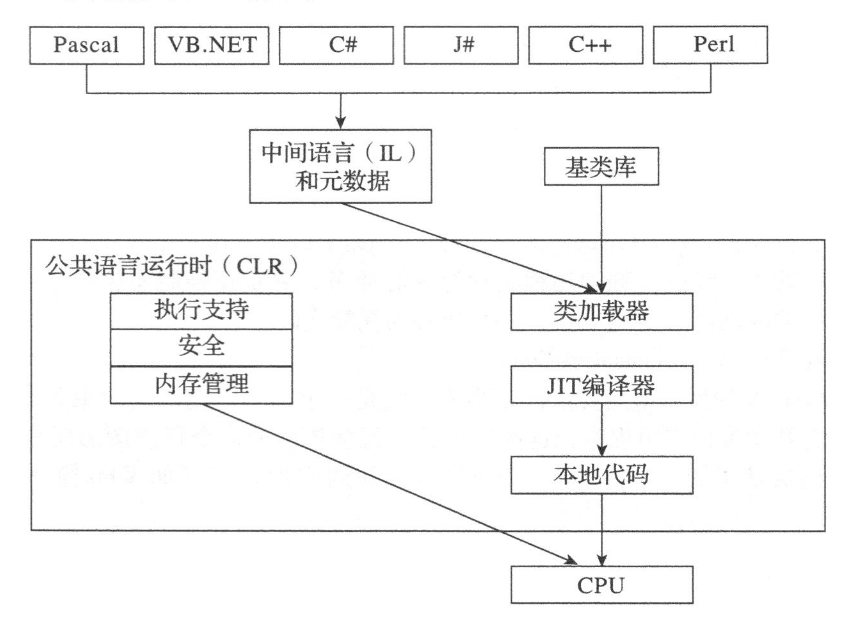

图 1-2　CLR 工作机制

公共语言运行时通过公共类型系统（Common Type System，CTS）和公共语言规范（Common Language Specification，CLS）定义了标准数据类型和语言间互操作性的规则。JIT 编辑器在运行应用程序之前把中间语言（Intermediate Language，IL）代码转换为可执行代码。

（1）公共类型系统

公共类型系统（Common Type System，CTS）定义了如何在运行库中声明、使用和管理类型，同时也是运行库支持跨语言集成的一个重要组成部分。公共类型系统执行以下功能：

1）建立一个支持跨语言集成、类型安全和高性能代码执行的框架。

2）提供一个支持完整实现多种编程语言的面向对象的模型。

3）定义各语言必须遵守的规则，有助于确保用不同语言编写的对象能够交互作用。

公共类型系统支持 .NET Framework 提供的值类型和引用类型。值类型是使用对象实际值来表示对象的数据类型。如果向一个变量分配值类型的实例，则该变量将被赋以该值的全新副本。而引用类型是使用对对象实际值的引用（类似于指针）来表示对象的数据类型。如果为某个变量分配一个引用类型，则该变量将引用（或指向）原始值，不创建任何副本。

在图 1-3 所示的公共类型系统基本结构中，给出了上述值类型和引用类型以及可能包含的子类型。所有的这些类型都派生于一个基类型——System. Object。

（2）公共语言规范

公共语言运行时提供了内置的语言互操作性支持。但是，这种支持不能保证一种代码能被使用另一种编程语言的开发人员使用。为了确保使用任何编程语言的开发人员都可以完全使用托管代码，定义了一组语言功能和使用这些功能的规则，称为公共语言规范（CLS）。遵循这些规则和仅公开 CLS 功能的组件被认为是符合 CLS 的。

例如，对于 . NET Framework 类库及编译器使用的基元数据类型——Byte、Int16、Int32、Int64、Single、Double、Boolean、Char、Decimal、IntPtr 和 String 都是符合 CLS 的。

公共语言规范是一个最低标准集，所有面向 . NET 的编译器都必须支持它，因为中间语言是一种内涵非常丰富的语言，大多数编译器的编写人员有可能把给定的编译器的功能限制为只支持中间语言和公共语言规范提供的一部分特性。

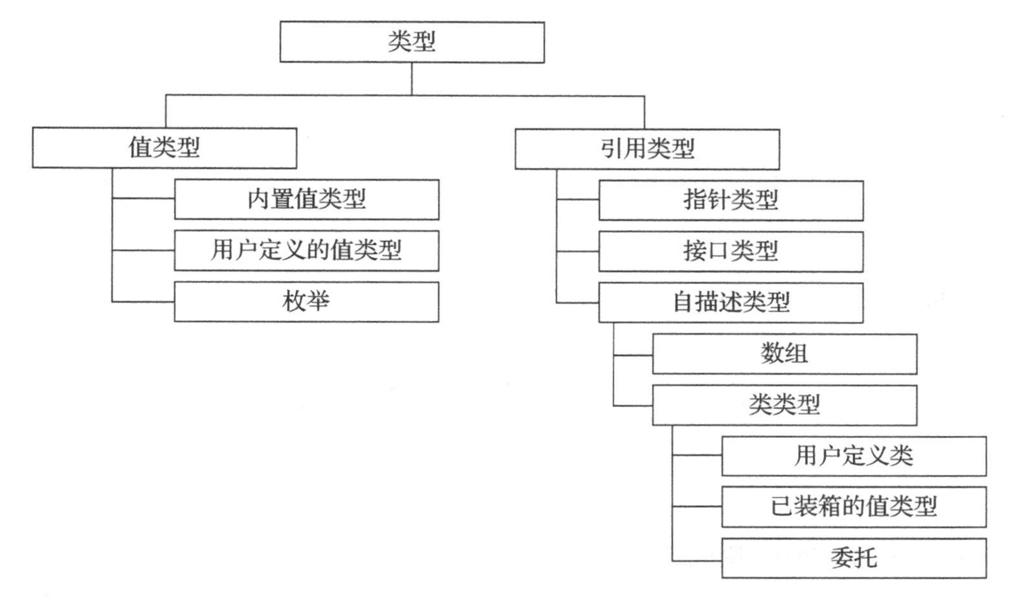

图 1-3　公共类型系统基本结构

2. . NET Framework 类库

. NET Framework 类库是一个由类、接口和值类型组成的类型集合，它为程序员开发各类应用程序提供了强大的功能扶持。. NET Framework 类库庞大，涉及各类应用程序的技术基础支持，这也是众多程序开发人员选用 . NET Framework 平台的重要原因。

. NET Framework 类型使用点语法命名方案，该方案体现了名称的层次结构，此技术将相关类型分为不同的名称空间组，以便更容易地搜索和引用它们。全名的第一部分（最右边的点之前的内容）是名称空间名，全名的最后一部分是类型名。

例如，System. Collections. ArrayList 表示 ArrayList 类型，该类型属于 System. Collections 名称空间。

图 1-1 中列举了类库中的部分内容，如 System. IO 名称空间，它包含文件和目录读写等操作的类，以及提供表示基本文件和目录的类型。再如，ADO. NET 所提供的类可以有效管理多个数据源的数据，程序员应用 ADO. NET 中的类可以开发数据库应用程序。再如 Windows 窗体，它包含用于创建基于 Windows 操作系统的应用程序的类，以充分利用系统中提供的丰富的用户界面功能。

如果要在程序中使用类库中的类，首先程序项目中要引用该类所在的程序集(. dll)，然后程序中要用 using 指令使用类的名称空间，最后在代码中直接使用类名。如果不使用 using 指令使用名称空间，那么使用类型名称时要用全名。

1.2　C#语言简介

C#是微软公司在2000年7月发布的一种全新且简单、安全、面向对象的程序设计语言，是专门为.NET的应用而开发的语言。它吸取了C++、Visual Basic、Delphi、Java等语言的优点，体现了当今最新的程序设计技术的功能和精华。C#继承了C语言的语法风格，同时又继承了C++的面向对象特性。不同的是，C#的对象模型已经面向Internet进行了重新设计，使用的是.NET框架的类库；C#不再提供对指针类型的支持，使得程序不能随便访问内存地址空间，从而更加健壮；C#不再支持多重继承，避免了以往类层次结构中由于多重继承带来的可怕后果。.NET框架为C#提供了一个强大、易用且逻辑结构一致的程序设计环境。同时，公共语言运行时为C#程序语言提供了一个托管的运行时环境，使程序比以往更加稳定、安全。综上所述，C#具有以下几个特点：

1）语言简洁。

2）保留了C++的强大功能。

3）快速应用开发功能。

4）语言的自由性。

5）强大的Web服务器控件。

6）支持跨平台。

7）与XML相融合。

1.3　Visual Studio 2015集成开发环境

Visual Studio 2015（简称VS 2015）集成开发环境如图1-4所示。它可用于创建面向Windows、Android和iOS的新式应用程序以及Web应用程序和云服务。它是一套完整的开发工具集，Visual Basic、Visual C++、Visual C#和Visual J#全都使用相同的集成开发环境（Integrated Development Environment，IDE），利用此IDE可以共享工具且有助于创建混合语言解决方案。另外，这些语言利用了.NET Framework的功能，通过此框架可使用简化应用程序开发的关键技术。

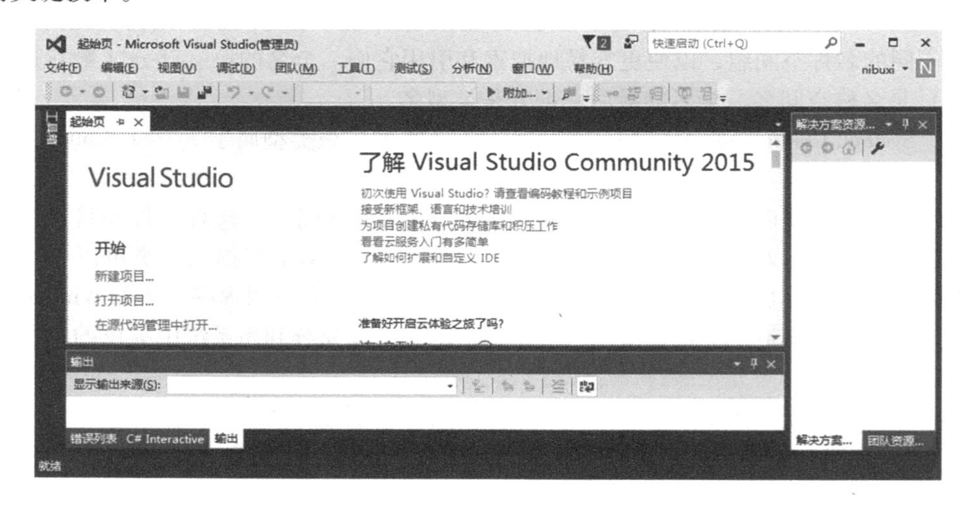

图1-4　VS 2015集成开发环境

1.3.1　Visual Studio 2015 社区版的安装

Visual Studio 2015 有社区版、专业版和企业版。用户在经济条件允许的情况下可购买专业版和企业版，但对于普通初学者用户而言，社区版（Community）即是不错的选择。它是一款可供各个开发者、开放源代码项目、学术研究、教育和小型专业团队免费使用的产品。

下面以在 Windows 7 平台上安装 VS 2015 社区版为例，介绍具体的安装步骤。安装前，用户需要有微软账户，以便最后进行产品注册。如果没有进行产品注册，则安装好的 VS 2015 社区版仅有 30 天使用权限；进行产品注册后，用户可长期使用 VS 2015 社区版。

（1）下载 VS 2015 社区版

下载社区版地址为 https://www.visualstudio.com/products/visual-studio-community-vs。在下载页面中，单击“下载 Community 2015”，下载 vs_community_CHS.exe 文件，该文件只是一个大小为 209KB 的小文件。

（2）运行 vs_community_CHS.exe 文件

运行文件后弹出的安装界面如图 1-5 所示，此阶段进行安装程序的初始化。

（3）安装位置与安装类型的选择

安装程序初始化完成后，会自动进入安装位置与安装类型的选择阶段，其界面如图 1-6 所示。

用户要大致了解软件的安装位置，默认情形下，安装位置为 C:\Program Files(x86)\Microsoft Visual Studio 14.0，所以要保证 C 盘有足够的空余磁盘空间。用户也可以修改安装位置。

对于初学者而言，安装类型选择默认值，即“包括 C#/VB Web 和桌面功能”。

单击“安装”按钮后，就开始下载并安装软件。本过程较长，需要用户耐心等待，尤其是在网速不佳的情况下。

（4）安装结束

软件安装结束后的界面如图 1-7 所示，提示用户重启计算机，然后才能启动 VS 2015。

图 1-5　安装程序初始化

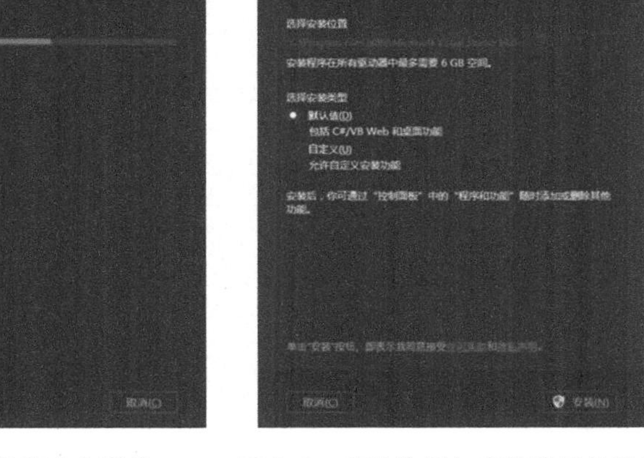

图 1-6　安装位置与安装类型的选择

图 1-7　安装结束

(5) 在桌面上添加 devenv. exe 文件快捷方式

启动 VS 2015 需要运行 devenv. exe 文件，在选择默认安装路径时，它位于 C:\Program Files (x86)\Microsoft Visual Studio 14. 0\Common7\IDE 中。但安装结束后，桌面和“开始”菜单中并没有它的快捷方式。

创建 devenv. exe 文件的快捷方式时，先选中该文件，单击鼠标右键，在弹出的快捷菜单中选择“发送到”→“桌面快捷方式”命令，即可在桌面上创建 VS 2015 的启动快捷方式。

(6) 注册产品

注册产品是为了突破软件 30 天使用权的期限。在 VS 2015 的“帮助”菜单中，选择“注册产品”命令进行注册。

经过上述步骤安装 VS 2015 后，用户还可以进一步选择安装文档，以备今后学习时查阅相关文档资料。

1.3.2 熟悉 C#编程环境

1. Visual C#开发环境设置

在公共机房学习 Visual C#时，常会遇到当前的开发语言环境不是 Visual C#的开发环境的情况，这时需要将 Visual C#开发环境设置为默认的开发环境。这样可以在新建项目时，省去选择开发语言的麻烦。

选择“工具”→“导入和导出设置”命令，在打开的“导入和导出设置向导”对话框中选中“重置所有设置”单选按钮，单击“下一步”按钮，如图 1-8 所示。再选中“否，仅重置设置，从而覆盖我的当前设置”单选按钮，单击“下一步”按钮，如图 1-9 所示。最后，选择“Visual C#”开发设置，单击“完成”按钮，如图 1-10 所示。

图 1-8　导入和导出设置向导 1

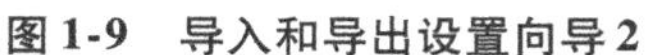

图 1-9　导入和导出设置向导 2

图 1-10　导入和导出设置向导 3

2. 新建控制台应用程序

控制台应用程序指运行在MS-DOS环境中的程序，没有可视化的界面，一般在命令行运行，输入/输出通过标准I/O进行。控制台程序常常被用于测试和监控等，用户往往只关心数据，而不在乎界面。

在VS 2015集成开发环境中，选择“文件”→“新建”→“项目”命令，打开“新建项目”对话框，如图1-11所示。在此对话框中，编程语言选择“Visual C#”，项目类型选择“控制台应用程序”。在“名称”文本框中输入项目名称，此处选用默认值“ConsoleApplication1”。在“位置”下拉列表框中选择磁盘上的一个文件夹作为项目存储位置，此处选用默认文件夹“c:\users\administrator\documents\visual studio 2015\Projects”，表示新项目保存于Windows资源管理器中的“库”→“文档”→Visual Studio 2015→Projects文件夹中。在“解决方案名称”文本框中输入“mysolution1”。保持“为解决方案创建目录”复选框处于勾选状态。单击“确定”按钮后，新建了一个空白的控制台应用程序供开发人员编辑，如图1-12所示。

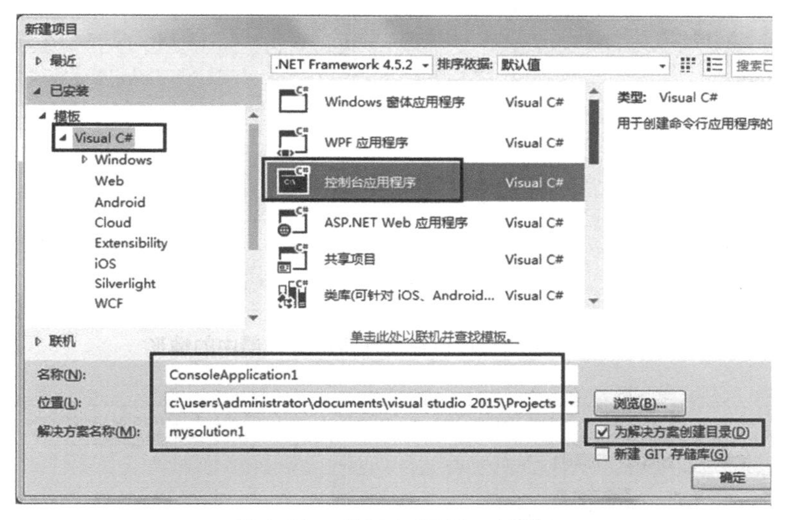

图1-11 “新建项目”对话框

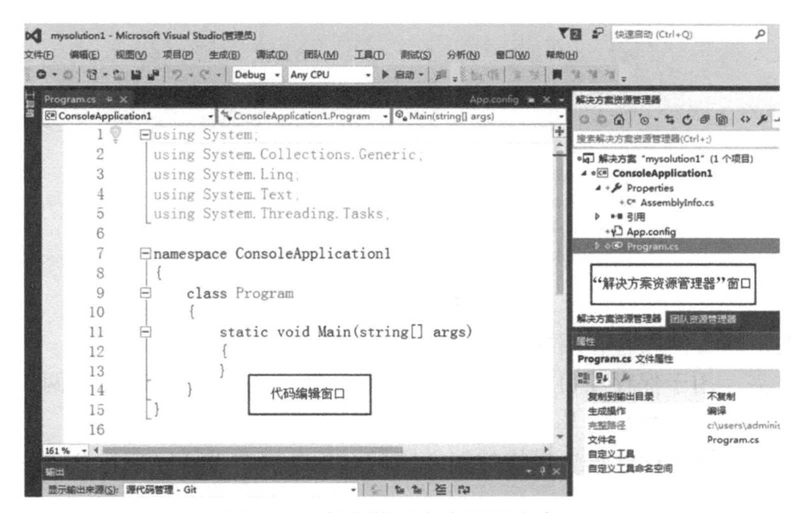

图1-12 新建控制台应用程序窗口

在新建的控制台应用程序窗口中，工具栏下方左侧为代码编辑窗口，此时显示正在编辑的 Program. cs 程序文件的内容。工具栏下方右侧为“解决方案资源管理器”窗口，该窗口显示解决方案 mysolution1 中包含一个项目，即 ConsoleApplication1，它呈浓黑显示，表示当前项目。在“解决方案资源管理器”窗口中，可以看到应用程序项目包含了属性集 Properties、引用、应用程序配置文件 App. config 以及程序文件 Program. cs 等资源。

在解决方案 mysolution1 上单击鼠标右键，在弹出的快捷菜单中选择“在文件资源管理器中打开文件夹”命令，可列出解决方案文件与项目文件夹，如图 1-13 所示。地址栏中的 mysolution1 文件夹就是解决方案文件夹。mysolution1. sln 为解决方案文件，双击它即可打开解决方案，进而编辑或调试以前的程序代码。而 ConsoleApplication1 为项目文件夹，打开该文件夹的情形如图 1-14 所示。

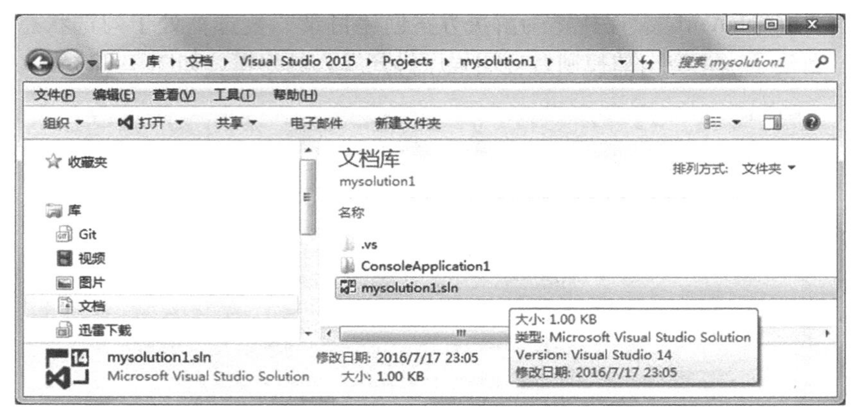

图 1-13　控制台项目在文件资源管理器中的情形

图 1-14　项目文件夹

项目文件夹中的具体内容介绍如下。

1）bin 文件夹：用于保存项目生成后的程序集，它有 Debug 和 Release 两个版本，分别对应的文件夹为 bin \ Debug 和 bin \ Release。

2）obj 文件夹：用于保存每个模块的编译结果。各个模块编译完成后会合并为一个 . dll 文件或 . exe 文件，保存到 bin 目录下。

3）Properties 文件夹：应用程序属性集文件夹，保存应用程序的版本等信息。

4）App. config：应用程序配置文件。

5）ConsoleApplication1. csproj. user：项目用户文件，用于存储当前项目的用户配置。

6）Program. cs：类文件，代码文件。

7）ConsoleApplication1. csproj：项目文件。

3. 打开控制台应用程序

打开现有的控制台应用程序通常有以下一些方法：

1）如前所述，通过 Windows 文件资源管理器，找到解决方案文件（. sln），双击即可。

2）选择“文件”→“打开”→“项目/解决方案”命令，打开“打开项目”对话框，然后选解决方案文件打开解决方案，如图 1-15 所示。

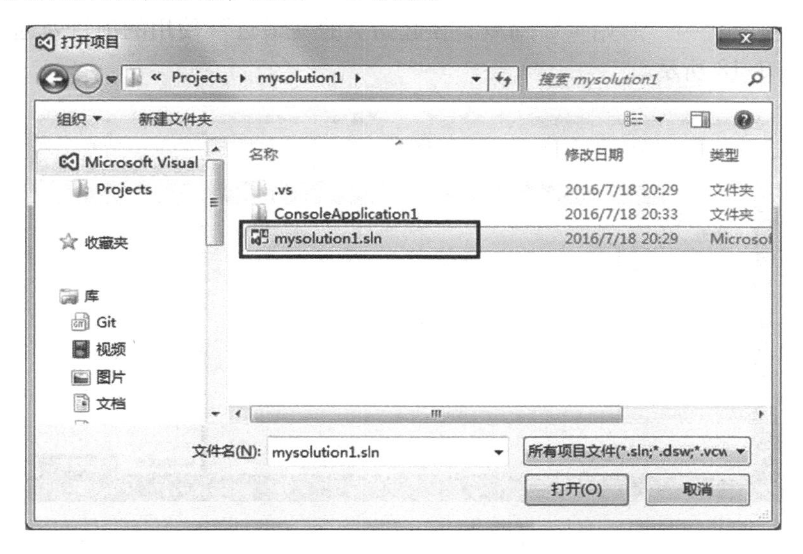

图 1-15　“打开项目”对话框

然后，在“打开项目”对话框中选择项目工程文件（. csproj）并打开，如图 1-16 所示。

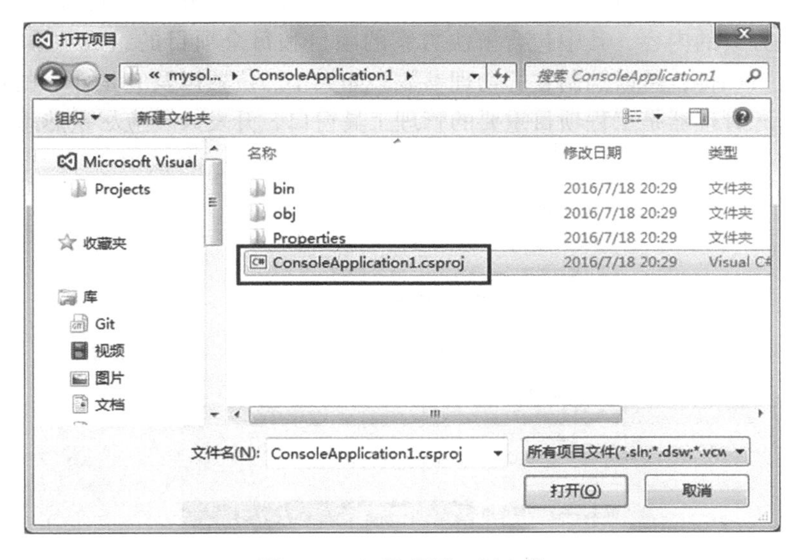

图 1-16　打开项目工程文件

3）选择“文件”→“最近使用的项目和解决方案”命令，选择相应的解决方案文件并打开，如图 1-17 所示。

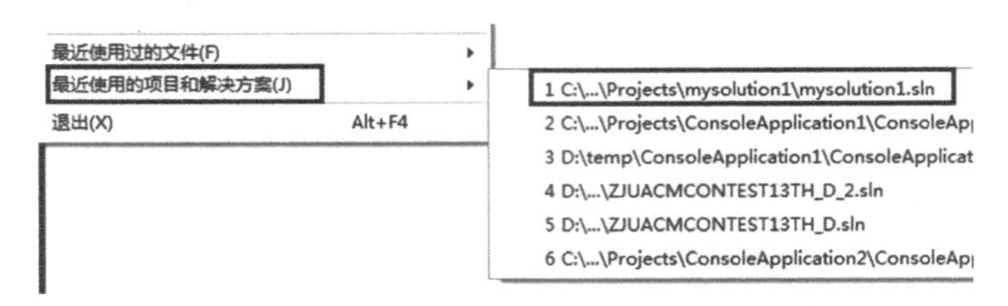

图 1-17　最近使用的项目和解决方案

4）选择“视图”→“起始页”命令，在起始页的“最近”使用的项目处选择解决方案文件并打开，如图 1-18 所示。

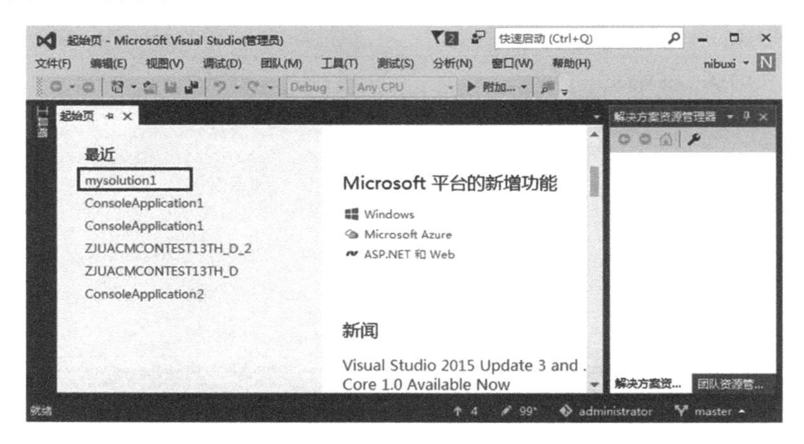

图 1-18　从起始页打开

4．“解决方案资源管理器”窗口

解决方案资源管理器是 Visual Studio 集成开发环境（IDE）中的工具窗口，如图 1-19 所示。它显示解决方案的内容，其中包含解决方案的项目和每个项目的组成项。与 Visual Studio 中的其他工具窗口一样，可以控制它的物理参数，如大小、位置以及它是停靠的还是自由浮动的。解决方案资源管理器是工程项目重要的管理工具窗口，开发人员应尽量熟悉它。

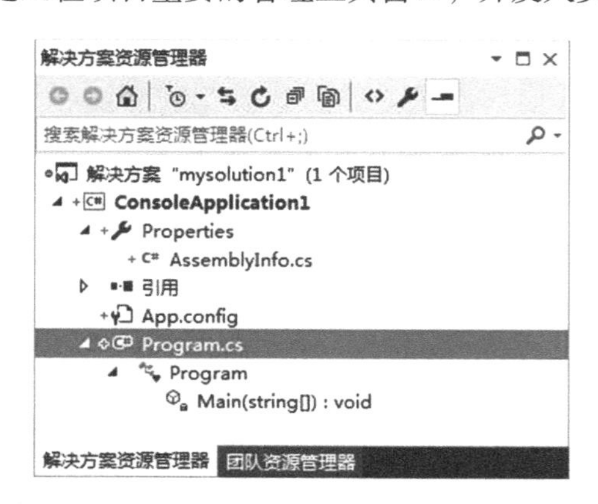

图 1-19　“解决方案资源管理器”窗口

1.4　第一个控制台应用程序

下面通过创建、编辑和运行一个简单的 C#控制台程序，使读者了解 C#控制台应用程序的基本结构，学会编译和运行程序的方法，同时了解基本的输出语句，从而初步认识 C#语言和控制台应用程序。

【实例 1-1】 创建一个控制台应用程序，输出字符串“Hello world!”，关键步骤如下：

1）启动 Visual Studio 2015。

2）在“文件”菜单上选择“新建”→“项目”命令，打开“新建项目”对话框，如图 1-20 所示。

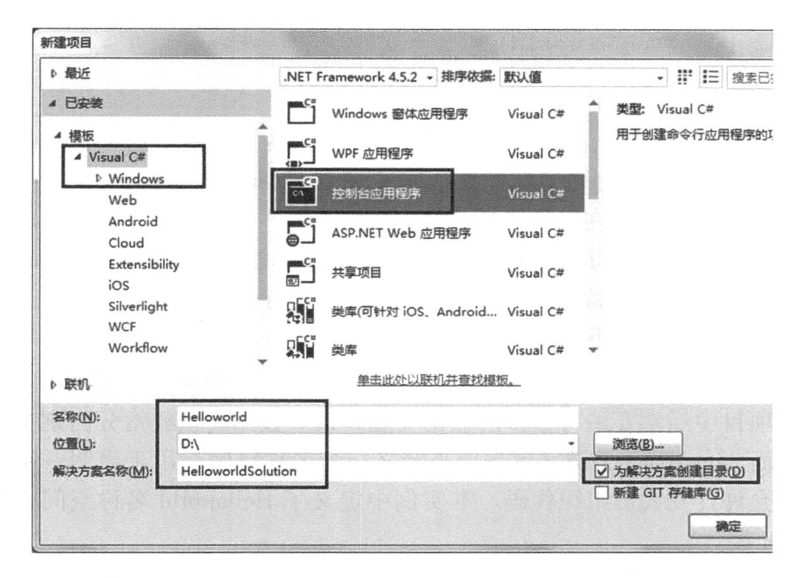

图 1-20　新建“Hello world”控制台应用程序

3）在左侧的“模板”项中展开“Visual C#”，然后单击“Windows”。

4）在右侧的列表框中，单击“控制台应用程序”。

5）在“名称”文本框中输入项目名称，如“Helloworld”。

6）在“位置”文本框中输入“D:\”。

7）在“解决方案名称”文本框中输入“HelloworldSolution”。

8）勾选“为解决方案创建目录”复选框。

9）单击“确定”按钮，新项目即出现在“解决方案资源管理器”窗口中。

10）如果 Program. cs 不是在“代码编辑器”中打开，则在“解决方案资源管理器”窗口中右键单击 Program. cs，在弹出的快捷菜单中选择“查看代码”命令即可。

11）在方法 Main()中输入两行如下所示的代码。注意代码的输入位置，这两行代码一定要处于如下所示的{}之间。

```
static void Main(string[] args)
{
    Console.WriteLine("Hello world!");
    Console.ReadKey();
}
```

12）按 < F5 > 键运行项目。将显示命令提示窗口，其中包含行 “Hello world!”，如图 1-21 所示。需要说明的是，本书作者对本输出窗口的属性做了调整，把黑底白字改成了白底黑字，以使纸张印刷效果更好。

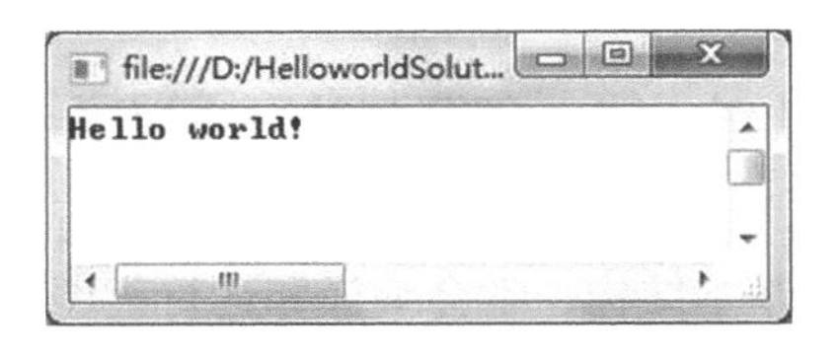

图 1-21　程序输出窗口

本实例相关知识说明如下。

1．注释

“//” 字符后的内容为注释内容。

还可通过将文本块置于 “/ *” 和 “* /” 字符之间，作为注释内容。例如：

```
/* 这是一个 C#的 Helloworld 程序，
这个程序在屏幕上显示 Hello world! * /
```

2．using 关键字

本实例中，using 作为指令，它的作用是使用 System 名称空间。这样，System 名称空间中定义的类型 Console 就可直接使用了。如果代码中没有 “using System;” 这一行，那么就会有错误提示 “当前上下文中不存在名称 ‘Console’”。

在代码编辑窗口中，读者可发现有些 using 指令颜色偏浅，那是因为这些 using 使用的名称空间并没有被使用，可以删除这些 using 指令。当光标位于 using 指令行上时，通过按 < Ctrl +. > 快捷键可快速删除不需要的 using 指令。

3．namespace 关键字

开发人员在项目中经常要编写很多的数据类型，这些数据类型经常分门别类地定义在不同的名称空间中。而 namespace 关键字就是用来定义一个名称空间，用于声明一个范围。在此名称空间范围内，允许开发人员组织代码。本实例中定义了 Helloworld 名称空间，在该名称空间中定义了 Program 类。

C#规定，同一名称空间中不能定义两个相同类型名称的类型，但可在两个不同的名称空间中定义它们。当然，在引用时可通过不同的名称空间指定所要引用的类型。

. NET Framework 类型使用点语法命名方案，该方案隐含了层次结构的意思。此技术将相关类型分为不同的名称空间组，以便可以更容易地搜索和引用它们。全名的第一部分（最右边的点之前的内容）是名称空间名，全名的最后一部分是类型名。例如，System. Collections. ArrayList 表示 ArrayList 类型，该类型属于 Collections 名称空间，而 Collections 是 System 的子名称空间。

在创建名称空间的名称时应遵循以下原则：

公司名称．技术名称

例如，Microsoft. Word 名称空间就符合此原则。

4．class 关键字

class 用于声明 “类” 类型的关键字，在本实例中，它用于声明类名称为 Program 的类，当然，类名称也可以是其他名称。

类内部用于定义类成员。类成员包括属性（用于描述类数据）、方法（用于定义类行为）和事件（用于在不同的类和对象之间提供通信）。本实例的 Program 类中，定义了方法 Main()。

不能直接在名称空间中定义方法、属性和事件，而应该在归属的类型中定义和描述其成员信息。在控制台应用程序中，类的定义是必需的。

5. 方法 Main()

C# 控制台应用程序必须包含一个方法 Main()，它是程序执行时的入口方法，由公共语言运行时（CLR）调用，用于控制程序的开始和结束。可以在方法 Main()中创建对象和执行其他方法。方法 Main()可以有其他的定义形式。

1）无返回，代码如下：

```
static void Main()
{
    //…
}
```

2）返回整数，代码如下：

```
static int Main()
{
    //…
    return 0;
}
```

3）带参数，无返回，代码如下：

```
static void Main(string[] args)
{
    //…
}
```

其中参数 args 是 string 数组，它包含命令行参数。假如在 DOS 窗口环境中执行本实例生成的可执行文件（.exe），其形式为：

```
C:\>Helloworld aaa bbb ccc
```

那么，args 数组的前 3 个元素的值分别是“aaa”“bbb”“ccc”。

4）带参数，返回整数，代码如下：

```
static int Main(string[] args)
{
    //…
    return 0;
}
```

6. 输出

C#程序通常使用 .NET Framework 类库提供的输入/输出服务。Console 类通常称为控制台类，它是 .NET Framework 类库中的一个类，定义于 System 名称空间中。它提供了控制台输入/输出的许多方法，其中 WriteLine()就是 Console 类的一个输出方法，调用该方法的语句如下：

```
System.Console.WriteLine("Hello World!");
```

上面语句用于向屏幕输出字符串“Hello World!”，并换行。

当然，上面语句还可以写成如下形式，因为程序中已经使用了名称空间 System：

```
Console.WriteLine("Hello World!");
```

7. 暂停用户屏幕

Console 类的方法 ReadKey( )用于读取用户的按键，并把按键字符显示于控制台窗口中。本实例使用如下语句是为了等待用户按键，起暂停的作用，让用户能看清屏幕控制台窗口中的信息：

```
Console.ReadKey();
```

8. 生成解决方案

对于控制台应用程序项目，生成解决方案是指将源程序最终生成可执行的 . exe 文件，但不执行 . exe 文件。对于类库项目，将生成 . dll 文件。

1）选择“生成”→“生成解决方案”命令，将只编译自上次生成以来更改过的那些项目文件和组件。

2）选择“生成”→“清理解决方案”命令，将删除所有中间文件和输出文件，只留下项目文件和组件文件，以后可以从这些文件生成中间文件和输出文件的新实例。

3）选择“生成”→“重新生成解决方案”命令，将首先“清理”解决方案，然后生成所有的项目文件和组件。

生成的 . exe 文件有调试版和发行版，前者包含对调试器提供足够的调试信息，而后者则更多考虑运行时的优化。配置管理器将决定生成的结果类型。选择“生成”→“配置管理器”命令，打开“配置管理器”对话框，如图 1-22 所示，该对话框中显示生成的是调试版的结果类型。

本实例默认生成的调试版的结果位于 Debug 文件夹下，如图 1-23 所示。

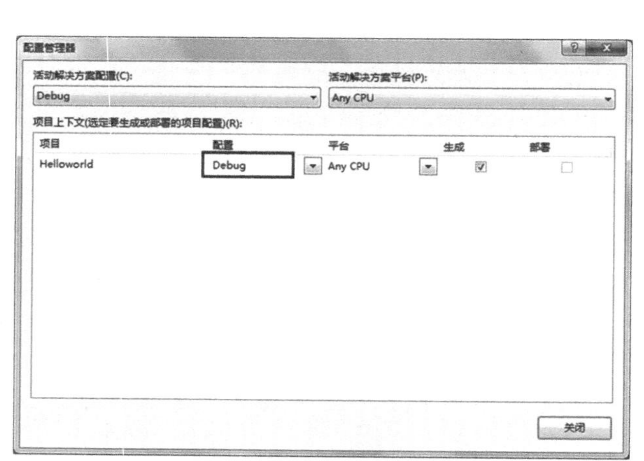

图 1-22 “配置管理器”对话框

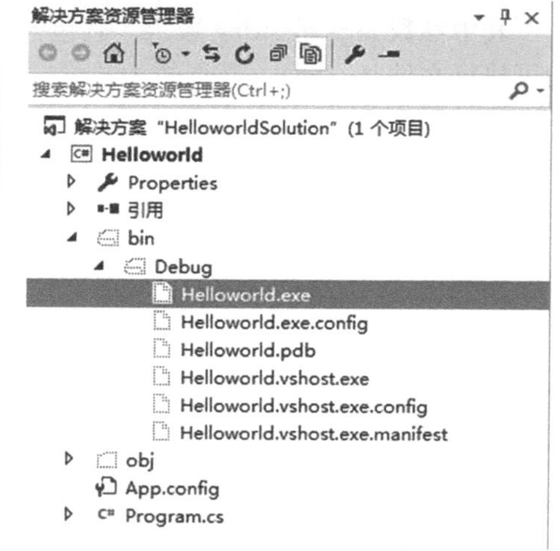

图 1-23 生成的 . exe 文件位置

9. 程序的执行方式

程序的执行有启动调试方式和不启动调试方式，这两种方式都会生成 . exe 文件。

(1) 启动调试

选择“调试”→“启动调试”命令，或单击工具栏上的“启动调试”按钮 ▶启动 ，还可以直接按 <F5> 键执行。采用这种方式执行程序时可启动调试。如果事先在某代码行上设置了断点，则这种启动调试方式将使程序的运行于断点处暂停，此时，开发人员可查看断点处的数据信息，以了解程序逻辑是否正确。

（2）开始执行（不调试）

选择“调试”→“开始执行”命令执行，还可以直接按 <Ctrl + F5> 快捷键执行。这种执行程序方式会忽略断点，直接执行 .exe 文件。这种执行方式主要为了查看程序运行结果是否正确或是否满意。

10. 使用对象浏览器

开发人员经常要查看 .NET Framework 类库中某些类型的成员，以了解成员的定义、摘要及参数，这可以通过打开对象浏览器进行查询。选择“视图”→“对象浏览器”命令，打开“对象浏览器”窗口，或通过单击主工具栏上的“对象浏览器”按钮来打开它。

当开发人员需要查询某类型信息时，需要在搜索框中输入指定的关键词。例如，当查询 Console 类的成员信息时，可在搜索框中输入“Console”，再单击“搜索”按钮，如图 1-24 所示。图中显示，在 .NET Framework 4.5.2 中搜索“Console”信息时，在列表框中查到了“System. Console”，通过图标可知，Console 是类类型，该类属于 System 名称空间。在右边上方的列表框中，列出了 Console 类的成员信息，其中“Write（string）”是 Console 类的方法成员，并在下方给出了这个方法成员的定义形式、功能摘要说明及参数说明。

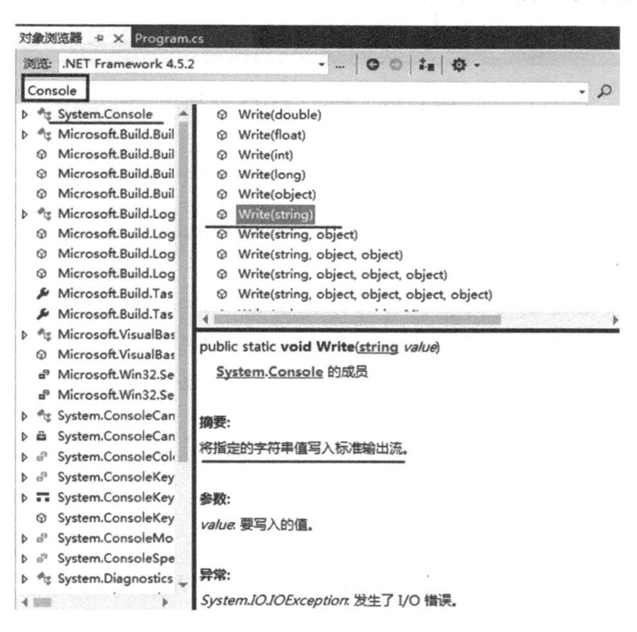

图 1-24　“对象浏览器”窗口

11. 使用 MSDN

MSDN（Microsoft Developer Network）是微软面向软件开发者的一种信息服务，它提供了微软产品的技术开发文档和科技文献，甚至包含部分的开发源代码。开发人员经常查阅它以求得帮助信息。用户在安装 VS 2015 后即可继续安装 MSDN。当然，用户还可通过网址 https://msdn.microsoft.com/zh-cn/default.aspx 打开 MSDN。

如果用户已经安装了产品文档 MSDN，则可以选择“帮助”→“查看帮助”命令打开安装的产品文档，如图 1-25 所示。用户可以在帮助查看器中搜索与开发相关的内容。

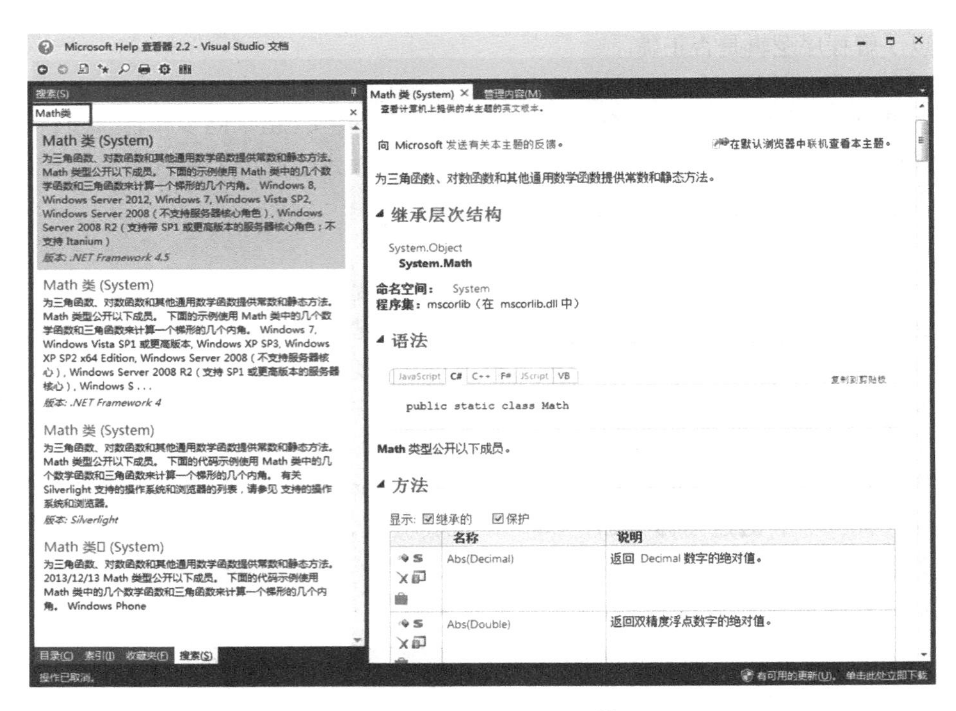

图 1-25　查阅 MSDN 文档

本章小结

本章简单介绍了.NET Framework、C#语言、Visual Studio 2015 集成开发环境，并对第一个控制台应用程序进行了介绍说明。

通过对.NET Framework 的学习，读者可以对其有一个初步认识，并了解其结构、CLR 的功能及类库的作用。但是，对于一位初学者而言，.NET Framework 所涉及的概念较多，也比较抽象，故这部分内容可能会给初学者带来困惑。所以，初学者可先不必纠缠于此，可以后再回来学习相关的内容。

关于 VS 2015 集成开发环境部分，主要从初学者的角度出发，介绍了 VS 2015 的安装以及 C#编程环境，包含一些常见的操作方法。

最后，本章以输出“Hello world!”为例，介绍了在 VS 2015 编程环境中的操作步骤，并介绍了程序的相关知识。读者从实例中可以了解 C#控制台应用程序的编辑、生成及运行等操作，也可以初步了解 C#控制台应用程序的基础知识。

习题

一、操作题

1. 在自己的计算机中安装 VS 2015 及 MSDN。

2. 在 MSDN 中查找 Console 类，了解该类型的成员名称及其功能说明，特别是方法 ReadLine( )的功能说明。

3. 在对象浏览器中查看 Math 类，说说该类定义于什么名称空间中，包含哪些方法以及哪两个符号常量。

4. 查看 Convert 类有哪些方法?

5. 把 Visual Basic 设为 VS 2015 默认的开发设置，再把 Visual C#改设为 VS 2015 默认的开发设置。

6. 为代码行显示行号。

二、程序改错题

程序要求输出“Hello World!”，代码如下：

```
namespace ch1
{
    class Program
    {
        static void Main(string[] args)
            Console.WriteLine("Hello World!")
    }
}
```

三、编程题

1. 创建一个控制台应用程序，输出如下所示的“静夜思”诗句。

静夜思
床前明月光，
疑是地上霜。
举头望明月，
低头思故乡。

2. 查看 Int32 和 Byte 类型的定义，输出 Int32 类型和 Byte 类型的最大值和最小值，运行效果如图 1-26 所示。

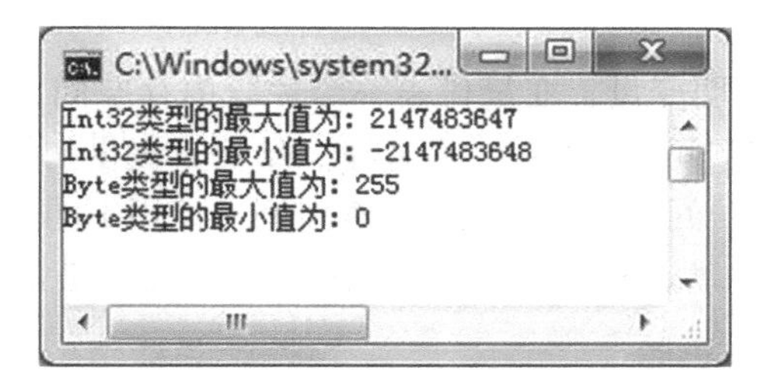

图 1-26　编程题 2 输出结果

四、简答题

1. 简述 .NET Framework 的结构。

2. 简述 VS 2015 中“对象浏览器”窗口的作用。

3. 简述名称空间的作用。

4. 简述调试运行和不调试直接运行的不同之处。

5. 简述创建 C#控制台应用程序的过程。

6. 方法 Main()有什么特点？

7. 简述如下语句的作用。

```
System.Console.WriteLine("Hello World!");
```

8. 简述语句“Console.ReadKey();”的作用。

第 2 章　C#基础

学习目标

1）理解声明变量的含义。
2）熟悉 C#中值类型和引用类型，以及它们的区别。
3）熟悉 C#内置类型关键字、含义及其公共类型系统中对应的类型名称。
4）熟悉控制台信息的输入/输出方法。
5）熟悉数据类型的隐式转换，掌握显式转换的方法。
6）理解装箱与拆箱的含义。
7）熟悉使用 System. Convert 类进行数据类型的转换。
8）熟悉使用方法 Parse( )进行数据类型的转换。
9）熟悉数据类型转换方法 ToString( )。
10）熟悉自定义枚举类型与结构类型的定义及变量的使用。
11）熟悉 System. Math 类中常用的方法。
12）熟悉各类运算符的功能及优先级。
13）理解屏蔽运算的含义。

2. 1　C#概述

在 C#中，用数据类型声明变量，变量代表一个片段内存空间，此片段内存空间用于储存数据，或引用另一片段存储空间中的数据。程序中，给变量提供初始值、读取变量值、改写变量值，这些操作与运算都要访问变量所代表的内存空间。使用不同数据类型声明的变量，其内存空间长度可能不同。学习 C#，必须要掌握 C#数据类型，尤其是常用的数据类型。

2. 1. 1　简单示例——保存年龄

现实世界里，对于某人而言，具有多方面的数据，而且数据的类型是多样的。例如，人的年龄是一个整数，人的姓名是一串文字，人的体重是一个实数，而人的生日又是一个日期。如果要让计算机处理这些数据，就需要把这些数据储存到存储单元中，再用一个名字去标识它。当然，不同类型的数据所占用的存储单元数量可能不同，储存的格式也不同，数据处理和引用的方式也不尽相同。

举例来说，把某人 20 岁的年龄储存起来，在控制台应用程序中如何实现呢？可用如下语句：

```
int age =20;
```

上述语句的作用是声明整型变量 age，并赋初值 20。语句中的 int 是 C#中的一种数据类型，即整数类型，这种类型的数据占 4 个字节的存储单元。此处 int 的作用是用来申请开辟 4 个字节的存储空间，并用一个叫作 age 的变量表示这 4 个字节的存储空间，通过变量 age 存取这块空间中的数据，而不需要知道这块内存复杂的地址范围。如图 2-1 所示，图中内存地址只是示意值。

C#中，每个变量都代表一个存储值的内存位置。声明一个变量时，就是在告诉编译器这个变量可以存放什么类型的值。所以，在给变量赋值时，要考虑值的类型与变量类型是否匹配，以免不能通过编译。

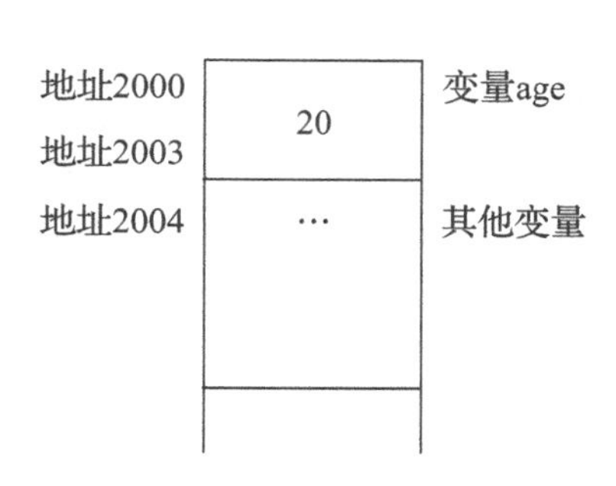

图 2-1　变量储存数据示例

2.1.2　值类型与引用类型

为表示不同类型的数据，C#中设置了多种数据类型，总的来说，有两大类，即值类型（Value Type）和引用类型（Reference Type）。上述示例中的 int 只是值类型中的一种。

值类型变量在内存中存储的是一个简单类型值，而引用类型变量存储的是一个引用，该引用指向对象在内存中的位置。例如图 2-2 中，Triangle 表示一个自定义的三角形类，是引用类型，t 是一个 Triangle 对象变量，t 中保存的是 Triangle 实例的地址，即引用。而 int 是值类型，其变量 n 中直接保存值 8。

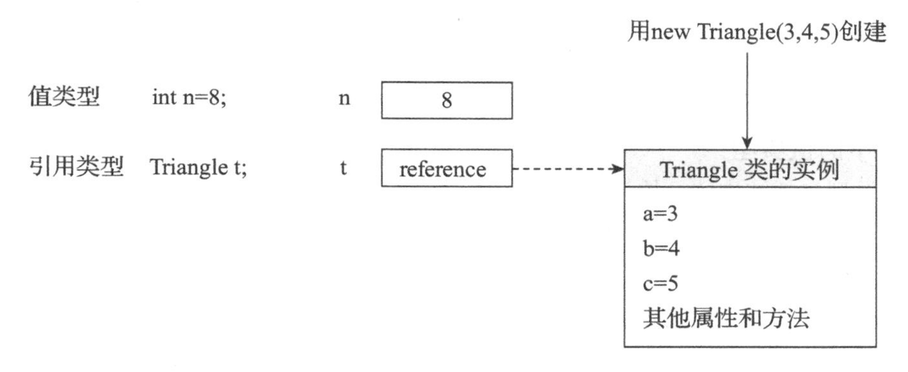

图 2-2　值类型与引用类型的区别

值类型的数据存储在内存的栈中，引用类型的数据存储在内存的堆中。值类型变量直接把变量的值保存在栈中，引用类型的变量把实际数据的地址保存在栈中，而实际数据则保存在堆中。值类型继承自 System. ValueType，它是 System. Object 的子类型，而引用类型继承自 System. Object。

需要注意的是，堆和栈是两个不同的概念，在内存中的存储位置也不相同。堆一般用于存储可变长度的数据，如字符串类型；而栈则用于存储固定长度的数据，如整型类型的数据 int。

由数据存储的位置可以得知，当把一个值类型变量赋给另一个值类型变量时，会在栈中保存两个完全相同的值。如图 2-3 所示，整型变量 i 的值为 2，整型变量 j 的值为 3，现把变量 j 赋给变量 i 后，变量 i 和 j 的值都变为 3。

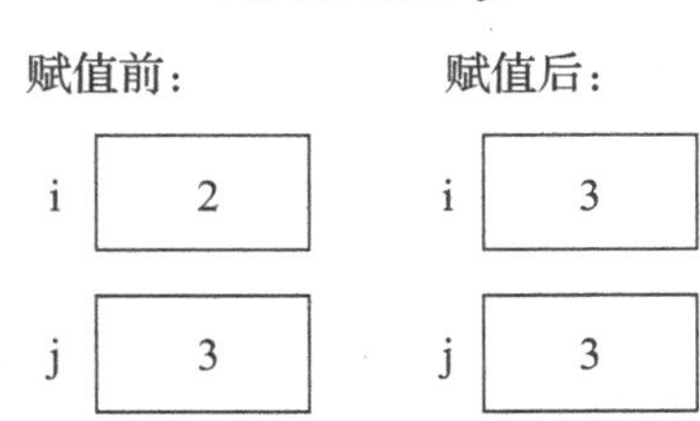

图 2-3　值类型变量 j 赋到变量 i 中

而把一个引用变量赋给另一个引用变量，则会在栈中保存对同一个堆位置的两个引用。在进行数据操作时，对于值类型，由于每个变量都有各自的值，因此对一个变量的操作不会影响其他变量；对于引用类型的变量，对一个变量的数据进行操作就是对该变量在堆中引用的数据进行操作，如果两个引用类型的变量引用同一个对象，则实际含义是它们在栈中保存的堆空间地址相同，因此对一个变量的操作就会影响引用同一个对象的另一个变量。

如图 2-4 所示，设 t1 与 t2 都是 Triangle 类的对象，赋值前，t1 与 t2 分别引用 Triangle 类的对象，经 t1 赋给 t2 后，t1 与 t2 都引用同一个 Triangle 对象，此后，如果对 t1 引用的对象进行修改，那么就是对 t2 引用的对象进行修改。

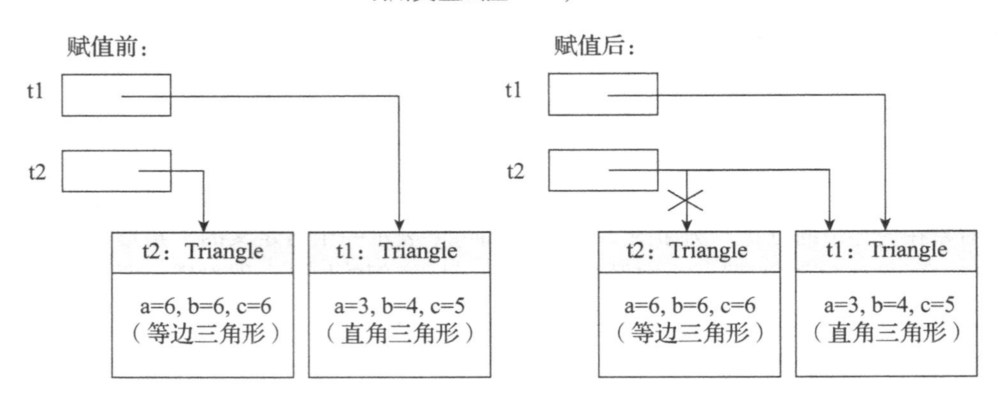

图 2-4　引用类型变量 t1 赋值给 t2

2.1.3　C#中的值类型

C#的值类型包括结构体、枚举和可空类型。而结构体包括数值类型、bool 型、自定义结构体。数值型又包括整型和浮点型。C#的值类型体系如图 2-5 所示。

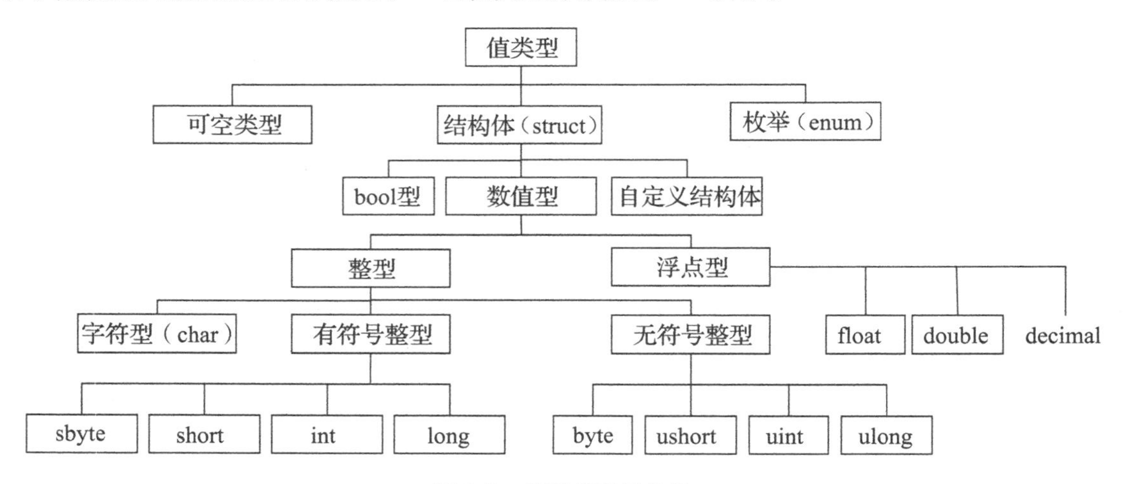

图 2-5　C#的值类型体系

每种值类型均有一个隐式的默认构造函数（构造方法）来初始化该类型的默认值。有关值类型默认值的信息参见表 2-1。但要注意，C#不允许使用未初始化的变量。

表 2-1　C#的值类型默认值

值类型	类　别	默认值
bool	布尔型	false

（续）

值类型	类　别	默认值
byte	无符号、数值、整数	0
char	无符号、数值、整数	'\ 0'
decimal	数值、十进制	0. 0M
double	数值、浮点	0. 0D
enum	枚举	表达式（E)0 产生的值，其中 E 为 enum 标识符
float	数值、浮点	0. 0F
int	有符号、数值、整数	0
long	有符号、数值、整数	0L
sbyte	有符号、数值、整数	0
short	有符号、数值、整数	0
struct	自定义结构	将所有的值类型字段设置为默认值并将所有的引用类型字段设置为 null 时产生的值
uint	无符号、数值、整数	0
ulong	无符号、数值、整数	0
ushort	无符号、数值、整数	0

2.1.4　C#中的引用类型

引用类型的变量又称为对象，可存储对实际数据的引用。在 C#中，用于声明引用类型的关键字有 class、interface、delegate。这 3 个关键字分别用来声明用户自定义的类、接口和委托，然后就可以用这些自定义类型来声明对象，对象进而引用具体的实例。

C#中也有内置引用类型，它们是 object 类型和 string 类型。object 类型在 . NET Framework 中是 Object 的别名。在 C#的统一类型系统中，所有类型（预定义类型、用户定义类型、引用类型和值类型）都是直接或间接从 Object 继承的。可以将任何类型的值赋给 object 类型的变量。将值类型的变量转换为对象的过程称为“装箱”。将对象类型的变量转换为值类型的过程称为“拆箱”。string 类型表示零个或多个 Unicode 字符组成的序列。string 是 . NET Framework 中 String 的别名。

2.1.5　C#中的内置类型表

. NET Framework 中定义了公共类型系统（CTS），而 C#内置的类型关键字是公共类型系统中预定义类型的别名，对应关系见表 2-2。表中除了 object 和 string 外，其余所有类型均称为简单类型。

表 2-2　C#内置类型与 . NET Framework 类型的对应关系

C# 类型	. NET Framework 类型
bool	System. Boolean
byte	System. Byte

（续）

C# 类型	.NET Framework 类型
sbyte	System. SByte
char	System. Char
decimal	System. Decimal
double	System. Double
float	System. Single
int	System. Int32
uint	System. UInt32
long	System. Int64
ulong	System. UInt64
object	System. Object
short	System. Int16
ushort	System. UInt16
string	System. String

C# 类型的关键字及其别名可以互换。例如，可使用以下两种声明中的一种来声明一个整型变量：

```
int x = 123;
System.Int32 x = 123;
```

若要获取任何 C# 类型的实际类型，请使用系统方法 GetType()。例如，如下语句显示了表示 myVariable 类型的系统别名：

```
Console.WriteLine(myVariable.GetType());
```

2.2 数据类型

2.2.1 常量与变量

1. 常量

常量是在编译时其值能够确定，并且程序运行过程中值不会被改变的量。常量使用 const 关键字进行声明。只有 C#内置类型（System. Object 除外）可以声明常量。用户定义的类型，包括类、结构和数组，不能声明常量。常量必须在声明时初始化。

可以通过 const 关键字来定义常量，语法如下：

```
const 数据类型标识符 常量名 = 数值或表达式;
```

例如：

```
const int months = 12;
const int weeks = 52;
const int days = 365;
```

可以同时声明多个相同类型的常量，例如：

```
const int months = 12, weeks = 52, days = 365;
```

2. 变量

变量表示数据存储位置，每一个变量都具有类型。每个变量都由一个变量名来标识，变量名必须是合法的标识符，合法的变量名应遵守如下规范：

1）变量名必须以字母或下画线“_”开头。

2）变量名只能由字母、数字和下画线组成，而不能包含空格、标点符号、运算符等其他符号。

3）变量名不能与 C#中的关键字名称相同。

4）变量名区分大小写。

5）允许在变量名前加前缀“@”。前缀“@”实际上并不是变量名的一部分，加上它主要是为了与其他语言交互时避免冲突，不推荐使用。

例如：

```
int a;  //合法
int No.1;  //不合法,含有非法字符
string name;  //合法
char struct;  //不合法,与关键字名称相同
```

尽管符合了上述要求的变量名就可以使用，但还是希望在给变量取名时，给出具有描述性质的名称，这样写出来的程序便于理解。例如，一个消息字符串的名字就可以叫作 strmessage，而 aaa 就不是一个好的变量名。

变量的定义和赋值语法如下：

```
数据类型标识符 变量名[ =数值或表达式];
```

例如：

```
int age =20,score;  //为 age 赋了初值,而 score 没有
```

说明：

1）语法中的 [ ] 表示可选，即 [ ] 中的内容写或不写都不会导致语法错误。

2）在对变量进行赋值时，数值或表达式的值类型一般要求与变量的类型相同或兼容。如果数值或表达式的值类型与变量的类型不相同，但数值或表达式的值类型所表示的数值范围比被赋值变量的类型所表示的范围要小，是允许赋值的。事实上，C#在内部进行了一次数值类型的转换，这种转换叫作隐式转换，关于隐式转换参见 2.3.1 节。

3）从未赋值过的变量不能使用。

2.2.2　整数类型

C#整数类型及其取值范围见表 2-3。需要说明的是：

1）在 C#语言中，整数类型的长度不再依赖于计算机系统，即在不同类型的计算机系统中，同一种整数类型的取值范围是相同的。

2）所有整数类型的变量都能赋予十进制或十六进制数，后者需要加上前缀 0x。

3）用整数加“后缀”的方法可以显式地表明数值常量类型，例如：

```
uint ui = 123U;  //123 即无符号整型
```

```
long l = 123L;  //123 为 long 型
ulong ul = 123UL;  //123 为 ulong 型
```

4）表 2-3 中，char 表示字符类型，该类数据值是 16 位代码，是一个整数。在表示一个 Unicode 字符时，通常会用“U +”然后紧接着一组十六进制的数字来表示这一字符。有关 char 类型参见 2.2.5 节。

5）当代码进行编译时，数据是否有符号会影响机器代码指令的选择，进而影响着最终代码的性能。

表 2-3 C#整数类型及其取值范围

类　型	范　围	长　度
sbyte	−128 ~ 127	有符号 8 位整数
byte	0 ~ 255	无符号 8 位整数
char	U +0000 ~ U + ffff	16 位 Unicode 字符
short	−32,768 ~ 32,767	有符号 16 位整数
ushort	0 ~ 65,535	无符号 16 位整数
int	−2,147,483,648 ~ 2,147,483,647	有符号 32 位整数
uint	0 ~ 4,294,967,295	无符号 32 位整数
long	−9,223,372,036,854,775,808 ~ 9,223,372,036,854,775,807	有符号 64 位整数
ulong	0 ~ 18,446,744,073,709,551,615	无符号 64 位整数

2.2.3 实数类型

C#支持 3 种基本浮点数：表示单精度的 float 类型、表示双精度的 double 类型和 decimal 类型。这 3 种不同的浮点数所占用的空间并不相同，因此它们可用来设定的数据范围也不相同，具体见表 2-4。

表 2-4 C#浮点型及其取值的大致范围

类　型	大致范围	精　度
float	±1.5e −45 ~ ±3.4e38	7 位
double	±5.0e −324 ~ ±1.7e308	15 ~ 16 位
decimal	±1.0e −28 ~ ±7.9e28	28 ~ 29 位有效位

表中，−3.4e38 表示 -3.4×10^{38}；1.0e −28 表示 1.0×10^{-28}（E、e 均可），这是科学计数法。

从表 2-4 可知，decimal 类型具有更高的精度和更小的范围，这使它适合于财务和货币计算。

如果没有任何设置，编译器默认包含小数的数值为 double 类型。如果要将数值以 float 类型来处理，则必须通过在数值后加 f 或 F 将其指定为 float 类型。同理，数值后加 d 或 D，则该数值为 double 型，数值后加 m 或 M，则数值为 decimal 型。例如：

```
float f = 3.14F;
double d = 3.14;
decimal m = 3.14M;
```

2.2.4　控制台的输入与输出

输入数据的来源可以是键盘，也可以是文件；数据输出的目的地可以是屏幕等输出设备，也可以是文件，但这里仅讨论从键盘输入数据与数据输出到屏幕窗口的常用方法，即采用 System 名称空间中的 Console 类的方法进行数据的输入与输出。

1. 控制台的输入

（1）方法 Console. Read( )

该方法的功能是从控制台的输入流中读取一个字符，返回一个整数，这个整数大小等于这个字符的 ASCII 码值。如果没有字符，则返回 -1。

该方法也可以从标准输入流中读取字符，标准输入流是指从标准输入设备（键盘）流向程序的数据。当从键盘读取数据时，输入要以 <Enter> 键结束。当输入多个字符时，只返回第一个字符的结果。例如：

```
int a = Console.Read();  //输入"abc"并按<Enter>键
Console.WriteLine(a);  //输出"97"
```

（2）方法 Console. ReadLine( )

该方法的功能是从控制台的输入流中读取一行字符，如果没有可用行，则返回 null。同样，当从键盘这个标准输入设备中输入一行文本时，要以 <Enter> 键结束，返回按 <Enter> 键前的整行字符。例如：

```
string strLine = Console.ReadLine();  //输入"Hello world"并按<Enter>键
Console.Write(strLine);  //strLine 的值为"Hello world"
```

（3）方法 Console. ReadKey( )

前述实例代码中应用了该方法让输出窗口暂停，为了让用户看清屏幕输出窗口中的内容。该方法的功能是获取用户按下的下一个字符或功能键，按下的键显示在控制台窗口中，并且不用按 <Enter> 键结束输入。该方法返回的是一个 System. ConsoleKeyInfo 对象，该对象描述 System. ConsoleKey 常数和对应于按下的控制台键的 Unicode 字符（如果存在这样的字符）。例如：

```
Console.ReadKey();  //按<a>键,窗口立即显示 a,该语句执行结束
```

这个方法还有带参数的同名方法，功能基本类似，主要区别参见如下代码的注释部分。

```
Console.ReadKey(true);  //不显示按下的键
Console.ReadKey(false);  //显示按下的键
```

在代码编辑窗口中，当光标在方法名上，或双击选中方法名时，按 <F12> 键可以查看方法的定义，还可以查看方法的定义原型、方法摘要、参数、返回结果及异常说明等。

2. 控制台的输出

方法 Console. Write( )和 Console. WriteLine( )用于控制台数据的输出，它们都有多个同名的重载方法，即这些方法名称相同，但参数的类型或个数不相同。方法 Console. Write( ) 与 Console. WriteLine( )功能大致相同，只是Console. WriteLine( )输出数据后换行，而Console. Write( )在默认情况下不换行。下面是向控制台窗口输出的几个例子，它们只是简单输出单个不同类型的数据。

```
Console.Write("Hello");
Console.WriteLine(3.14);
Console.WriteLine(true);
Console.WriteLine('M');
```

方法 Console. Write( )与 Console. WriteLine( )可以按格式串要求输出数据，使输出效果更好，它们基本格式如下：

```
Console.Write("格式串", 参数表);
Console.WriteLine("格式串", 参数表);
```

例如：

```
double a = 3, b = 4, c = 5, s =6;
Console.WriteLine("a = {0, -4}b = {1, -4}c = {2, -4}s = {3, -4}",a,b,c,s);
```

上述代码的输出结果如图 2-6 所示。由图可见，输出语句中的参数表按格式串中的索引占位符及格式输出结果。

索引占位符在格式串中不一定按顺序出现，但是序号必须从 0 开始，{0}和{1}分别代表后面的第一个和第二个参数，以此类推。

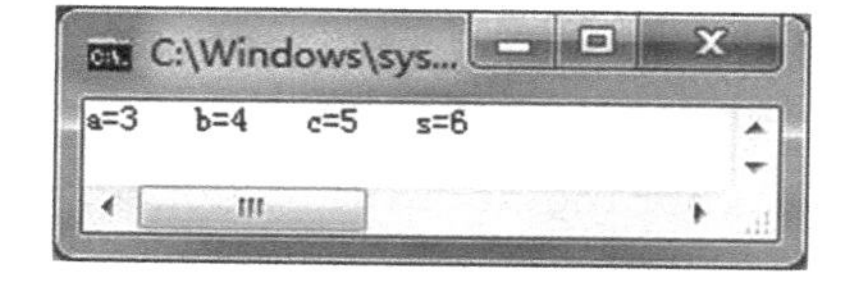

图 2-6　方法 Console. WriteLine( ) 按格式输出

对于参数的输出可设置输出格式，例如：

{0, -8}表示输出第 1 个参数，且值占 8 个字符宽度，“ - ” 表示左对齐。

{1,8}表示输出第 2 参数，且值占 8 个字符宽度，右对齐。

{2:D7}表示输出第 3 个参数，以整数表示，且宽度为 7，不足时用 0 补齐。

{0:C}表示本地区指定的货币格式输出第 1 个参数。

更多的输出格式见表 2-5。

表 2-5　输出格式

字　符	说　明	示　例	输　出
C 或 c	货币	Console. Write("{0:C}", 2.5);	¥2.50
		Console. Write("{0:C}", -2.5);	(¥2.50)
D 或 d	十进制数	Console. Write("{0:D5}", 25);	00025
E 或 e	科学型	Console. Write("{0:E}", 250000);	2.500000E+005
F 或 f	固定点	Console. Write("{0:F2}", 25);	25.00
		Console. Write("{0:F0}", 25);	25

（续）

字　符	说　明	示　例	输　出
G 或 g	常规	Console. Write("{0:G}", 2.5);	2.5
N 或 n	数字	Console. Write("{0:N}", 2500000);	2,500,000.00
X 或 x	十六进制	Console. Write("{0:X}", 250);	FA
		Console. Write("{0:X}", 0xffff);	FFFF

【实例 2-1】求键盘上输入的两个整数的和，并输出。

```
1   using System;
2   namespace task2_1
3   {
4       class Program
5       {
6           static void Main(string[] args)
7           {
8               int num1, num2, sum = 0;
9               Console.Write("请输入第一个数:");  //给出提示信息
10              num1 = int.Parse(Console.ReadLine());
11              Console.Write("请输入第二个数:");
12              num2 = int.Parse (Console.ReadLine());
13              sum = num1 + num2;
14              Console.WriteLine("{0} + {1} = {2}",num1,num2,sum);
15              Console.ReadKey();
16          }
17      }
18  }
```

程序运行结果如图 2-7 所示。图中第一行中的“123”及第二行中的“111”，是程序运行过程中，从键盘上输入的数据。

程序分析：

1）第 9 行与第 11 行，作用是向控制台窗口输出提示信息，提示用户从键盘输入数据。

2）第 10 行，方法 Console. ReadLine()的作用是从键盘上输入一串字符，并把这一串字符作为该方法的结果值。方法 int. Parse()的作用是进行数据类型的转换。假设前面的结果值字符串为“123”时，那么“int. Parse("123")”的结果值为整数 123，这个 123 赋给了变量 num1。

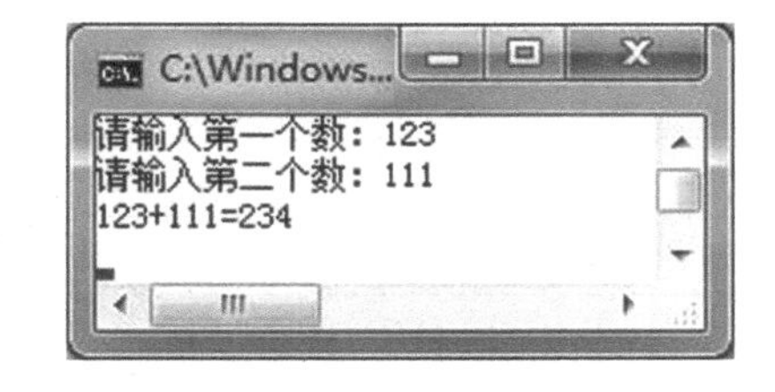

图 2-7　【实例 2-1】的运行结果

3）第 13 行，将表达式 num1 + num2 的结果值赋给变量 sum。

4）第 14 行，按格式要求输出结果。行中，{0}、{1}、{2} 是索引占位符，num1 值以文本形式代替 {0}，num2 和 sum 以文本形式依次代替 {1} 和 {2}，所以最后输出的文本为“123 + 111 = 234”。

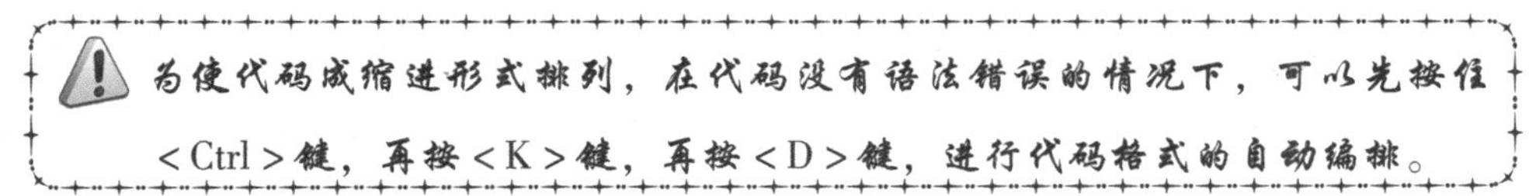
为使代码成缩进形式排列，在代码没有语法错误的情况下，可以先按住 <Ctrl> 键，再按 <K> 键，再按 <D> 键，进行代码格式的自动编排。

2.2.5　字符类型

char 关键字用于声明字符型变量。char 型字符指 U +0000 ~ U + ffff 范围内的 Unicode 编码字符，char 数据长度占两个字节。表 2-6 列出了编码 U +0020 ~ U +005F 的字符。

表 2-6　编码 U +0020 ~ U +005F 的字符

U +	0	1	2	3	4	5	6	7	8	9	A	B	C	D	E	F
0020	SP	!	"	#	$	%	&	'	(	)	*	+	,	-	.	/
0030	0	1	2	3	4	5	6	7	8	9	:	;	<	=	>	?
0040	@	A	B	C	D	E	F	G	H	I	J	K	L	M	N	O
0050	P	Q	R	S	T	U	V	W	X	Y	Z	[	\	]	^	_

给 char 变量赋值时，字符可以是单个字符，如 ‘A’，可以用十六进制数表示字符，如 ‘\ x0041’，也可赋转义字符，如‘\\’。C#代码如下：

```
char ch = 'A';
Console.WriteLine(ch);  //输出“A”
ch ='\x0041';
Console.WriteLine(ch);  //输出“A”
ch ='\\';
Console.WriteLine(ch);  //输出“\”
```

转义字符见表 2-7。

表 2-7　转义字符

字　符	含　义	值
\'	单引号	0x0027
\"	双引号	0x0022
\\	反斜杠	0x005C
\0	空	0x0000
\a	警报(感叹号)	0x0007
\b	退格符	0x0008
\f	换页符	0x000C
\n	换行符	0x000A
\r	回车	0x000D
\t	水平制表符	0x0009
\v	垂直制表符	0x000B

2.2.6　布尔类型

bool 是 C#中布尔类型关键字，它表示布尔逻辑值，该类型的值只有 true 和 false 两个，它占 1 个字节。C#中不能用 0 表示 false，也不能用非 0 表示 true，这点与 C 语言及 C++ 语言是有区别的。

1. 关系运算符

关系运算符有“= =”“! =”“<”“>”“< =”和“> =”分别表示相等、不等、小于、大于、小于等于、大于等于。关系运算符用于组成关系式，或叫作比较式。例如，a = = b 是一个关系式，表示 a 与 b 的值是否相等，如果确实相等，则关系式成立，关系式的值是 true，若不成立，则值是 false。例如：3 > =2 值为 true；3！ =3值为 false。

关系式常用作分支语句和循环语句中的条件判断，例如：

```
int intkey = Console.Read();
if (intkey = = 'a')
    Console.WriteLine("按了 a 键");
```

对于“= =”运算符，初学者容易写成“=”而造成错误。另外，“= =”运算符对于 string 以外的引用类型，如果两个操作数引用同一个对象，则“= =”返回 true。但对于 string 类型，“= =”将比较字符串的值。详细内容参见 2. 2. 7 节。

2. 类型检测运算符

(1) is 运算符

is 用于检查对象是否与给定类型兼容。is 运算符的语法格式如下：

```
e is T
```

其中，e 通常是一个引用类型的表达式，T 是类型名。

如果 e 非空，并且 e 可以强制转换为 T 类型而不会导致引发异常，则 is 表达式的计算结果为 true，否则为 false。例如：

1) "Hello world!" is string，值为 true。

2) "Hello world!" is object，值为 true。

3) 下列语句中，is 表达式的值为 false，输出“False”。

```
object oo = new object();
Console.WriteLine(oo is string);
```

4) 下列语句中，boolvalue 的值为 false，因为 obj 为空值。

```
object obj = null;
bool boolvalue = obj is Student;
```

需要注意的是，is 操作符只考虑引用转换、装箱转换和拆箱转换。例如：

```
object obj = 5;
Console.WriteLine(obj is int);  //可以正常拆箱，表达式的值为 true
obj = new Student();  //obj 引用一个“学生”实例
Console.WriteLine(obj is int);  //obj 无法实现到 int 的转换，表达式的值为 false
Console.WriteLine(100 is int);  //100 不是引用类型，编译时将给出警告
```

【实例 2-2】 下面的代码可以确定对象 o 是否为 Class1 类型的一个实例，或对象 o 是否为从 Class1 中派生的一个类型的对象。

程序运行结果如图 2-8 所示。需要说明的是，代码涉及本书中的后续知识，初学者可先跳过本例内容，待学习了后续内容后再回来学习。

```
1    using System;
2    class Class1 { }                          //定义类型 Class1
3    class Class2 : Class1 { }                 //Class2 继承自 Class1
4    class IsTest
5    {
6        static void Test(object o)
7        {
8            Class1 a;
9            if (o is Class1)          //类型判断
10           {
11               Console.WriteLine("o is Class1");
12               a = (Class1)o;  //强制类型转换
13                               //此处理可以处理变量 a
14           }
15           else
16           {
17               Console.WriteLine("不是 Class1 类型");
18           }
19       }
20       static void Main()
21       {
22           Class1 c1 = new Class1();     //定义变量 c1 并引用实例
23           Test(c1);                     //输出"o is Class1"
24           Test("Hello");                //输出"不是 Class1 类型"
25           Class2 c2 = new Class2();
26           Test(c2);                     //输出"o is Class1"
27           Console.ReadKey();
28       }
29   }
```

图 2-8 【实例 2-2】的运行结果

(2) as 运算符

as 运算符用于引用类型的显式类型转换。如果要转换的类型与指定类型兼容，则转换就会成功；如果类型不兼容，则返回 null，而不会引发异常。as 运算符的语法格式如下：

表达式 as 类型

【实例 2-3】 下述代码中，str 可以取得值"Hello world!"，而 stud 的值为 null。程序运行结果如图 2-9 所示。

图 2-9 【实例 2-3】的运行结果

```
1    using System;
2    class Student { }
3    class Program
4    {
5        static void Main(string[] args)
6        {
7            object obj1 = "Hello world!";
8            string str = obj1 as string;  //obj1 的类型与 string 兼容
9            Student stud = obj1 as Student;  //stud=null,因为 obj1 的类型与 Student
```

不兼容

```
10          Console.WriteLine("{0} \n{1}", str, stud = =null);
11      }
12  }
```

2.2.7 字符串类型

string 是 C#中字符串类型的关键字，它是 System. String 的简化别名。string 类型是一个密封类，它的父类是 object，它没有子类。string 类型不是值类型，是引用类型。string 型变量保存的是字符串值的引用，而不是字符串本身。图 2-10 所示为字符串变量引用实际数据的示例。示例中的"CSharp"位于堆内存空间中。而变量 str 本身位于栈内存空间中，它的值是堆内存空间中"CSharp"的地址，或者说，str 中存的是"CSharp"的引用。

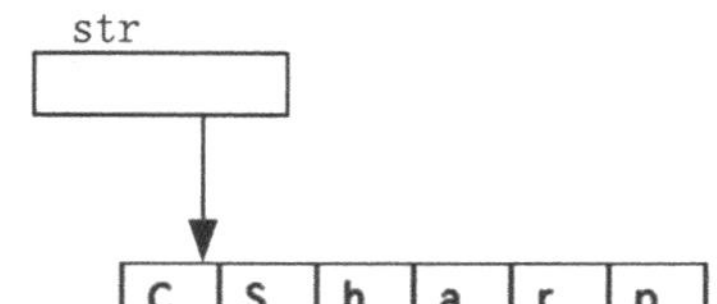

图 2-10 字符串变量引用数据示例

以下对字符串进行几点说明：

1）字符串连接运算符是"+"。例如：

```
string a = "good " + "morning";
```

这将另创一个包含"good morning"的字符串实例，变量 a 引用这个实例。

2）字符串是不可变的。字符串对象在创建后，尽管从语法上看，似乎可以更改其内容，但事实上并不可行。例如：

```
string b = "h";
b + = "ello";
```

实际上，编译器会创建一个新字符串实例来保存新的字符序列，即 b 引用了堆中一个新的位置。

3）使用 = =运算比较字符串。例如：

```
string a = "hello";
string b = "hello";
Console.WriteLine(a = =b);  //输出"True"
```

上述代码中，变量 a、b 的值相同，而它们引用的位置却不同，输出却是 True。这表明"= ="运算符对于字符串而言，比的是具体的字符串内容，即比的是字符序列，这使得对字符串相等性的测试更为直观。

"= =" 运算符在对两个引用变量做比较时，比的是变量所引用的对象的内存片段是否相等，若相同则为 true，否则为 false。只是 "= =" 运算符对字符串变量而言做了特别对待，这要引起注意。例如，下述代码输出 "False"：

```
string a = "hello";
string b = "h";
b + = "ello";  //b引用的位置改变了
Console.WriteLine((object)a = = (object)b);  //输出"False"
```

因为(object)是强制类强转换运算符，表达式(object)a 的类型是 object 型了，不再是 string，a 和 b 引用的不是同一个字符串实例。

4）字符串前加@符号。@符号加在字符串前，则字符串中的每一个字符就被当作实际字符处理，忽略了转义字符，这使表达字符串变得轻松了。

例如，一个完全限定的文件名字符串表达如下：

```
@ "c:\Docs\Source\a.txt"
```

而不用@前缀符号的表达方法如下，字符串中含有转义字符。

```
"c:\\Docs\\Source\\a.txt"
```

2.2.8 对象类型

对象类型即 object 类型，它是 System. Object 的简化别名，也是一种引用类型。在程序中，经常能看到用 object 作为方法形参的类型。

定义变量的一般格式如下：

```
object 变量名;
```

例如：

```
object obj1,obj2;
```

object 类型是所有类型的根类，所以，可把任何类型的值赋给它。将值类型的变量转换为对象的过程称为“装箱”。例如：

```
int i = 123;
object o = (object)i;  //装箱,强制类型转换运算
```

将对象类型的变量转换为值类型的过程称为“拆箱”。例如：

```
o = 123;
i = (int)o;  //拆箱
```

相对于简单的赋值而言，装箱和拆箱过程需要进行大量的计算。对值类型进行装箱时，必须分配并构造一个全新的对象。拆箱所需的强制转换也需要进行大量的计算。因此，考虑到代码性能，应该尽量避免装箱与拆箱运算。

2.2.9 隐式类型

从 Visual C# 3.0 开始，在方法范围中声明的变量可以具有隐式类型 var，var 有时也称为推断类型。隐式类型的本地变量是强类型变量，只不过该变量的类型由编译器确定。在程序编译阶段，var 关键字指示编译器根据初始化语句右侧的表达式推断变量的类型。例如：

```
var i = 5;                   //i 被编译成 int 型
var s = "Hello";             //s 被编译成 string 型
var a = new[] { 0, 1, 2 };   //a 被编译成 int[]型
```

var 关键字除了在方法范围内，用以声明局部变量外，它还经常用于 for、foreach 等语句中，LINQ 查询表达式中也很常见（请参考 MSDN 等其他资料）。下面语句是用于 for 和 foreach 的示例代码。

```
for(var x = 1; x < 10; x++){…}
foreach(var item in list){…}
```

尽管 var 可以带来语法上的便利，但要注意下列限制情况：

1）只有在同一语句中声明和初始化局部变量时，才能使用 var，不能将该变量初始化为 null、方法组或匿名函数。

2）不能在类定义中用 var 声明类的字段成员。

3）由 var 声明的变量不能用在初始化表达式中。例如：

```
int i = (i = 20);  //正确
var n = (n = 20);  //错误
```

4）不能在同一语句中初始化多个隐式类型的变量。例如：

```
var i =20,n =5;  //错误
```

2.3 数据类型转换

在赋值语句中，赋值号左边变量的类型必须要与右侧表达式的类型匹配。在一个较复杂的表达式中，各参与量之间的类型也必须要匹配。因此，有时必须要对数据进行类型转换。在 C#中，数据类型转换可分为隐式转换和显式转换。

2.3.1 隐式转换

隐式转换是指系统默认的、不需要源代码中任何特殊语法就能进行的数据类型转换。是低类型向高类型的转换，转换过程中不会导致信息丢失。

1. 隐式数值转换

C#支持的隐式数值转换见表 2-8。

表 2-8 隐式数值转换

转换前的类型	转换后的类型
sbyte	short、int、long、float、double、decimal
byte	short、ushort、int、uint、long、ulong、float double、decimal
short	int、long、float、double、decimal
ushort	int、uint、long、ulong、float、double、decimal
int	long、float、double、decimal
uint	long、ulong、float、double、decimal
long	float、double、decimal
ulong	float、double、decimal
char	ushort、int、uint、long、ulong、float、double、decimal
float	double

从 int、uint、long 或 ulong 到 float 以及从 long 或 ulong 到 double 的转换可能导致精度损失，但绝不会影响它的数量级。其他的隐式数值转换决不会丢失任何信息。不存在向 char 类型的隐式转换，因此其他整型的值不会自动转换为 char 类型。

下面的代码段是隐式数值转换示例。

```
int i = 5;
```

```
long lo;
char ch ='a';
float f;
double d;
//下面是正常的隐式数值转换
lo = i;
f = lo;
i = ch;
d = f;
```

2. 隐式引用转换

隐式引用转换是指引用类型之间的转换，这种转换总是可以成功的，因此不需要在运行时进行任何检查。虽然引用转换可能改变该引用的类型，但绝不会更改所引用对象的类型或值。

隐式引用转换包括：

1）从任何引用类型到 object。

2）从任何类类型 S 到任何类类型 T（前提是 S 是从 T 派生的）。

3）从任何类类型 S 到任何接口类型 T（前提是 S 实现了 T）。

4）从任何接口类型 S 到任何接口类型 T（前提是 S 是从 T 派生的）。

5）从元素类型为 SE 的数组类型 S 到元素类型为 TE 的数组类型 T（前提是以下所列的条件均为真）。

①S 和 T 只是元素类型不同。换言之，S 和 T 具有相同的维数。

②SE 和 TE 都是引用类型。

③存在从 SE 到 TE 的隐式引用转换。

6）从任何数组类型到 System. Array。

7）从任何委托类型到 System. Delegate。

8）从 null 类型到任何引用类型。

下面的代码段是隐式引用转换示例。

```
class Person
{ }
class Student : Person
{ }
class Program
{
    static void Main(string[] args)
    {
        Person[,] a = new Person[2,3];
        Student[,] b = new Student[4,5];
        a = b;
        System.Array arrobj = a;
        object obj = "Hello";
        obj = new Person();
        obj = null;
    }
}
```

本节涉及后续诸多内容，读者可待学习了后续内容后再回来阅读本节内容。

2.3.2　装箱转换

装箱转换允许将值类型隐式转换为引用类型。将值类型的一个值装箱包括以下操作：分配一个对象实例，然后将值类型的值复制到该实例中。有关装箱转换的介绍详见 2.2.8 节。

2.3.3　显式转换

1. 显式数值转换

显式数值转换是指从一个数值类型到另一个数值类型的转换，此转换不能用已知的隐式数值转换实现。C#支持的显式数值转换见表 2-9。

表 2-9　显式数值转换

转换前的类型	转换后的类型
sbyte	byte、ushort、uint、ulong、char
byte	sbyte 和 char
short	sbyte、byte、ushort、uint、ulong、char
ushort	sbyte、byte、short、char
int	sbyte、byte、short、ushort、uint、ulong、char
uint	sbyte、byte、short、ushort、int、char
long	sbyte、byte、short、ushort、int、uint、ulong、char
ulong	sbyte、byte、short、ushort、int、uint、long、char
char	sbyte、byte、short
float	sbyte、byte、short、ushort、int、uint、long、ulong、char、decimal
double	sbyte、byte、short、ushort、int、uint、long、ulong、char、float、decimal
decimal	sbyte、byte、short、ushort、int、uint、long、ulong、char、float、double

显式转换即强制转换，语法格式如下：

(类型标识符)表达式

这样就可以将表达式值的类型转换为标识符的类型，例如：

```
(int)3.14
```

上述表达式中，3.14 是 double 型，整个表达式的值为 3，且类型是 int。
再如下面的显式数值转换示例：

```
float pai = (float)3.14;
long lo = 123;
int n = (int)lo;
```

在 C#和其他一些语言中，整数运算可以进行不检查的强制转换，但这种情况可能会导致错误值，但不会引发 OverflowException 异常。这种转换是不明确的、不可靠的。例如：

```
int MyInt = int.MaxValue;  //MyInt 的值为 2147483647
byte MyByte = (byte)MyInt;
```

上面 MyByte 的值为 255，结果显然是不可靠的，但程序不会抛出异常。

再如，下列代码段在执行后，变量 i2 的值为 -2147483639，显然也不正确。

```
int ten = 10;
int i2 = 2147483647 + ten;  //int 型的最大值为 2147483647
Console.WriteLine(i2);
```

但如果要捕捉到这种不可靠性，则需要对强制转换进行检查，这需要使用 checked 关键字。在 C#中，checked 关键字用于对整型算术运算和显式转换启用溢出检查。例如：

```
double MyDouble = 123456789;
try
{
    byte MyInt = checked((byte)MyDouble);  //检查强制转换,抛出异常
}
catch (OverflowException e)
{
    Console.WriteLine(e.Message);  //输出"算术运算导致溢出"
}
```

2. 显式引用转换

显式引用转换是那些需要运行时检查以确保它们正确地引用类型之间的转换。如果显式引用转换失败，则将引发 System. InvalidCastException 异常。与隐式引用类型转换类似，显式引用转换也不会改变所引用对象的类型或值。

显式引用转换包括：

1）从 object 到任何其他引用类型。

2）从任何类类型 S 到任何类类型 T（前提是 S 为 T 的基类）。

3）从任何类类型 S 到任何接口类型 T（前提是 S 未密封且 S 不实现 T）。

4）从任何接口类型 S 到任何类类型 T（前提是 T 未密封或 T 实现 S）。

5）从任何接口类型 S 到任何接口类型 T（前提是 S 不是从 T 派生的）。

6）从元素类型为 SE 的数组类型 S 到元素类型为 TE 的数组类型 T（前提是以下所列条件均为真）。

①S 和 T 只是元素类型不同。换言之，S 和 T 具有相同的维数。

②SE 和 TE 都是引用类型。

③存在从 SE 到 TE 的显式引用转换。

7）从 System. Array 以及它实现的接口到任何数组类型。

8）从 System. Delegate 以及它实现的接口到任何委托类型。

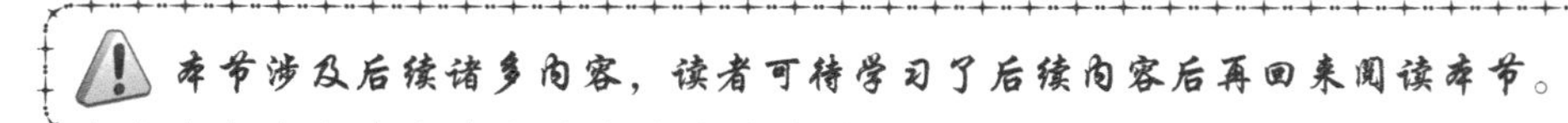
本节涉及后续诸多内容，读者可待学习了后续内容后再回来阅读本节。

3. 拆箱转换

拆箱转换指将引用类型显式转换为值类型。一个拆箱操作包括以下两个步骤：首先检查对

象实例是否为给定值类型的一个装了箱的值，然后将该值从实例中复制出来。有关拆箱转换的进一步介绍详见 2.2.8 节。

2.3.4　使用 Convert 类显式转换数据

应用 Convert 类中的方法，可以将一个基本数据类型转换为另一个基本数据类型。Convert 类定义于 .NET Framework 类库中，属于 System 名称空间。System. Object 是 System. Convert 的基类。System. Convert 类公开的方法成员较多，其中部分方法成员见表 2-10，更多的成员及说明请参阅 MSDN。

表 2-10　Convert 类中的部分方法成员

方法名	说　明
ToBoolean(Char)	调用此方法始终引发 InvalidCastException
ToBoolean(Int32)	将指定的 32 位带符号整数的值转换为等效的布尔值
ToByte(Boolean)	将指定的布尔值转换为等效的 8 位无符号整数
ToByte(Byte)	返回指定的 8 位无符号整数；不执行任何实际的转换
ToByte(Char)	将指定 Unicode 字符的值转换为等效的 8 位无符号整数
ToByte(Int32)	将指定的 32 位带符号整数的值转换为等效的 8 位无符号整数
ToByte(Int64)	将指定的 64 位带符号整数的值转换为等效的 8 位无符号整数
ToChar(Byte)	将指定的 8 位无符号整数的值转换为与其等效的 Unicode 字符
ToChar(Int32)	将指定的 32 位带符号整数的值转换为与其等效的 Unicode 字符
ToDateTime(String)	将日期和时间的指定字符串表示形式转换为等效的日期和时间值
ToDecimal(Int32)	将指定的 32 位带符号整数的值转换为等效的十进制数
ToDouble(Int32)	将指定的 32 位带符号整数的值转换为等效的双精度浮点数
ToInt32(string value)	将数字的指定字符串表示形式转换为等效的 32 位带符号整数
ToSByte(UInt32)	将指定的 32 位无符号整数的值转换为等效的 8 位带符号整数
ToSingle(Double)	将指定的双精度浮点数的值转换为等效的单精度浮点数
ToSingle(Int16)	将指定的 16 位带符号整数的值转换为等效的单精度浮点数
ToString(Int32)	将指定的 32 位带符号整数的值转换为与其等效的字符串表示形式

例如，用方法 ToString(Int32)可以将指定的 32 位带符号整数的值转换为与其等效的字符串表示形式，代码如下：

```
int n = 1234;
string sn = System.Convert.ToString(n);   //变量 sn 引用的字符串为“1234”
```

再如，用方法 ToInt32(string value)可以将字符串参数转换成等效的整数。例如，从键盘上读入年龄值，代码如下所示。若从键盘上输入 25 并按 <Enter> 键，方法 Console. ReadLine( ) 的结果字符串是 “25”，它被方法 ToInt32( )转换后得到整数 25，并赋给变量 age。

```
int age = System.Convert.ToInt32(Console.ReadLine());
```

2.3.5　数据类型转换方法 ToString( )

作为所有类型的根类，System. Object 中定义了方法 ToString( )，其语法格式如下：

```
public virtual string ToString()
```

由定义语法中的 virtual 关键字可见，所有子类型要么重写方法 ToString( )，要么继承其方法 ToString( )，总之，所有类型中都有方法 ToString( )。

方法 ToString( )将数据转换为其字符串表现形式，使它适合于显示或运算。例如，将非字符串数据转换为字符串，再与其他字符串连在一起进行输出，代码如下：

```
int sum = 100;
Console.WriteLine("sum = " + sum.ToString());
```

2.3.6　使用方法 Parse( )显式转换数据

除 string 类型以外，C#内置类型都有方法 Parse( )，它用来将数据的字符串表现形式转换为与它等效的其他类型。例如，将字符串“1234”转换为 int 型的 1234，代码如下：

```
string strn = "1234";
int n = Int32.Parse(strn);
```

【实例 2-4】某人叫张三，男，28 岁，已婚，工资 5000 元。要求编程实现输入张三的基本信息，再输出其基本信息。

```
1    using System;
2    namespace Example2_4
3    {
4        class Program
5        {
6            static void Main(string[] args)
7            {
8                string name;            //姓名
9                char gender;            //性别
10               int age;                //年龄
11               bool maritalstatus;     //婚否
12               decimal salary;         //工资
13               Console.Write("姓名:");
14               name = Console.ReadLine();
15               Console.Write("性别(M-男,F-女):");
16               gender = char.Parse(Console.ReadLine());
17               Console.Write("年龄:");
18               age = int.Parse(Console.ReadLine());
19               Console.Write("婚否(true-已婚,false-未婚):");
20               maritalstatus = Convert.ToBoolean(Console.ReadLine());
21               Console.Write("工资:");
22               salary = Convert.ToDecimal(Console.ReadLine());
23               Console.WriteLine("\n{0}基本情况如下:", name);
24               Console.WriteLine("姓名:{0}", name);
25               Console.WriteLine("性别:{0}", gender);
26               Console.WriteLine("年龄:{0}", age);
27               Console.WriteLine("婚否:{0}", maritalstatus);
```

```
28                Console.WriteLine("工资:{0:C}", salary);
29                Console.ReadKey();
30            }
31        }
32    }
```

程序运行结果如图 2-11 所示。

程序分析：

第 8 ~ 12 行，定义变量语句。

第 16 行、第 18 行、第 20 行、第 22 行的作用是将键盘输入的字符串型的值分别转换为 char 型、int 型、bool 型以及 decimal 型。

第 23 ~ 28 行用来输出数据。

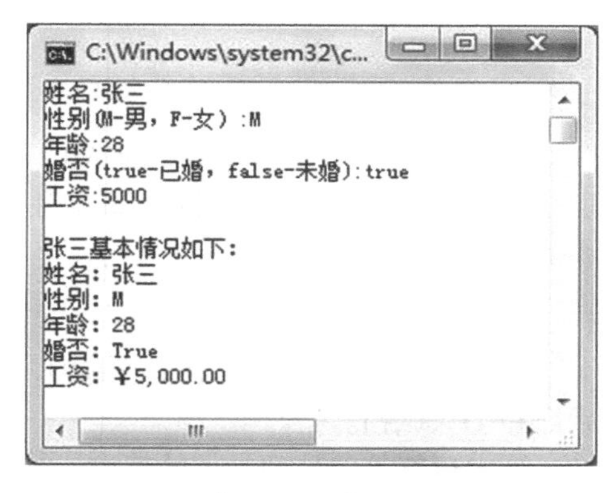

图 2-11 【实例 2-4】的运行结果

2.4 运算符和表达式

运算符是表示各种不同运算的符号。表达式是由变量、常量、数值和运算符组成的，是用运算符将运算对象（操作数）连接起来的运算式。表达式在经过一系列运算后得到的结果就是表达式的值，该值的类型由参加运算的操作数据的数据类型决定。

在 C#中，根据运算符所使用的操作数的个数，将运算符分为以下 3 类。

1）一元运算符：只使用一个操作数的运算符，如增量运算符“++”。

2）二元运算符：使用两个操作数的运算符，如关系运算符中的大于运算符“>”。

3）三元运算符：使用 3 个操作数的运算符，只有条件运算符一个，即“?:”。

2.4.1 算术运算符

算术运算符实现了数学上的基本运算功能。C#中的算术运算符见表 2-11。

表 2-11　算术运算符

名　称	运算符	示　例
加法运算符	+	10+20， +30
减法运算符	-	20-10， -30
乘法运算符	*	10*20
除法运算符	/	7/5
模运算符	%	7%3，即求 7 除以 3 的余数
自增运算符	++	i++， ++i
自减运算符	--	i--， --i

算术运算符在使用中要注意以下几点。

1）对于除法运算，整数除以整数时，表达式的值还是整数，因此会舍掉值的小数部分。例如，5/2，其值为 2，并不是 2.5。

2）模运算即算术求余数运算，求余数就是被除数除以除数，取最大整数商，然后求余数，余数可以是实数。例如，11%3.4，值为 0.8。

3）自增运算，如 i++ 和 ++i，其作用是让变量 i 的值增 1。但是它们用于表达式时有区别。当“++”在变量左侧时，变量先自增，再取用自增后的值。例如：

```
int i = 3,j;
j = ++i +8;
```

上述代码中，“++”在 i 的左侧，则 i 先自加，得值 4，4 再和 8 求和得 12，12 赋给 j。

当“++”在变量右侧时，先取用变量的值，然后变量自增 1。例如：

```
int i = 3,j;
j = i++ + 8;  //即 j =(i++) +8
```

上述代码中，“++”在 i 的右侧，则先取 i 的值 3，与 8 求和得 11，然后 i 的值自增 1，最后把和 11 赋给 j。

算术运算符仅处理常见的算术运算，对于数学中的其他一些运算，可以通过自编方法加以解决，或调用 System. Math 类中的方法加以解决，如求幂运算、求平方根等，具体参见 2.4.8 节。

2.4.2　逻辑运算符

逻辑运算符的操作数是逻辑常量（true 或 false）或关系式。逻辑运算的结果是布尔值，即逻辑表达式的值是布尔值，表达式成立，则值为 true，否则为 false。C#中的逻辑运算符见表 2-12。表中所示的从左向右结合方向，表示运算符是从左向右进行运算的。

当运算符“&”“|”“^”用作二进制位运算符时，请参阅 2.4.5 节。此处它们用于逻辑运算符。

表 2-12　逻辑运算符

名　称	运算符	结合方向
逻辑与	&	从左向右
逻辑异或	^	从左向右
逻辑或	|	从左向右
逻辑非	!	从左向右
条件与	&&	从左向右
条件或	||	从左向右

1. 逻辑与运算符

逻辑与运算符“&”组成的逻辑表达式如下：

```
关系式1 & 关系式2
```

“&”的功能是对其左右两个关系式做逻辑与运算，即只有当两个关系式的值都为 true 时，逻辑表达式的值才为 true；只要其中一个关系式的值为 false，则逻辑表达式的值为 false，即：false & false 值为 false；false & true 值为 false；true & false 值为 false；true & true 值为 true。

特别指出，“&”对于左右两个关系式都要进行运算。

2. 条件与运算符

条件与运算符“&&”组成的逻辑表达式如下：

关系式 1 && 关系式 2

“&&”的功能是对其左右两个关系式做逻辑与运算，但仅在必要时才计算第二个关系式。当关系式 1 的值为 false 时，逻辑表达式的值已经确定为 false，“&&”就不会处理关系式 2 了，即屏蔽了关系式 2 的运算。所以，“&&”具有屏蔽运算的功能，这种功能有时也称为“短路”计算功能。在下面的示例中，请注意使用“&&”的表达式只计算第一个操作数的情形。

```
using System;
namespace test1
{
    class Program
    {
        static void Main(string[] args)
        {
            int i = 3;
            bool yesno = (10 > 20) && ( + +i > 0);  //检测到无法访问的表达式代码
            Console.WriteLine("i = " +i.ToString());
        }
    }
}
```

本示例编译时会有警告信息“检测到无法访问的表达式代码”。本示例输出为“i = 3”，显然，本例中的关系式“(++i > 0)”并没有被运算，如果被运算了，则变量 i 的值就是 4 了。

3. 逻辑或运算符

逻辑或运算符“|”组成的逻辑表达式如下：

关系式 1 |关系式 2

“|”的功能是对其左右两个关系式做逻辑或运算，即只要两个关系式的值中有一个为 true，则逻辑表达式的值就为 true；只有当两个关系式的值都为 false 时，逻辑表达式的值才为 false，即：false | false 值为 false；false | true 值为 true；true | false 值为 true；true | true 值为 true。

特别指出，“|”对于左右两个关系式都要进行运算。

4. 条件或运算符

条件或运算符“||”组成的逻辑表达式如下：

关系式 1 || 关系式 2

“||”的功能是对其左右两个关系式做逻辑或运算，但仅在必要时才计算第二个关系式。当关系式 1 的值为 true 时，逻辑表达式的值已经确定为 true，“||”便不会再处理关系式 2，即屏蔽了关系式 2 的运算。所以，“||”也具有屏蔽运算的功能。例如，下面的代码的输出为“i = 3”，较好地说明了“||”的屏蔽计算功能。

```
int i = 3;
bool yesno = (20 > 10) || ( + +i > 0);  //检测到无法访问的表达式代码
Console.WriteLine("i = " +i.ToString());  //输出“i = 3”
```

5. 逻辑非运算符

逻辑非运算符“!”是对操作数求反的一元运算符。当操作数为 false 时才返回 true。例如,!(10 <20)的值为 false,! true 的值为 false。

6. 逻辑异或运算符

逻辑异或运算符“^”的功能是对其左右两个关系式做逻辑异或运算，即当两个操作数同为 false 或同为 true 时，结果为 false；当两个操作数互异时，结果为 true，即：false ^ false 值为 false；false ^ true 值为 true；true ^ false 值为 true；true ^ true 值为 false。

2.4.3　三元条件运算符

三元条件运算符“?:”有 3 个操作数，其语法如下：

```
条件? 表达式1：表达式2
```

其中条件是逻辑表达式。如果条件为真（true），则值取表达式 1 的值作为整个表达式的值；否则，取表达式 2 的值作为整个表达式的值。

例如，执行如下代码，变量 str 的值为“n >0”。

```
int n =4;
string str =n >0?"n >0":"n< =0";
```

“?:”的结合方向为从右向左。例如，表达式 a ? b : c ? d : e 相当于 a ? b : (c ? d : e)，而不是(a ? b : c) ? d : e。

2.4.4　赋值运算符

赋值运算符用于将表达式的值提供给变量。常用的赋值运算符见表 2-13。

表 2-13　赋值运算符

名　称	运算符	示　例
赋值运算符	=	a =2
复合赋值运算符	+=	a+ =2，等价于 a =a +2
	-=	a- =2，等价于 a =a -2
	*=	a* =2，等价于 a =a*2
	/=	a/ =2，等价于 a =a/2
	%=	a% =2，等价于 a =a%2
	&=	a& =2，等价于 a = a&2
	|=	a| =2，等价于 a =a|2
	^=	a^ =2，等价于 a =a^2
	>>=	a> > =2，等价于 a =a> >2
	<<=	a< <2，等价于 a =a< <2

2.4.5　二进制位运算符

位运算符包括“&”（位与）、“|”（位或）、“^”（位异或）、“~”（按位取反）、“<<”

（左移位）和“>>”（右移位），其中除“~”以外，都是二目运算符。

1. 位与运算

位与运算的规则：0&0 = 0，0&1 = 1，1&0 = 0，1&1 = 1。可见，只有当两个二进制位均为 1 时，其结果才为 1，否则结果均为 0。

例如，保存变量 a 中的最低两位，其余各位清 0，则只要执行下面的语句：

```
a = a&3;
```

2. 位或运算

位或运算的规则：0|0 = 0，0|1 = 1，1|0 = 1，1|1 = 1。可见，只有当两个二进制位均为 0 时，计算的结果才为 0，否则结果均为 1。

例如，把变量 a 中的最低 4 位全置 1，其余各位不变，则只要执行下面的语句：

```
a = a|0xf;
```

3. 位异或运算

位异或运算的规则：0^0 = 0，0^1 = 1，1^0 = 1，1^1 = 1。可见，只有当两个二进制位不同时，结果才为 1。

例如，把变量 a 清 0，只要执行下面的语句：

```
a = a^a;
```

4. 按位取反运算

按位取反运算的规则：~0 = 1，~1 = 0。

例如，对下面定义的 8 位有符号数 n 按位取反后输出，问输出结果是什么？

```
sbyte n = 15;
```

分析：内存中 n 以补码形式存在，n = (0000 1111)B。按位取反后，存储单元中的数据变成(1111 0000)B。这个新数还是一个补码，它的最高位是 1，表明它是一个负数。求得反码为(1110 1111)B，原码为(1001 0000)B。由原码可知该数为 -16，所以最终输出“-16”。

5. 左移位和右移位运算

左移位运算是将整个二进制整数往左移若干位，右侧补 0。

例如，如下代码中，n 的初值为 1，经左移 5 次后，输出结果为 32。

```
byte n = (byte)1;
byte i = (byte)5;
n =(byte) (n << i);
Console.WriteLine(n);
```

在移动有限的次数内，将一个无符号数左移一位，相当于将它乘以 2。

右移位运算是将整个二进制整数往右移若干位，左侧补 0。类似地，在移动有限的次数内，将一个无符号数右移一位，相当于将它除以 2。

2.4.6　其他运算符

在 C#中，还有许多其他特殊运算符，如分配对象实例和调用构造函数的运算符 new、类型信息和溢出检查运算符等，具体见表 2-14。

表 2-14　其他运算符

名　称	运算符	描　述	示　例
创建对象	new	分配对象实例和调用构造函数	Student st = new Student( );
类型信息	sizeof	返回类型的内部大小（以字节为单位）	int intSize = sizeof(int);
	typeof	用于获取类型的 System. Type 对象	System. Type type = typeof(int);
溢出检查	checked	对整型算术运算和转换显式启用溢出检查	z = checked(maxIntValue + 10);
	unckeked	用于取消整型算术运算和转换的溢出检查	int1 = unchecked(ConstantMax + 10);

2.4.7　运算符的优先级

当一个表达式中含有多个运算符时，运算符的优先级决定运算的执行顺序。但当一个操作数处于两个相同优先级的运算符之间时，运算符的结合性决定运算的执行顺序，具体见表 2-15。需要说明的是，当一个表达比较复杂时，可加入括号，以提高代码的可读性。

表 2-15　运算符的优先级

<table>
<tr><th>优先级</th><th>运算符</th><th>结合顺序</th></tr>
<tr><td>高</td><td>+ +、- -（前置）、( )、+、-（作为一元运算符时）、!、~</td><td>从右向左</td></tr>
<tr><td>↑</td><td>*、/、%</td><td>从左向右</td></tr>
<tr><td></td><td>+、-</td><td>从左向右</td></tr>
<tr><td></td><td>< <、> ></td><td>从左向右</td></tr>
<tr><td></td><td><、>、< =、> =、is、as</td><td>从左向右</td></tr>
<tr><td></td><td>= =、! =</td><td>从左向右</td></tr>
<tr><td></td><td>&、^、|</td><td>从左向右</td></tr>
<tr><td></td><td>&&、||</td><td>从左向右</td></tr>
<tr><td></td><td>?:</td><td>从右向左</td></tr>
<tr><td></td><td>=、+ =、- =、* =、/ =、% =、& =、| =、^ =、> > =、< < =</td><td>从左向右</td></tr>
<tr><td>低</td><td>++、--（后置）</td><td>从左向右</td></tr>
</table>

【实例 2-5】 在控制台中显示各类运算的结果，以便理解各类运算符的功能、作用以及优先级。

```
1    using System;
2    class Program
```

```
3    {
4        static void Main(string[ ] args)
5        {
6            int i = 5, j = 3, k;
7            k = i % j;
8            Console.WriteLine("求余数:5% 3 ={0}", 5 % 3);  //2
9            i = j + +;  //j 的值先用于赋值,然后再自加
10           Console.WriteLine("i ={0},j ={1}", i, j);  //输出"i =3,j =4"
11           i = + +j;  //j 的值先自加,然后再用于赋值
12           Console.WriteLine("i ={0},j ={1}", i, j);  //输出"i =5,j =5"
13           string strf = "!(2 <3)||(3 >2)&&(2 >3)||(2 > =3) ={0}";
14           Console.WriteLine(strf, !(2 < 3)||(3 > 2) && (2 > 3)||(2 > = 3));
15           if(3 > 2 || ( + +i > 0))  //( + +i >0)无法被访问到
16               Console.WriteLine("屏蔽运算,i 的值不变,i ={0}", i);  //i 的值还是 5
17           int score = 85;
18           string strResult = score > = 60 ? "合格" : "不合格";
19           Console.WriteLine("三元条件运算,strResult = \" {0} \" ", strResult);
20           score /= 5;
21           Console.WriteLine("score ={0}", score);
22           Console.WriteLine("sizeof(int)值为{0}", sizeof(int));
23           int x, y = 7;
24           x = 5 * y - - % 3;  //可读性差,尽量不要这样写
25           Console.WriteLine("x ={0}", x);  //x =2
26           Console.ReadKey();
27       }
28   }
```

程序运行结果如图 2-12 所示。

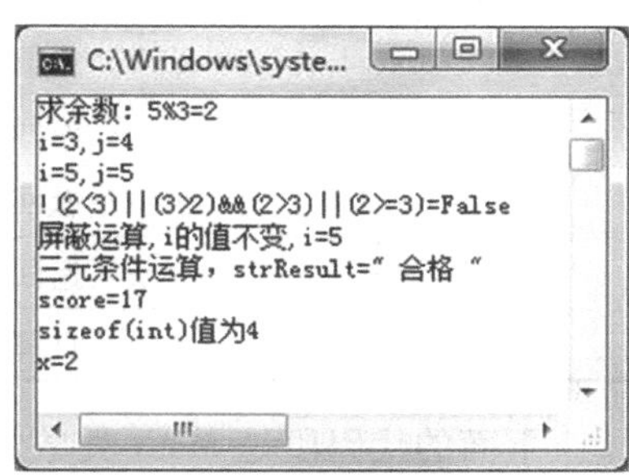

图 2-12 【实例 2-5】的运行结果

2.4.8 表达式中常用的数学函数

在 C#中，System. Math 类提供了表达式中常用的数学函数和数学常数。其中，两个常用字段如下：

1）System. Math. E 表示自然对数的底“e”。

2）System. Math. PI 表示圆的周长与其直径的比值，即数学中的“π”。

例如，输出数学中自然对数底的值与 π 值，代码如下：

```
Console.WriteLine(System.Math.E);  //2.71828182845905
Console.WriteLine(Math.PI);  //3.14159265358979
```

System. Math 类部分常用方法成员见表 2-16。

表 2-16　System. Math 类的方法成员

名　称	说　明
Abs	返回指定数字的绝对值
Acos	返回余弦值为指定数字的角度

（续）

名　称	说　明
Asin	返回正弦值为指定数字的角度
Atan	返回正切值为指定数字的角度
Atan2	返回正切值为两个指定数字的商的角度
BigMul	生成两个 32 位数字的完整乘积
Ceiling	返回大于或等于指定数字的最小整数
Cos	返回指定角度的余弦值
DivRem	计算两个数字的商，并在输出参数中返回余数
Equals	确定两个 Object 实例是否相等（从 Object 继承）
Exp	返回 e 的指定次幂
Floor	返回小于或等于指定数字的最大整数
GetType	获取当前实例的 Type（从 Object 继承）
Log	返回指定数字的对数
Log10	返回指定数字以 10 为底的对数
Max	返回两个指定数字中较大的一个
Min	返回两个数字中较小的一个
Pow	返回指定数字的指定次幂
Round	将值舍入到最接近的整数或指定的小数位数
Sign	返回表示数字符号的值
Sin	返回指定角度的正弦值
Sqrt	返回指定数字的平方根
Truncate	计算一个数字的整数部分

下面的代码段是 Math 类数学函数方法的使用示例，各数学函数方法的结果已在注释中给出。

```
Console.WriteLine(Math.Abs( -5));              //求绝对值:5
Console.WriteLine(Math.Acos(0.5) *3);          //反余弦函数:3.14159265358979
Console.WriteLine(Math.Asin(1) *2);            //反正弦函数:3.14159265358979
Console.WriteLine(Math.Atan(1) *4);            //反正切函数:3.14159265358979
Console.WriteLine(Math.Atan2(1,1) *4);         //反正切函数:3.14159265358979
long result = Math.BigMul(100000,1234);        //求两个大数积
Console.WriteLine(result);                     //123400000
Console.WriteLine(Math.Ceiling(5.01));         //向上取整:6
Console.WriteLine(Math.Floor(5.99));           //向下取整:5
Console.WriteLine(Math.Cos(Math.PI /3));       //求余弦值:0.5
int result2;
Math.DivRem(8,5,out result2);                  //求 8 除以 5 的余数给输出参数 result2
Console.WriteLine(result2);                    //3
```

```
    Console.WriteLine(Math.Log10(100));          //以10为底100的对数值:2
    Console.WriteLine(Math.Max(3,4));            //求两个数的大者:4
    Console.WriteLine(Math.Pow(2,5));            //求2的5次方:32
    Console.WriteLine(Math.Round(34.56789,2)); //求四舍五入值:34.56789保留两位
小数
    Console.WriteLine(Math.Sqrt(25));            //求25的平方根:5
    Console.WriteLine(Math.Truncate(10.9999));//求浮点数的整数部分:10
```

2.5 自定义枚举类型

枚举类型是一种用户自定义的类型，它用一组符号来表示常量值，有助于增加程序的可读性，便于程序的调试和维护。

2.5.1 定义枚举类型

枚举类型的定义语法如下：

```
[访问修饰符] enum 枚举标识名[:枚举基类型]
{枚举成员[ =整型常数],[枚举成员[ =整型常数],…]}
```

enum关键字用于声明枚举类型。通常情况下，最好在命名空间内直接定义枚举，以便该命名空间中的所有类型都能访问它，但还可以将枚举嵌套在类或结构中定义。

允许的枚举基类型是byte、sbyte short、ushort、int、uint、long或ulong，默认为int。

例如，定义Months枚举类型，表示12个月份，让成员的类型基于byte型。可以定义如下：

```
enum Months : byte
{ Jan, Feb, Mar, Apr, May, Jun, Jul, Aug, Sep, Oct, Nov, Dec };
```

其中，byte表示枚举成员的类型，即Jan、Feb、Mar等的类型是byte。枚举成员的值从0开始，依次加1，即Jan的值为0，Feb的值为1，以此类推。例如，如下代码输出为“0”。

```
Months shoolmonth = Months.Jan;
Console.WriteLine((byte)shoolmonth);  //输出"0"
```

枚举成员的值也可以自行指定，但如果一个枚举成员指定了值，其后一个没指定，则后一个成员的值自动为前一个加1。例如：

```
enum Months : byte
{ Jan =1, Feb, Mar, Apr, May, Jun, Jul, Aug, Sep, Oct, Nov, Dec };
```

示例中，枚举成员Feb的值自动为2。

在使用枚举类型时，要注意使用显式类型转换，例如：

```
int month1 = (int)Months.Apr;
//byte month3 = Months.Oct;  //本行错误
```

2.5.2 枚举类型作为位标志

使用枚举类型定义位标志，使枚举类型变量可以存储枚举成员的组合，让变量表达多种组合情形，这要求在定义枚举类型前加上标志属性 [Flags]。

.NET Framework类库中定义了许多位标志枚举类型。例如，定义于System名称空间中的

ConsoleModifiers 就是位标志枚举类型，它定义如下：

```
//摘要：表示键盘上的<Alt><Shift>和<Ctrl>键
[Serializable]
[Flags]
public enum ConsoleModifiers
{
    Alt = 1,
    Shift = 2,
    Control = 4,
}
```

在 2.2.4 节中介绍的方法 Console. ReadKey()，其返回值的类型是 ConsoleKeyInfo 类型，这个类型中定义了上述的 ConsoleModifiers 枚举类型的只读属性 Modifiers，如果在代码中对 Modifiers 属性值进行处理，就可以获知用户是否按下 <Alt> <Shift> 或 <Ctrl> 键。例如，若在键盘上按 <Ctrl + Q> 组合键，则显示 "Ctrl + Q"，代码如下：

```
ConsoleKeyInfo cki = Console.ReadKey(true);
if ((cki.Modifiers & ConsoleModifiers.Control) ! = 0 && (cki.Key.ToString().
ToLower() = = "q"))
    Console.WriteLine("Ctrl + " + cki.Key.ToString());
```

【实例 2-6】 定义枚举类型 Days，让该类型的枚举成员表示一周中的一天或 "None"。让 Days 类型变量只能存储 8 个有意义的值，它们是：None、Sunday、Monday、Tuesday、Wednesday、Thursday、Friday 和 Saturday。并且，让这 8 个有意义的值作为位标志，以便可以对这些值执行位与、位或、位取反及位异或运算。定义了 Days 枚举类型后，用它定义 "会议日期" 变量，并赋值以及做其他处理。

程序运行结果如图 2-13 所示。

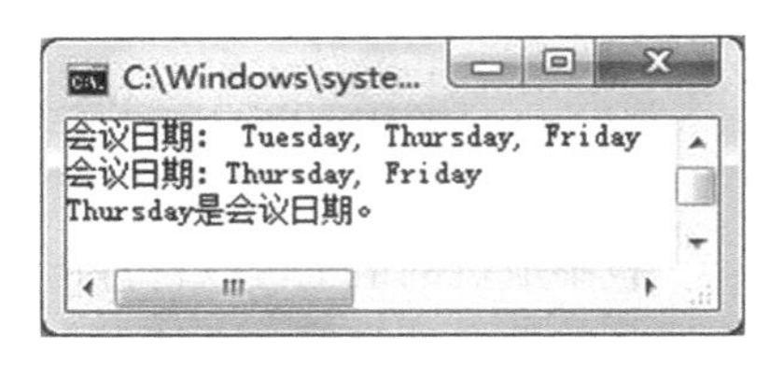

图 2-13 【实例 2-6】的运行结果

```
1    using System;
2    namespace Example2_6
3    {
4        [Flags]
5        enum Days
6        {
7            None = 0x0,
8            Sunday = 0x1,
9            Monday = 0x2,
10           Tuesday = 0x4,
11           Wednesday = 0x8,
12           Thursday = 0x10,
13           Friday = 0x20,
14           Saturday = 0x40
15       }
16       class Program
17       {
18           static void Main(string[] args)
19           {
```

```
20              Days meetingDays = Days.Tuesday | Days.Thursday;   //位或
21              meetingDays = meetingDays | Days.Friday;
22              //输出"会议日期:Tuesday, Thursday, Friday"
23              Console.WriteLine("会议日期:{0}", meetingDays);
24              //通过位异或运算清除一个标志位
25              meetingDays = meetingDays ^Days.Tuesday;  //位异或运算
26              //输出"会议日期:Thursday, Friday"
27              Console.WriteLine("会议日期:{0}", meetingDays);
28              //测试位与运算的结果
29              bool test = (meetingDays & Days.Thursday) = = Days.Thursday;
30              //输出"Thursday 是会议日期。"
31              Console.WriteLine("Thursday{0}会议日期。", test = =true ? "是":"不是");
32              Console.ReadKey();
33          }
34      }
35  }
```

程序分析：

第4～15行，定义枚举类型Days。其中，第4行的［Flags］表明创建的是位标志枚举。第5行中的enum是定义枚举类型的关键字。None、Sunday等8个成员的值用十六进制表示，分别是0、1、2、4、8、16、32、64。尽管这些成员的基类型是int，但为表达方便，若用8位二进制数表示这8个数，则它们分别是（0000 0000）B、（0000 0001）B、（0000 0010）B、（0000 0100）B、（0000 1000）B、（0001 0000）B、（0010 0000）B和（0100 0000）B。因此在这些数据中，“1”的位置表达一周中某天的含义。

第20行，定义了变量meetingDays，并初始化。Days. Tuesday | Days. Thursday做位或运算，结果为（0001 0100）B，其中两个“1”标志位表明会议安排在“周二”与“周四”。

第25行中，“^”是位异或运算符。

第29行中，“&”是位与运算符。

第31行中，“?:”是条件运算符。

2.6 自定义结构类型

自定义结构体类型是值类型，直接继承System. ValueType，用于描述较复杂的数据信息，如描述书的信息，书有书名、作者、单价、出版社等多方面的信息，如果把这些信息集中定义在自定义结构类型中，那么，这种类型的数据就包括书的全部信息，这样，表示和维护此类数据会变得方便，进而减少开发人员的工作量。

当然，C#中描述较复杂的数据也可以采用类类型。但在某些情况下，使用结构类型更加有效。因为结构是值类型，而类是引用类型，如果用类来表示，需要分配类的实例，而结构则不需要。因此，结构比较节约资源，尤其是在使用大量数据的情况下。另外，将较小的类声明为结构，还可以提高系统的处理效率。但是类有许多优点是结构不具备的，不能说结构比类好。

2.6.1 定义结构类型

用关键字struct定义结构类型，语法如下：

```
[访问修饰符] struct 结构标识名 [:基接口名列表]
```

```
{
    //结构成员定义
}
```

说明：

1）结构成员包括各种数据类型的变量、带参构造函数、方法、属性、索引器。

2）结构可以实现接口。

例如，定义 Book（书）结构类型，代码如下：

```
public struct Book
{
    public string title;  //书名
    public string author;  //作者
    public double price;  //单价
    public string publisher;  //出版社
}
```

2.6.2 使用结构变量及成员

在 2.6.1 节中定义的 Book 结构类型中，字段（域）成员定义前都加有“public”访问修饰符，表明通过结构变量外部可访问字段成员。

访问结构变量的成员需要用成员运算符“.”，方法如下：

结构变量．成员名

例如：

```
Book book;
book.title = "C#程序设计";
book.author = "张三";
book.price = 50;
book.publisher = "机械工业出版社";
Console.WriteLine(book.title);
```

要注意的是，结构变量的字段成员在初始化前不可用，也不能访问结构变量。例如：

```
Book mybook, mybook2;
mybook.author = "张三";
//Console.WriteLine(mybook.title);  //错误,不能使用未赋值的字段“title”
//mybook2 = mybook;                 //错误,不能访问 mybook
```

【实例 2-7】 定义表示平面坐标的结构类型 Coords，用它定义两个 Coords 变量，表示平面上的两点，求出这两点间的距离。

```
1    using System;
2    namespace Example2_7
3    {
4        public struct Coords   //表示平面坐标类型
5        {
6            public float x, y;
7        }
8        class TestCoOrds
```

```
9       {
10          static void Main()
11          {
12              Coords p1, p2;
13              p1.x = 1; p1.y = 1;
14              p2.x = 10; p2.y = 10;
15              float dist = (p1.x - p2.x) * (p1.x - p2.x) + (float)(Math.Pow
((p1.y - p2.y), 2));
16              dist = (float)(Math.Sqrt(dist));
17              Console.WriteLine("两点为:({0},{1}),({2},{3})", p1.x, p1.y, p2.
x, p2.y);
18              Console.WriteLine("两点距离为:" + dist.ToString("0.00"));
19              Console.ReadKey();
20          }
21      }
22  }
```

程序运行结果如图 2-14 所示，输出结果中保留两位小数。

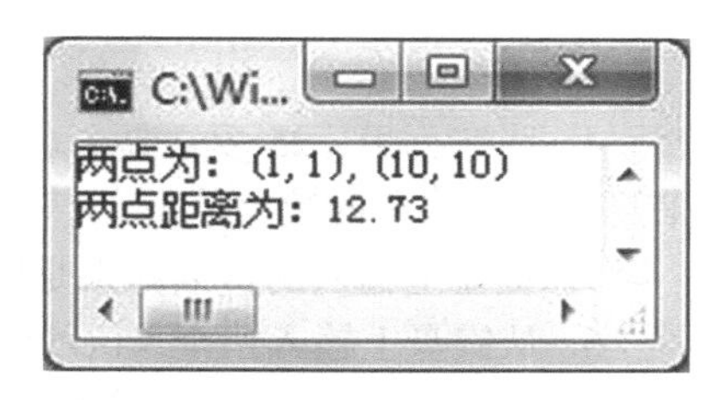

图 2-14 【实例 2-7】的运行结果

第 4 ~7 行，定义结构体类型 Coords，其中定义了两个 float 型的成员，x 表示水平坐标，y 表示纵坐标。

第 12 行，定义 Coords 类型变量 p1 和 p2，它们还没初始化。

第 13 行，p1. x 表示访问结构体变量的成员，此处给 p1 的 x 成员赋值。

第 15 行，求$(x_1-x_2)^2+(y_1-y_2)^2$的值。Math. Pow((p1. y - p2. y), 2) 表示调用 Math 类中的方法 Pow()，求 $(y_1-y_2)^2$ 的值，这个方法的结果值的类型是 double，前面加 “(float)” 运算符做强制类型转换运算。

第 16 行，Math. Sqrt(dist)求 dist 的平方根，结果值的类型也是 double，也需要进行强制类型转换。

第 18 行，dist. ToString("0. 00")表示将 dist 的值转换成字符串，并保留两位小数。

本章小结

本章主要介绍了 C#语言的语法基础，包括变量的含义与作用、C#语言的值类型与引用类型的区别、C#语言中的内置数据类型、控制台应用程序的输入/输出方法以及各种数据类型，包括自定义枚举类型与结构类型、数据类型的转换方法、Math 类以及各种运算符的功能含义与优先级等。本章内容是后续章节的基础，读者务必要理解并熟练掌握。

习题

一、编程题

1. 输入圆的半径，输出圆周长和圆面积。
2. 根据华氏温度计算出摄氏温度。摄氏温度 = 5 × (华氏温度 - 32)/9。输出如图 2-15 所示，摄氏温度保留 1 位小数。

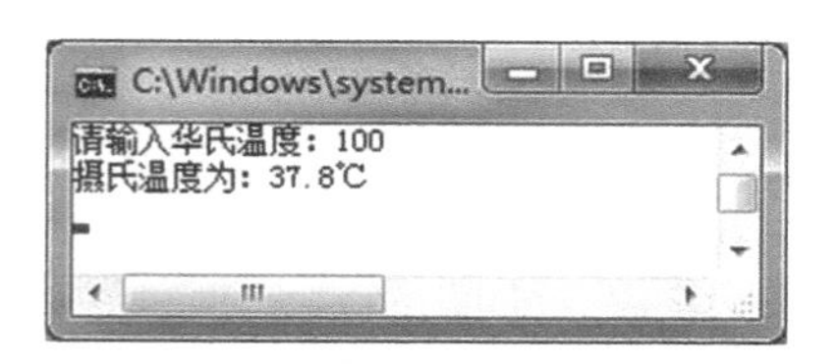

图 2-15　编程题 2 输出结果

3. 从键盘输入一个小写英文字母，输出输入的小写英文字母、与其对应的大写英文字母以及 ASCII 码值，输出如图 2-16 所示。

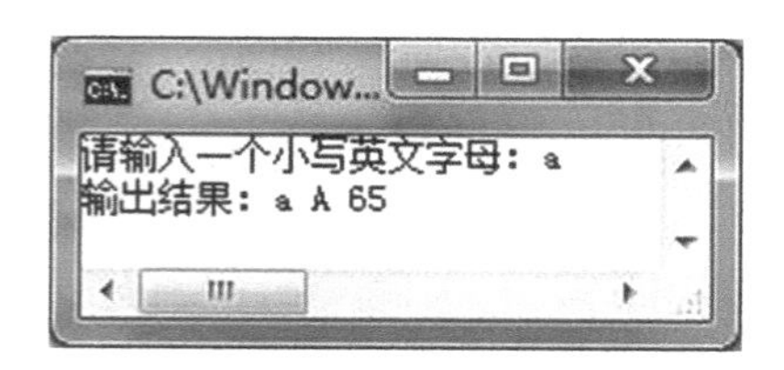

图 2-16　编程题 3 输出结果

4. 张三，男，25 岁，是一名雇员。编程定义一个表示雇员的结构类型，保存张三的数据信息，输出张三的数据信息。

5. 键盘上输入的整数如果是偶数，则输出提示偶数；如果是奇数，则输出提示奇数。

6. 从键盘上输入一个 3 位的整数，判断这个数是否为水仙花数。所谓水仙花数是指该整数等于这个整数各位数字的立方和，如 153、370、371、407。

7. 定义 Color_set 枚举类型，其枚举成员为 RED、BLUE、WHITE、BLACK，成员的值采用默认值。在程序中声明 Color_set 类型变量，对它赋值，再输出变量的值。

8. 通讯录结构类型 PhoneBook 定义如下：

```
enum Week
{
    Monday = 1, Tuesday, Wednesday, Thursday, Friday, Saturday, Sunday
}
public struct Address
{
    public string city;  //城市
    public string street;  //街道地址
    public string postalcode;  //邮政编码
}
struct PhoneBook
{
    public string name;  //姓名
    public uint age;  //年龄
    public string phone;  //电话号码
    public Address address;  地址
    public Week enteringday;  //录入日期
}
```

请在程序中定义 PhoneBook 型变量，并给它赋值，然后再输出。

9. 判断某一年是否为闰年。闰年的条件是符合下面二者之一：能被 4 整除，但不能被 100 整除；能被 400 整除。请用所学过的条件运算符实现。

10. 已知三角形三边长都为 6，求周长和面积。

二、思考题

1. 值类型与引用类型有什么区别？
2. C#中有哪些内置类型？它们分别是什么类型的别名？
3. 什么是装箱？什么是拆箱？
4. 如何定义值为 3. 1415 的常量 PAI？
5. 当枚举类型作为位标志时，其成员在定义时如何设置值？
6. 什么是变量？
7. C#中提供了哪些运算符？

第 3 章　控制流程

学习目标

1）能够用 if 语句和 switch 语句表达各类分支情形。

2）能够用 for 语句、while 语句、do…while 语句、break 语句和 continue 语句处理循环结构。

3）理解穷举法的解题思想。

4）熟悉单步调试程序方法，熟悉观察变量值的方法。

5）初步掌握数组的基本概念、定义、初始化及简单应用。

3.1　分支结构

1. if 语句

(1) 单分支 if 语句

单分支 if 语句的语法如下：

```
if(条件)
{语句序列}
```

例如：

```
if(Score > 100)
{
    Console.WriteLine("输入数据错误!");
}
```

语法中的“语句序列”是否执行，取决于条件是否成立。只有条件成立，语句序列才被执行；条件若不成立，那么语句序列不被执行。

如果“语句序列”只有一条语句，则“{}”可以省略。例如，上方示例还可写成如下形式：

```
if(Score > 100)
    Console.WriteLine("输入数据错误!");
```

如果多于一条语句，则必须用“{}”括起来，组成复合语句，作为一个语句块，表示当条件成立时，语句序列作为一个整体都要被执行。

【实例 3-1】 从键盘输入两个整数，要求从小到大输出它们。

```
1    using System;
2    class Program
3    {
4        static void Main(string[] args)
```

```
5        {
6            int a, b, t;
7            Console.Write("a = ");
8            a = int.Parse(Console.ReadLine());
9            Console.Write("b = ");
10           b = int.Parse(Console.ReadLine());
11           if(a > b)
12           { t = a; a = b; b = t; }   //交换两个变量的值
13           Console.WriteLine("{0} {1}", a, b);
14       }
15   }
```

(2) 二分支 if 语句

二分支 if 语句即二选一 if 语句，语法如下：

```
if(条件)
{语句序列 1}    //当条件成立时执行
else
{语句序列 2}    //当条件不成立时执行
```

例如：

```
if(Score > 100 | Score < 0)
   return;  //终止本方法的执行并将控制返回给调用方法
else
   Console.WriteLine("数据正确");
```

【实例 3-2】从键盘输入一个整数，判断其是奇数还是偶数。

```
1    using System;
2    class Program
3    {
4        static void Main(string[] args)
5        {
6            int n;
7            Console.Write("n = ");
8            n = Convert.ToInt32(Console.ReadLine());
9            if(0 = = n % 2)
10               Console.WriteLine("偶数");
11           else
12               Console.WriteLine("奇数");
13       }
14   }
```

(3) 多分支 if 语句

多分支 if 语句即多选一 if 语句，语法格式如下：

```
if(条件 1)
{语句序列 1}        //当满足条件 1 时执行,不再判断条件 2,本 if 语句执行结束
else if(条件 2)
```

```
{语句序列 2}        //否则,当满足条件 2 时执行,然后本 if 语句执行结束
else if(条件 3)
{语句序列 3}        //否则,当满足条件 3 时执行
… //还可以加任意个“else if(条件){语句序列}”
else
{语句序列 n+1}      //当所有条件都不满足时执行
```

注：语法格式中，注释部分解释了多分支 if 语句的执行过程。

【实例 3-3】检查输入字符是否是小写字符、大写字符或数字，如果都不是，则输出“输入字符不是字母字符，也不是数字”。

```
1    using System;
2    class Program
3    {
4        static void Main()
5        {
6            Console.Write("输入一个字符: ");
7            char c = (char)Console.Read();
8            if(char.IsUpper(c))
9            {
10               Console.WriteLine("大写字母");
11           }
12           else if(char.IsLower(c))
13           {
14               Console.WriteLine("小写字母");
15           }
16           else if(char.IsDigit(c))
17           {
18               Console.WriteLine("数字");
19           }
20           else
21           {
22               Console.WriteLine("输入字符不是字母字符,也不是数字");
23           }
24       }
25   }
```

本例中使用了 char 类型的方法 IsUpper()、IsLower()和 IsDigit()，分别用来判断参数 c 是否是大写字母、小写字母、数字。

2. 单步调试

单步调试是最常见的调试方法之一，即一步一步跟踪程序执行的流程，在单步执行过程中，程序员可以监视变量值的变化，观察变量的值与预期的值是否一致，这样可以帮助发现程序中的逻辑错误，找到错误的原因。下面举例说明单步调试过程。

【实例 3-4】编写一个评价成绩的程序，成绩与评价之间的关系见表 3-1。调试运行程序，观察程序的单步执行过程，观察程序中相关变量的值。

表 3-1　成绩与评价表

成　绩	评　价
小于 0 或大于 100	输入数据错误!
0≤成绩<60	不好，要努力啊!
60≤成绩<80	一般般，要更上一层楼。
80≤成绩<90	良好，不错不错!
90≤成绩≤100	优秀，满意满意!!!

```
1    using System;
2    namespace Example3_4
3    {
4        class Program
5        {
6            static void Main(string[] args)
7            {
8                double Score;
9                Console.Write("请输入成绩:");
10               Score = Convert.ToDouble(Console.ReadLine());
11               if(Score < 0 | Score > 100)
12                   Console.WriteLine("输入数据错误!");
13               else if(Score > = 0 & Score < 60)
14                   Console.WriteLine("不好,要努力啊!");
15               else if(Score > = 60 & Score < 80)
16                   Console.WriteLine("一般般,要更上一层楼。");
17               else if(Score > = 80 & Score < 90)
18                   Console.WriteLine("良好,不错不错!");
19               else
20                   Console.WriteLine("优秀,满意满意!!!");
21               Console.ReadKey();
22           }
23       }
24   }
```

程序运行结果如图 3-1 所示。

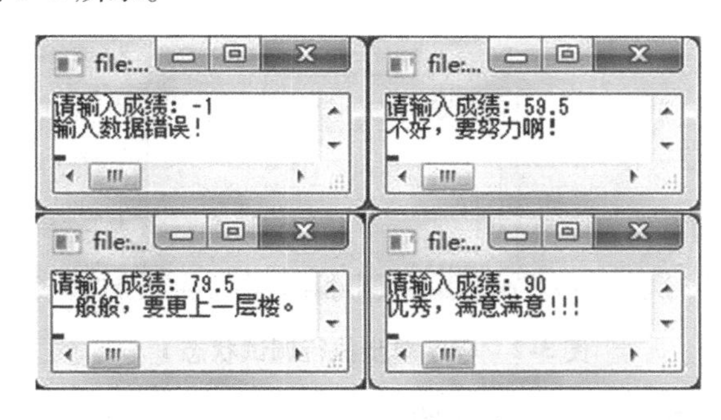

图 3-1 【实例 3-4】的运行结果

程序分析：

第 10 行，对键盘输入的成绩进行数据类型转换。

第 11 ~20 行，是多选一 if 语句。

开始调试前，首先要准备好测试数据，做到心中有数。对于本实例，测试数据见表 3-2。对于本程序的多个分支，在设计测试用例时，使程序的执行路径要尽可能覆盖到每个分支。另外，在各个分支条件的边界值处容易发生错误，所以测试用例考虑了边界数据。

表 3-2　测试数据及预期结果

测试数据	预期结果
-1	数据输入错误!
0	不好，要努力啊!
59.5	不好，要努力啊!
60	一般般，要更上一层楼。
79.5	一般般，要更上一层楼。
80	良好，不错不错!
89.5	良好，不错不错!
90	优秀，满意满意!!!
100	优秀，满意满意!!!
101	数据输入错误!
#、$、% 或^	数据输入错误!

单步调试的执行过程因人而异，下面是实例【3-4】单步调试执行的一种情形，具体过程如下：

1）按 <F10> 键，启动单步执行。此时，程序调试状态如图 3-2 所示。图中黄色箭头于第 7 行处。黄色箭头指示将要执行的下一条语句。需要说明的是，编者对控制台窗口做了颜色处理，为使纸张印刷质量更好。

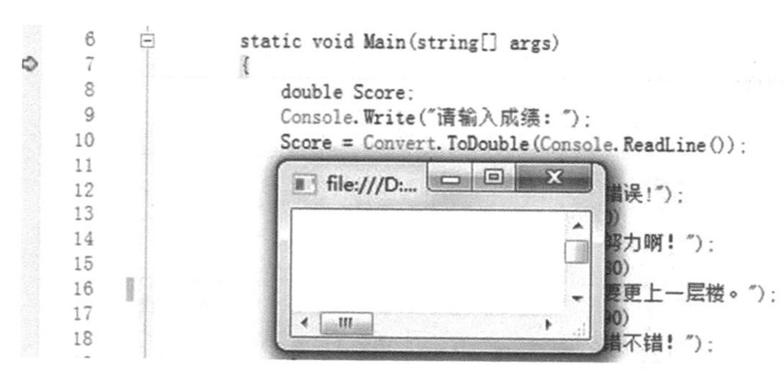

图 3-2　程序单步执行调试状态 1

2）再按一次 <F10> 键，黄色箭头如图 3-3 所示。程序执行跳过了“double Score;”语句，因为该语句用来声明变量，是非执行性语句。

```
 6    static void Main(string[] args)
 7    {
 8        double Score;
 9        Console.Write("请输入成绩："); 已用时间 <= 1ms
10        Score = Convert.ToDouble(Console.ReadLine());
11        if (Score < 0 | Score > 100)
12            Console.WriteLine("输入数据错误!");
```

图 3-3　程序单步执行调试状态 2

3）再按两次 <F10> 键，单步执行第 10 行，程序要求从键盘读取数据，程序员此时在控制台窗口中输入测试数据“-1”并按 <Enter> 键，调试状态如图 3-4 所示。本步骤要注意，当黄色箭头在“ReadLine( )”行上时，不能在控制台窗口中输入“-1”，因为此时还未执行第 10 行，读键盘功能的方法 ReadLine( ) 尚未被执行。

10 Score = Convert.ToDouble(Console.ReadLine());
11 if (Score < 0 | Score > 100) 已用时间 <= 40,339ms
12 Console.WriteLine("输入数据错误!");
13 else if (Score >= 0 & Score < 60)
14 要努力啊！");
15 < 80)
16 般，要更上一层楼。");
17 < 90)
18 不错不错！");
19
file:...
请输入成绩：-1

图 3-4　程序单步执行调试状态 3

4）在变量 Score 上单击鼠标右键，在弹出的快捷菜单中选择“添加监视”命令，便可以将 Score 变量添加到监视窗口中，如图 3-5 所示。监视窗口中的变量 Score 的值为 -1，类型为 double，正和预期的一致。在监视窗口中，可以编辑变量的值，以查看新值下后续的执行过程，但此处不人为更改变量 Score 的值。

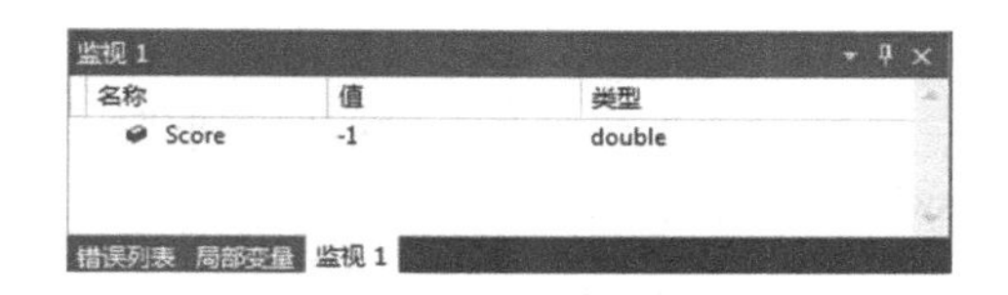
监视 1
名称
值
类型
Score
-1
double
错误列表
局部变量
监视 1

图 3-5　监视窗口

5）继续按一次 <F10> 键，执行状态如图 3-6 所示。第 11 行中的条件成立，即将执行第 12 行。

```
10    Score = Convert.ToDouble(Console.ReadLine());
11    if (Score < 0 | Score > 100)
12        Console.WriteLine("输入数据错误!"); 已用时间 <= 1ms
13    else if (Score >= 0 & Score < 60)
14        Console.WriteLine("不好，要努力啊！");
```

图 3-6　程序单步执行调试状态 4

6）继续按一次 <F10> 键，下一个要执行的语句是“Console. ReadKey( );”，执行状态如图 3-7 所示。此时，多选一 if 语句已经结束执行。

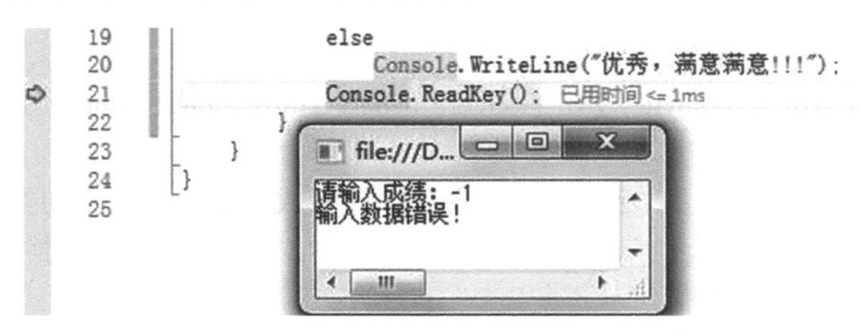
19 else
20 Console.WriteLine("优秀，满意满意!!!");
21 Console.ReadKey(); 已用时间 <= 1ms
22 }
23 }
24 }
25
file:///D...
请输入成绩：-1
输入数据错误！

图 3-7　程序单步执行调试状态 5

7）继续按 < F10 > 键，单步执行后续过程。

至此，本实例程序的单步执行结束。在单步执行过程中，还可以进行其他操作，常见的操作说明如下：

1）按 < F11 > 键，逐行执行语句。它与 < F10 > 键的区别是会进入到自定义方法的内部去执行。在调试本实例时，< F10 > 键与 < F11 > 键没有区别。

2）按 < Shift + F11 > 组合键，跳出由 < F11 > 键进入的方法。

3）按 < F9 > 键，在光标所在行设置或取消断点，调试运行时，会在断点处暂停运行。

4）按 < F5 > 键，连续调试运行，但会在断点处暂停。

5）按 < Shift + F5 > 组合键，停止调试。

6）按 < Ctrl + F10 > 组合键，运行到光标处。但事先选择的光标位置很关键，若光标处于一个不可能到达的分支上，则执行过程不会暂停于光标处，而会继续执行。

7）拖动黄色箭头，更改下一步要执行的语句。但是，这可能导致预料不到的运行结果。

8）选择“调试”→“快速监视”命令，在打开的“快速监视”窗口中监视一个表达式的值。如图 3-8 所示，图中监视一个逻辑表达式的值，其值为 true。

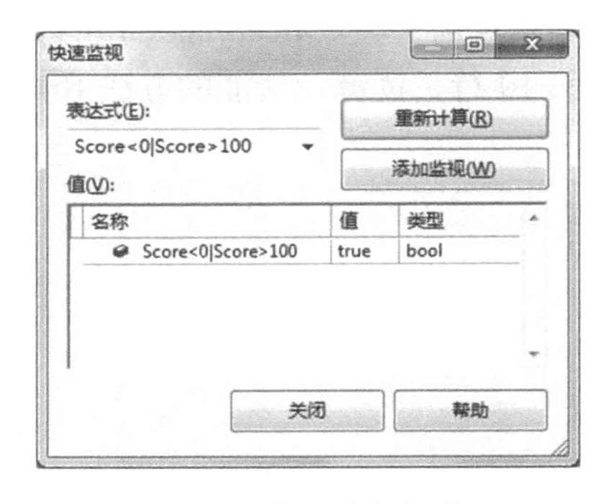

图 3-8　“快速监视”窗口

3. switch 语句

(1) switch 语句的语法格式

当一个表达式有多个取值情形时，可以用 switch 语句测试表达式的值等于何种情形的值。switch 语句的语法格式如下：

```
switch(表达式)
{
    case 可能性的值1:
        语句序列1
        break;
    case 可能性的值2:
        语句序列2
        break;
    //还可以添加任意个类似上方的 case 段
    [default:
        语句序列 n+1
        break;]
}
```

在使用 switch 语句时，必须要注意以下几方面的规定：

1）表达式的类型可以是 sbyte、byte、short、ushort、uint、long、ulong、char、string 或枚举类型。

2）每个 case 中的常量表达式必须属于或能隐式转换成规定 1 中所指的类型。

3）如果有两个或两个以上的 case 标签中的常量表达式相同，则编译时将会报错。

(2) switch 语句的执行过程

当执行 switch 语句时，先计算表达式的值，然后将表达式的值与 case 后面“可能性的值”

逐个匹配，如果与某个“可能性的值”匹配成功，则进入相对应的 case 代码段执行；如果匹配都不成功，则进入 default 部分执行。当执行到 break 语句时，就终止执行当前的 switch 语句。

【实例 3-5】 将【实例 3-4】用 switch 语句实现。

```
1   using System;
2   namespace Example3_5
3   {
4       class Program
5       {
6           static void Main(string[] args)
7           {
8               double Score;
9              Console.Write("请输入成绩:");
10              Score = Convert.ToDouble(Console.ReadLine());
11              if(Score < 0 | Score > 100)
12              {
13                  Console.WriteLine("输入数据错误!");
14                  Console.ReadKey();
15                  return;
16              }
17              Score /= 10;
18              switch((int)Score)
19              {
20                  case 0:
21                  case 1:
22                  case 2:
23                  case 3:
24                  case 4:
25                  case 5:
26                      Console.WriteLine("不好,要努力啊!");
27                      break;
28                  case 6:
29                  case 7:
30                      Console.WriteLine("一般般,要更上一层楼。");
31                      break;
32                  case 8:
33                      Console.WriteLine("良好,不错不错!");
34                      break;
35                  case 9:
36                  case 10:
37                      Console.WriteLine("优秀,满意满意!!!");
38                      break;
39              }
40              Console.ReadKey();
41          }
42      }
43  }
```

代码分析：

第 18 行，switch 表达式是整型表达式，不是一个布尔值。

第 20 ~25 行，共同的语句序列是第 26 行与第 27 行。

3.2 循环结构

1. while 循环语句

while 循环的语法格式如下：

```
while(条件)
{
    语句块
}
```

只要给定的条件为真，while 循环语句会重复执行语句块。因此，语句块中必须要有改变条件的措施与方法，使最终能从循环执行中退出来。例如，在【实例 3-6】中，第 10 行就是能改变循环条件的关键语句。

【实例 3-6】 编程求 1 +2 +3 + … +100 的和。

分析：可以设计一个 100 次的循环，每次循环把一个加数累计到和中。因此，可设计一个计数变量 i 来控制循环的退出。思路如下：

```
i =1;  //初值
while(i < =100)  //终值
{
    //把 i 累加到和中,因为每次循环计数变量的值与表达式中的加数相同
    i + +;  //这就是改变循环条件的措施,步长为 1
}
```

上述思路中，计数变量的初值为 1，终值为 100，每次循环计数变量的步长值为 1。

本例实现代码如下：

```
1    using System;
2    class Program
3    {
4        static void Main(string[] args)
5        {
6            int i = 1, s = 0;
7            while(i < = 100)
8            {
9                s + = i;
10               i + +;
11           }
12           Console.WriteLine("s = " + s.ToString());
13       }
14   }
```

2. 一维数组

一维数组由包含若干相同类型的数组元素（简称元素）组成，这些元素可以通过索引进行

访问。元素的个数称为数组的长度。数组中的每个元素都具有唯一的索引与其对应，元素的索引从零开始。一维数组的数组元素的索引只有一个，所有数组元素可排成连续的一行或一列。

数组变量是引用类型，System. Array 类是所有数组的基类，该类有 Length 属性，表示数组长度。所以，数组变量位于栈（Stack）空间中，而它引用的数组（即数组实例）在堆（Heap）空间中。数组实例需要使用关键字 new 来创建。

（1）声明数组

声明数组的语法格式如下：

```
类型[] 数组变量名;
```

例如：

```
int[] candidates = new int[3];
```

上述示例定义了整型数组变量 candidates，如图 3-9 所示。它引用一个具有 3 个整型元素的数组，这 3 个元素是 candidates[0]、candidates[1] 和 candidates[2]，它们在空间上是连续的，并具有默认值 0。现给第一个元素赋值，可采用如下语句：

```
candidates[0]=1;
```

再如：

```
int[] arr1,arr2;
arr1 = new int[] { 1, 2, 3 };
arr2 = arr1;
```

上述示例定义了两个整型数组变量，再让 arr1 引用一个有 3 个元素的数组实例，最后让 arr2 也引用相同的数组实例。

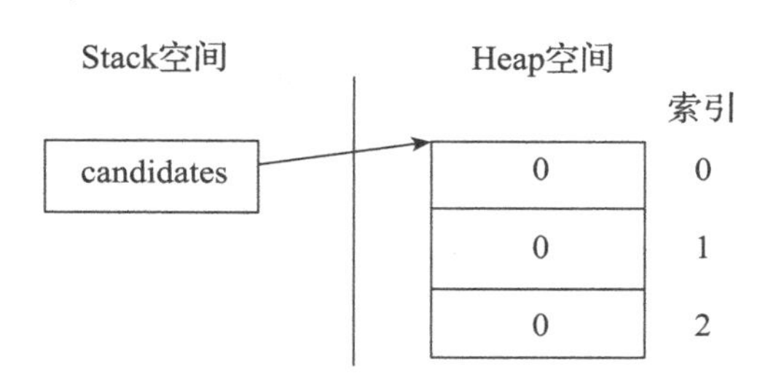

图 3-9　数组变量引用数组示例

（2）初始化数组

初始化数组指的是为数组变量指定一个数组实例，并为数组实例中的数组元素指定初始值。数组是一个引用类型，所以需要使用关键字 new 来创建数组的实例。例如：

```
int[] scores = new int[45];  //声明数组变量 scores 并初始化,元素默认值为 0
string[] names = new string[10];  //声明数组变量 names 并初始化,元素默认值为 null
int[] numbers = new int[] { 1, 2, 3, 4, 5, 6 };  //{}中为元素的初始值,元素个数确定了
数组长度,可访问的元素为 numbers[0] ~ numbers[5]
```

【实例 3-7】 输出 10 个两位随机整数。

```
1    using System;
2    namespace Example3_7
3    {
4        class Program
5        {
6            static void Main(string[] args)
7            {
8                int i;
9                System.Random random = new Random();
10               int[] numbers = new int[10];
```

```
11            i = 0;
12            while(i < numbers.Length)
13            {
14                numbers[i] = random.Next(10,100);
15                Console.Write("{0,4}", numbers[i]);
16                i++;
17            }
18            Console.ReadKey();
19        }
20    }
21 }
```

代码分析：

第9行，System. Random类对象用于产生随机数字。

第10行，声明整型数组变量numbers，它引用一个具有10个整型元素的数组。

第12行，Length是数组变量的一个属性，表示数组长度。

第14行，random对象的方法Next()产生区间为［10，100）的整数。

3. break语句和continue语句

break语句用在switch语句中，其作用是终止当前switch语句的执行。break语句也可以用在循环语句中，其作用是终止当前的循环的执行，或者说，它使程序的执行跳出当前循环语句。

continue语句仅用在循环语句中，其作用是跳过当前循环中的后续代码，强制开始下一次循环。对于while循环和do…while循环，continue语句会导致程序控制回到条件测试上。

【实例3-8】 分析如下代码的输出结果。

```
1  using System;
2  class Program
3  {
4      static void Main(string[] args)
5      {
6          int i = 1;
7          while(true)
8          {
9              Console.Write("{0,3}", i);
10             i++;
11             if(i % 5 == 0)
12             {
13                 i++;  //略过5的倍数
14             }
15             if(i > 10)
16                 break;  //超过10则不输出
17             else
18                 continue;
19         }
20         Console.ReadKey();
21     }
22 }
```

代码分析：

变量 i 的值从 1 开始输出，但遇到 5 的倍数时，i 值增 1，略过输出其值，但当 i 值超过 10 时，终止循环。所以输出结果为“1 2 3 4 6 7 8 9”。

4. do…while 循环语句

do…while 循环语句的语法格式如下：

```
do
{
    语句块
}while(条件);
```

注意：初学者容易忘写上面语法中的分号。

do…while 语句先执行循环体语句一次，再判别表达式的值，若为 true，则继续循环，否则终止循环。

【实例 3-9】 给定一个正整数 n，求它的二进制表示中 1 的个数。

```
1    using System;
2    namespace Example3_9
3    {
4        class Program
5        {
6            static void Main(string[] args)
7            {
8                int n, count = 0;
9                Console.Write("请输入一个正整数:");
10               n = int.Parse(Console.ReadLine());
11               do
12               {
13                   if((n % 2) == 1)
14                       count++;
15                   n /= 2;
16               } while(n > 0);
17               Console.WriteLine("二进制表示中 1 的个数为{0}", count);
18           }
19       }
20   }
```

代码分析：

第 13 行，n 若为奇数，则其二进制形式的最低位必为 1，其他高位都是 2 的倍数。当然，第 13 行与第 14 行可以用下面的语句代替：

```
count += n & 0x1; //位与运算,表达式的值为二进制数的最低位,即 0 或 1
```

第 15 行，n 整除 2，表示去除二进制形式的最低位。

5. for 循环语句

for 循环的语法格式如下：

```
for (表达式 1;表达式 2;表达式 3)
```

```
{
    语句块
}
```

执行 for 语句的步骤如下：

1）计算表达式 1 的值。

2）计算表达式 2 的值，若值为 true，则执行语句块一次，否则终止循环。

3）计算表达式 3 的值，返回步骤 2 重复执行。

语法格式说明：

1）表达式 1 通常用来给循环变量赋初值，一般是赋值表达式，也允许在 for 语句外给循环变量赋初值，此时可以省略该表达式。

2）表达式 2 通常是循环条件，一般为关系表达式或逻辑表达式。

3）表达式 3 通常用来修改循环变量的值，一般是赋值语句。

4）在整个 for 循环过程中，表达式 1 只计算一次，表达式 2 和表达式 3 则可能计算多次。语句块可能执行多次，也可能一次都不执行。

【实例 3-10】 编程求 1 +2 +3 + … +100 的和，要求使用 for 循环来实现。

```
1   using System;
2   namespace Example3_10
3   {
4       class Program
5       {
6           static void Main(string[] args)
7           {
8               int i, s = 0;
9               for(i = 1; i <= 100; i++)
10                  s += i;
11              Console.WriteLine("s = {0}", s);
12              Console.ReadKey();
13          }
14      }
15  }
```

【实例 3-11】 编程判断从键盘输入的大于 1 的正整数 n 是否为素数。素数是指一个大于 1 的自然数，除了 1 和此数自身外，无法被其他自然数整除的数。最小的素数为 2。

分析：显然，这是一个循环做除法的问题。容易想到的是设置除数变量 i，也作为循环变量，取值范围从 2 ~ n −1，每次增加 1。但是，这里需要说明的是，i 的终值取 $\sqrt{n}$即可（数学上证明可行），这样可以减少循环次数。

本例实现代码如下：

```
1   using System;
2   namespace Example3_11
3   {
4       class Program
5       {
6           static void Main(string[] args)
```

```
7           {
8               int n, intfinal, i;
9               Console.Write("输入一个大于1 的正整数:");
10              n = int.Parse(Console.ReadLine());
11              intfinal = (int)(Math.Sqrt(n));
12              i = 2;
13              //for 循环有两个出口
14              for(; i < = intfinal; i + +)
15              {
16                  if(n % i = = 0)
17                      break;
18              }
19              if(i > intfinal)
20                  Console.WriteLine("{0}是素数 ", n);
21              else
22                  Console.WriteLine("{0}不是素数 ", n);
23          }
24      }
25  }
```

代码分析：

for 循环有两个出口，其一是循环条件不成立时退出；其二是执行 break 语句退出。这两个出口所代表的含义不同。由 break 退出，表明 n 非素数；而由循环条件不成立时退出，则表明所有 i 的取值都除过 n 了，此时 i > intfinal，表明 n 是素数。但 n 取 2 时是特例，没进入循环判断，但不影响最终结果。

值得一提的是，类似本例，当一个循环有多个出口时，经常在循环结束后做判断，以确定是由哪种情形退出循环，以便做出不同的处理，初学者要仔细领会，熟练掌握。

【实例 3-12】 编写一个为 3 位候选人统计选票的程序，3 位候选人分别用代号 1、2、3 表示。输入“1”表示投 1 号候选人一票，输入“2”表示投 2 号候选人，输入“3”表示投 3 号候选人。输入除 1、2、3 以外的数据视为废票。输入“ -999”表示投票结束，结束时要输出各候选人的得票数、总票数及废票数。

分析：通过问题描述可知，投票意味着输入数据，但投票的次数并不确定，投票进程用一个特殊的数据“ -999”来控制，当输入的是“ -999”时，投票的结束，接着就可以输出投票的结果。因此，这里的特殊数据“ -999”可以看作结束标志。所以，输入的数值数据有 3 类，即结束标志、有效票、废票。下面逐步细化分析过程。

（1）确定程序框架

```
static void Main(string[] args)
{
    //…
    //循环输入数据
    //分结束标志和票号分别处理输入的数据
    //处理结束标志
    //识别并分类处理票
    //输出结果
```

```
}
```

（2）循环控制结构

```
for(;;)   //永真
{
    //输入数据
    if(是 -999 吗?)
        break;
    //识别并分类处理票
}
```

（3）识别并分类处理票

```
switch(票号)
{
    case 1:
        //1 号候选人票数加 1
        break;
    case 2:
        //2 号候选人票数加 1
        break;
    case 3:
        //3 号候选人票数加 1
        break;
    default:
        //累计废票
        break;
}
```

（4）完整程序

```
1     using System;
2     namespace Example3_12
3     {
4         class Program
5         {
6             static void Main(string[] args)
7             {
8                 int intNum;
9                 int[] candidates = new int[3];
10                int intInvalid = 0, intTotal = 0;
11                for(;;)
12                {
13                    Console.Write("请输入候选人代号(1~3),输入 -999 结束:");
14                    intNum = int.Parse(Console.ReadLine());
15                    if(intNum == -999)
16                        break;
17                    switch(intNum)
18                    {
```

```
19                  case 1:
20                      candidates[0] + = 1;
21                      break;
22                  case 2:
23                      candidates[1] + = 1;
24                      break;
25                  case 3:
26                      candidates[2] + = 1;
27                      break;
28                  default:
29                      intInvalid + = 1;
30                      break;
31              }
32              intTotal + = 1;
33          }
34          Console.WriteLine("\n选票统计结果:");
35          Console.WriteLine("1 号候选人{0}票", candidates[0]);
36          Console.WriteLine("2 号候选人{0}票", candidates[1]);
37          Console.WriteLine("3 号候选人{0}票", candidates[2]);
38          Console.WriteLine("======================");
39          Console.WriteLine("共有选票{0}张,废票{1}张。", intTotal, intInvalid);
40          Console.ReadKey();
41      }
42  }
43 }
```

程序运行结果如图 3-10 所示。

第 11 行，“for(;;)”相当于 while(true)，表示循环条件永为真的循环，因此循环体中必须要有退出循环的措施与方法，否则将出现死循环。

第 14 行，在执行本行时，从键盘输入“-999”，则程序会执行第 16 行。“-999”是程序设定的结束标志，用于控制循环的退出。

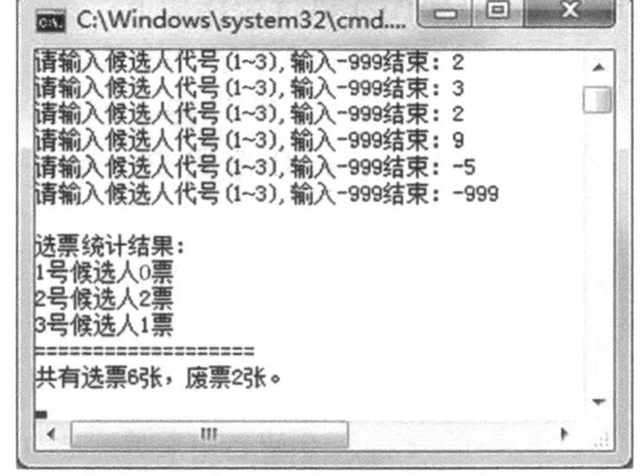

图 3-10 【实例 3-12】的运行结果

3.3 巩固训练

为了进一步熟悉分支与循环结构，初步提升编程能力，特别是解决带循环结构问题的能力，请读者根据问题的思路分析，尝试编程实现。

1. 编程求 $1+2+3+\cdots+n$ 之和小于等于 3478 时 n 的最大值。

思路分析：

1）定义循环变量并赋初值 1。

2）设置永真循环，循环执行如下操作：

①累计求和。

②判断和是否越界，越界则终止循环。

③加数自增。

3）输出结果。

2. 有一堆100多个的零件，若3个3个数，剩两个；若5个5个数，剩3个；若7个7个数，剩5个。请编写一个程序计算出这堆零件至少有多少个。

思路分析：零件数量为100多个，表明数量在100～200之间。3个3个地数，剩两个，表明数量除以3的余数为2。以此类推，当3个条件同时满足时，该数量就是所求的结果。因此可参考如下步骤加以实现：

1）定义循环变量i。

2）设置循环，让循环变量i从100取值至199，步长为1，循环执行操作：判断条件“i % 3 = = 2 && i % 5 = = 3 && i % 7 = = 5”是否成立，若成立，则输出i。

3. 古典问题：有一对兔子，从出生后第3个月起每个月都生一对兔子，小兔子长到第3个月后每个月又生一对兔子，假如兔子都不死，问20个月内，每个月的兔子数为多少？一行输出5个数，结果如图3-11所示。

思路分析：本问题就是求斐波那契数列的前20项。兔子的规律为数列1，1，2，3，5，8，13，21，…。参考步骤如下：

1）设f1 = 1，f2 = 1，表示第1个月和第2个月的兔子对数。

```
C:\Windows\system...
1       1       2       3       5
8       13      21      34      55
89      144     233     377     610
987     1597    2584    4181    6765
```

图3-11　兔子繁殖问题输出结果

2）输出f1和f2，即输出前两个月的兔子对数。

3）定义整型变量k，初值设为2，表示已输出两列。

4）设置循环变量i从3～20的计数循环，每次循环将从数列中求得一个新值赋给f2，并输出，所以需要循环执行操作如下：

①f2赋给t，临时保存旧的f2。

②f1 + f2赋给f2，f2取得了数列中的新值。

③f2赋给f1，让f1紧跟f2，为下一次循环更新f2做准备。

④输出f2。

⑤累计输出列数，让k加1。

⑥判断k值余数是否为0，若是，则换行。

要注意上述步骤中f2的值与f1的值的更新过程，这个过程不能简单成如下操作：

```
f2 = f1 + f2;   //将要用来赋给 f1 的旧 f2 已经丢失
f1 = f2;   //此处的 f2 是最新的 f2 了
```

4. 分以下两种情况求e = 1 + 1/1! + (1/2!) + (1/3!) + … + (1/n!)的值。

1）直到第50项。

2）直到最后一项小于0.000001。

对要求1进行分析：设item表示表达式中的项，其初值为1.0；设e表示表达式的和，它的值是逐步累加的过程，其初值为item。后续再做49次循环：①求得新项；②将新项加入到e中。

参考步骤如下：

1）声明变量item，并赋初值1.0。

2）声明变量e，并把item作为e的初值。

3）声明循环变量n，并赋初值1。

4）执行循环体（do…while 循环语句）：

①求得新项值，即将 item/n 赋给 item。

②将新项值 item 加入到 e 中。

③n 计数。

判断循环条件，当 $n<50$ 时，继续执行循环体。

5）输出 e 的值。

5. 编写如图 3-12 所示的菜单。当输入字符 a 后，输出一句话，表示用户选择的是添加操作，如图 3-13 所示；当输入字符 b 后，输出一句话，表示用户选择的是浏览操作，如图 3-14 所示；当输入除 a、b、c 以外的字符时，输出一句话，表示用户选择错误，如图 3-15 所示；当输入字符 c 时，退出运行。

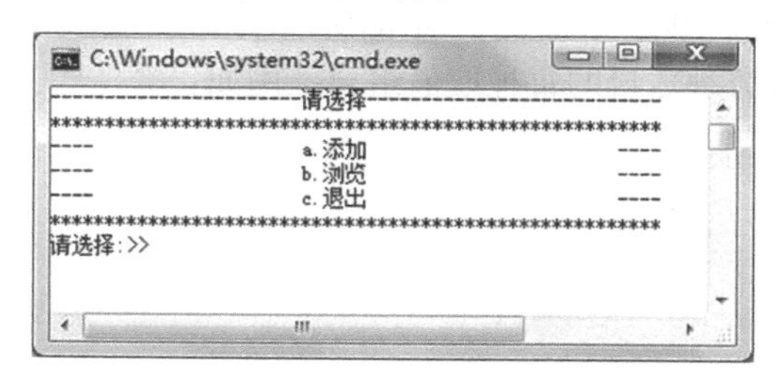

图 3-12　题 5 菜单效果图 1

图 3-13　题 5 菜单效果图 2

图 3-14　题 5 菜单效果图 3

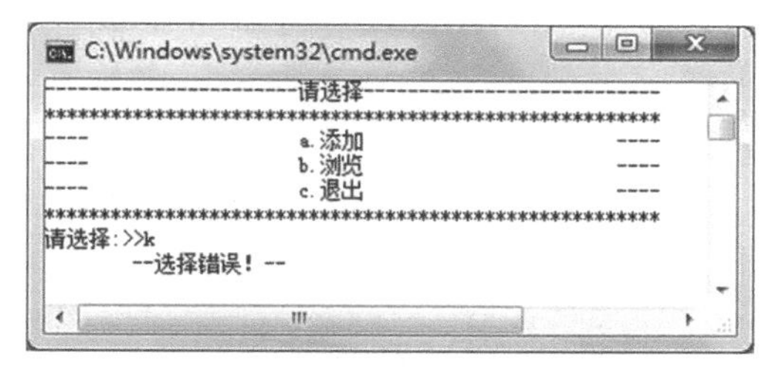

图 3-15　题 5 菜单效果图 4

程序框架如下：

```
static void Main(string[] args)
{
    while (true)
    {
        1）采用方法 Console.Clear()清除窗口字符
        2）输出菜单和选择提示
        3）接收输入,并转换为小写字母
        4）若输入为“c”,则退出
        5）对选择 a 项、b 项、非法选项分别做多选一处理
    }
}
```

3.4　穷举法

穷举法的基本思想是根据问题的部分条件确定答案的大致范围，并在此范围内对所有可能的情况逐一验证，直到全部情况验证完毕。若某个情况验证符合题目的全部条件，则为本问题

的一个解；若全部情况验证后都不符合题目的全部条件，则本题无解。穷举法也称为枚举法。

【实例 3-13】在公元前 5 世纪，我国数学家张丘建在其《算经》一书中提出了“百鸡问题”：鸡翁一，值钱五；鸡母一，值钱三；鸡雏三，值钱一。百钱买百鸡，问鸡翁、鸡母、鸡雏各几何？

分析：百鸡问题的数学方程如下。

$$\text{Cock} + \text{Hen} + \text{Chick} = 100 \tag{3-1}$$

$$5 \times \text{Cock} + 3 \times \text{Hen} + \frac{\text{Chick}}{3} = 100 \tag{3-2}$$

显然这是个不定方程组，适用于穷举法求解，即穷举 Cock、Hen、Chick 数量和为 100 的所有组合，每次都判断它们的总价值是否为 100。

根据式（3-2）可知，Cock 的取值范围是［0，19］，Hen 的取值范围是［0，33］。

对于本实例，其方法是通过嵌套的循环加以穷举数量的每种取值组合。例如：

```
while(Cock <= 19)  //鸡翁最多不可能大于 19
{
    for(Hen = 0; Hen <= 33; Hen++)
    {
        Chick = 100 - Cock - Hen;
        //对每一种取值组合加以判断
    }
}
```

参考代码如下：

```
1    using System;
2    namespace Example3_13
3    {
4        class Program
5        {
6            static void Main(string[] args)
7            {
8                int Cock, Hen, Chick;  //公鸡,母鸡,雏鸡
9                Cock = 0;
10               while(Cock <= 19)  //公鸡最多不可能大于 19
11               {
12                   for(Hen = 0; Hen <= 33; Hen++)
13                   {
14                       Chick = 100 - Cock - Hen;
15                       if(Cock * 15 + Hen * 9 + Chick == 300)  //将数量放大 3 倍做比较
16                       {
17                           //temp 变量只在本 if 语句内使用,离开此范围则不可见
18                           string temp = "公鸡 = {0} \t 母鸡 = {1} \t 雏鸡 = {2} ";
19                           Console.WriteLine(temp, Cock, Hen, Chick);
20                       }
21                   }
22                   Cock = Cock + 1;
23               }
```

```
24                Console.ReadKey();
25            }
26        }
27    }
```

程序运行结果如图 3-16 所示。

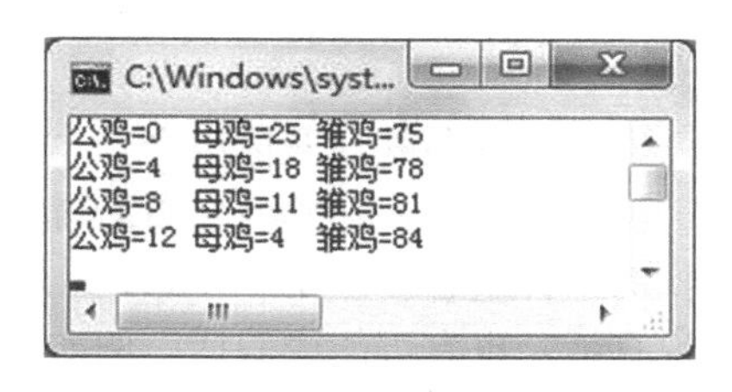

图 3-16 【实例 3-13】的运行结果

第 10 行，while 循环的开始，其内部嵌套了 for 循环。

第 12 ~ 21 行，for 循环语句，它嵌套在外层的 while 循环内部。

第 14 行，得到 Cock、Hen、Chick 数量和为 100 的一种取值组合，随着两层循环的进行，这 3 个变量可表示数量和为 100 的所有情形。

第 15 行，判断 Cock、Hen、Chick 在当前数量的取值组合下，其价值和是否合理。

第 18 行，声明变量 temp，与以前声明变量的位置不同，该变量声明在 if 语句的语句块中，变量 temp 的作用范围仅限于 if 语句块中。

这里要特别说明的是：

1）块中声明的变量的作用域仅限于本块中使用，离开该语句块将不能被访问。此处所谓的作用域，即变量可以在程序中引用的范围。例如：

```
public static void Main()
{
    for(int i = 0; i < 10; i + +)
    {
    }
    Console.WriteLine(i);  //出错,离开了定义 i 的 for 语句块,不可访问 i
}
```

2）嵌套块中只能声明一次，示例如下。

```
public static void Main()
{
    int i = 3;//在外语句块中
    {
        int i = 4;  //在内语句块中
    }
    { int n = 3; }
    { int n = 4; }
}
```

解析：无法定义 int i = 4，因外语句块中已经声明了变量 i。n 声明正确。

```
public static void Main()
{
    int i = 100;
    for(int i = 0; i < 10; i + +)  //出错
    {
        Console.WriteLine(i);
    }
}
```

解析：for 循环中无法再定义变量 i，因外语句块中已经声明了变量 i。

【实例 3-14】张三说：李四在说谎；李四说：王五在说谎；王五说：张三和李四都在说谎。请问他们 3 个人到底谁在说谎？

分析：

（1）穷举 3 人所有的取值情形

用 1 表示真话，0 表示假话。穷举方法如下：

```
for(zs = 0; zs < = 1; zs + +)  //张三取值情形
    for(ls = 0; ls < = 1; ls + +)  //李四取值情形
        for(ww = 0; ww < = 1; ww + +)  //王五取值情形
        {
            //判断处理 zs、ls、ww 的每一种取值组合情形
        }
```

（2）判断处理取值组合

zs、ls、ww 取值组合如果同时满足张三情形、李四情形及王五情形，那么当前组合就是要找的一种组合。但是要注意，3 人情形指的是说真话情形或说假话情形，即这 3 个人都有可能说真话，也有可能说假话。例如，对于张三，由问题描述可以得到：

张三真话情形，即 zs = =1&&ls = =0，张三假话情形，即 zs = =0&&ls = =1，所以张三的判断条件是：

```
blzs = zs = = 1 && ls = = 0 || zs = = 0 && ls = = 1;
```

同理分析，得到李四与王五的判断条件如下：

```
blls = ls = = 1 && ww = = 0 || ls = = 0 && ww = = 1;
blww = ww = = 1 && zs + ls = = 0 || ww = = 0 && zs + ls ! = 0;
```

所以，若 zs、ls、ww 取值组合同时满足问题描述，则应该做出如下判断：

```
if(blzs && blls && blww)
{
    //输出结果
}
```

参考代码如下：

```
1    using System;
2    class Program
3    {
4        static void Main(string[] args)
5        {
6            int zs, ls, ww;
7            bool blzs, blls, blww;
8            for(zs = 0; zs < = 1; zs + +)
9                for(ls = 0; ls < = 1; ls + +)
10                   for(ww = 0; ww < = 1; ww + +)
11                   {
12                       //约束条件
13                       blzs = zs = = 1 && ls = = 0 || zs = = 0 && ls = = 1;
14                       blls = ls = = 1 && ww = = 0 || ls = = 0 && ww = = 1;
15                       blww = ww = = 1 && zs + ls = = 0 || ww = = 0 && zs + ls ! = 0;
16                       if(blzs && blls && blww)
17                       {
18                           Console.WriteLine("张三" + (zs == 1 ? "真话" : "假话"));
19                           Console.WriteLine("李四" + (ls = = 1 ? "真话" : "假话"));
20                           Console.WriteLine("王五" + (ww = = 1 ? "真话" : "假话"));
21                       }
```

```
22            }
23          Console.ReadKey();
24      }
25  }
```

程序运行结果如下：

张三假话

李四真话

王五假话

本章小结

本章主要介绍流程控制语句，即分支与循环语句。if 分支语句有单分支结构、二选一结构和多选一结构。switch 语句也可以实现多选一的分支结构，其表达式的类型与 if 语句有很大不同。描述循环结构的语句有 while 语句、do…while 语句以及 for 语句，循环体中可有 break 语句和 continue 语句。循环结构要保证循环能够正常退出。

不管什么语句，首先要理解语句的语法，还要掌握其执行过程，重要的是能熟练运用这些语句解决编程问题。

本章还介绍了穷举法解决问题的一般思路，另外还初步介绍了数组。

学习到本章时，程序流程变得灵活了许多，初学者要有信心，要熟悉 C#基础知识和语法，多读、多写程序。

习题

一、编程题

1. 编程判断某年是否为闰年。闰年的条件符合如下二者之一即可：①能被 4 整除，但不能被 100 整除；②能被 4 整除又能被 400 整除。请用 if 语句实现。

2. 求输入的 3 个数中的最大数与最小数。

3. 请对输入的 3 个数按从小到大的顺序输出。

4. 编写一个运输公司的计费程序，计费公式如下：

运费 = 基本运费 × 货重 × 运输距离 × （1 − 折扣）

式中，基本运费指每吨公里的运费，设为 1 元/t · km，货重量单位为 t，运输距离单位为 km，折扣标准见表 3-3。

表 3-3　运输距离与折扣

运输距离	折　扣
运输距离 <250km	0%
250km≤运输距离 <500km	2%
500km≤运输距离 <1000km	5%
1000km≤运输距离 <2000km	8%
2000km≤运输距离 <3000km	10%
3000km≤运输距离	15%

要求输出结果如图 3-17 所示。

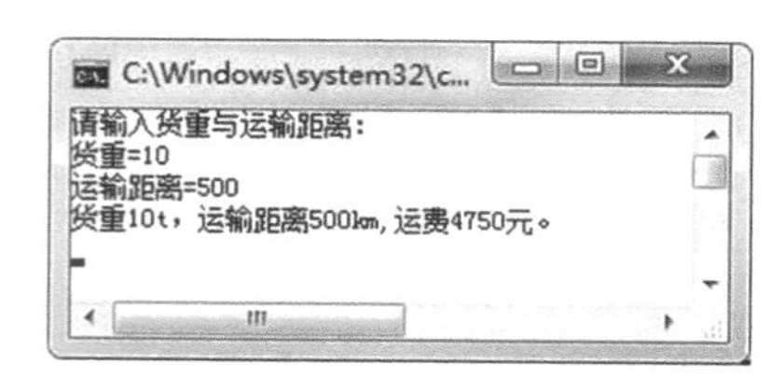

图 3-17　计算货物运费结果

5. 编写一个控制台应用程序，要求输入 1～5（代表周几，1 代表示周一）的整数，输出这天这一天的工作。若输入数据在给定范围之外，则给出“数据输入错误。”的提示信息。日期与工作见表 3-4。要求最终结果如图 3-18 所示。

1）用 if 语句实现。

2）用 switch 语句实现。

表 3-4　一周的工作

日　期	工　作
星期一	催缴欠款
星期二	购买登山拐杖
星期三	登山比赛
星期四	休息
星期五	继续催缴欠款

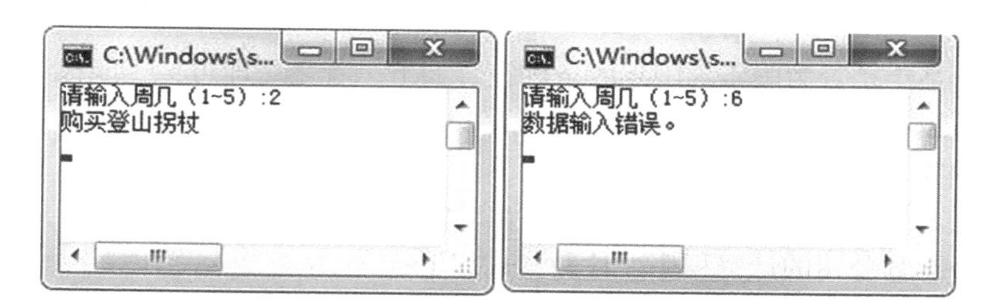

图 3-18　查询某天工作结果

6. 编程实现输出如图 3-19 所示的九九乘法表。

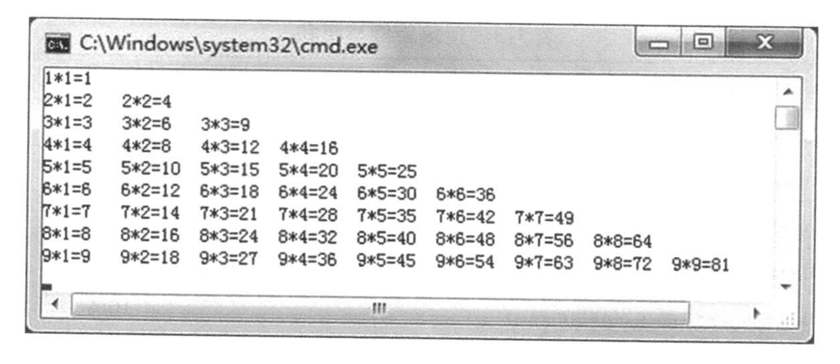

图 3-19　九九乘法表

7. 求 101 ~ 200 之间素数的个数，并输出所有素数。

8. 一个数如果恰好等于它的质因子之和，则这个数就称为完数。例如，6 = 1 + 2 + 3。编程找出 1000 以内的所有完数。要求输出结果如图 3-20 所示。

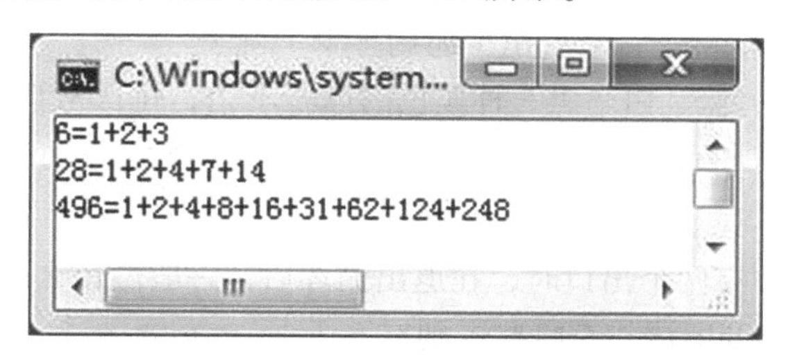

图 3-20　完数输出结果

9. 有 1、2、3、4 四个数字，编程计算能组成多少个互不相同且无重复数字的三位数？分别是多少？

10. 下列描述中，唯一正确的是（　　）。

A. 本题没有正确选项　　B. 本题有多个正确选项

C. D 和 E 都不正确　　D. B 和 C 中有一个正确

E. C 不正确　　F. E 和 F 中有一个正确

请编写程序输出本题的正确答案。

11. 两个乒乓球队进行比赛，每队各出 3 人，甲队为 A、B、C 3 人，乙队为 X、Y、Z 3 人。已按抽签确定了谁与谁比赛的名单。有人向队员打听比赛的名单。A 说他不和 X 比，C 说他不和 X、Z 比，请编程求出 3 对手的名单。

12. 编程实现求 10 个 10 ~ 99 之间的随机整数的最大值、最小值与平均值。

13. 有 300 瓶啤酒，3 个空瓶可以换一瓶啤酒，编程计算一共可以喝多少瓶？还剩多少个空瓶？

14. 一只顽猴在一座有 50 级台阶的小山上爬山跳跃。上山时从山脚至山顶要往上跳 50 级台阶，一步可跳 2 级、3 级或 4 级，编程计算上山有多少种不同的跳法？下山时从山顶至山脚往下跳 50 级台阶，一步可跳 1 级、2 级或 3 级，求下山有多少种不同的跳法？

15. 编程实现输入一个奇数，输出如下图形。

输入：3

```
  *
* * *
  *
```

输入：5

```
    *
  * * *
* * * * *
  * * *
    *
```

16. 1979 年，李政道博士给中国科技大学少年班出过一道智趣题：5 只猴子分一堆桃子，怎么也分不成5等份，只好先去睡觉，准备第2天再分。夜里1只猴子偷偷爬起来，先吃掉1个桃子，然后将其分为5等份，藏起自己的一份就去睡觉了；第2只猴子又爬起来，吃掉1个桃子后，也将桃子分成5等份，藏起自己的一份睡觉去了；以后的3只猴子都先后照此办理。编程计算最初至少有多少个桃子？最后至少还剩多少个桃子？

17. 口袋中有红、黄、蓝、白、黑5种颜色的球若干个，每次从口袋中取3个不同颜色的球，编程实现统计并输出所有的取法。

二、简答题

1. 当一个循环结构中有两个出口时，在退出循环后，一般做什么处理？
2. while 语句与 do…while 语句有哪些区别？
3. break 语句与 continue 语句有哪些区别？
4. 如何理解一维数组？

第4章　异常处理

学习目标

1）理解异常的含义。
2）掌握异常捕捉语句。
3）掌握主动抛出异常的方法。
4）熟悉常用的异常类。
5）掌握自定义异常类的定义方法与一般要求。

4.1　认识异常

程序中的错误是不可避免的。代码的语法错误能够被编译器检查到，不改正代码语法就不能通过编译，更谈不上运行。而代码中的逻辑错误就复杂多了，这是因开发者没有考虑到问题的所有方面而造成的。代码的逻辑错误不妨碍程序的生成，有时也不能测试出来，少量的逻辑错误有可能一直隐藏在程序中，永远不知道什么时候会被触发。

异常是在程序执行期间出现的问题，如尝试除以零、键盘输入的数据不能赋值给变量、数组越界、文件找不到等。

【实例 4-1】 如下代码中，当输入数字字符时，程序没有异常，但输入非数字字符时，如输入字符串“aaa”，它不能转换为一个整数，程序出现了如图 4-1 所示的异常信息。

```
using System;
class Program
{
    static void Main(string[] args)
    {
        int n;
        Console.Write("请输入一个整数:");
        n = int.Parse(Console.ReadLine());   //输入“aaa”
        Console.ReadKey();
    }
}
```

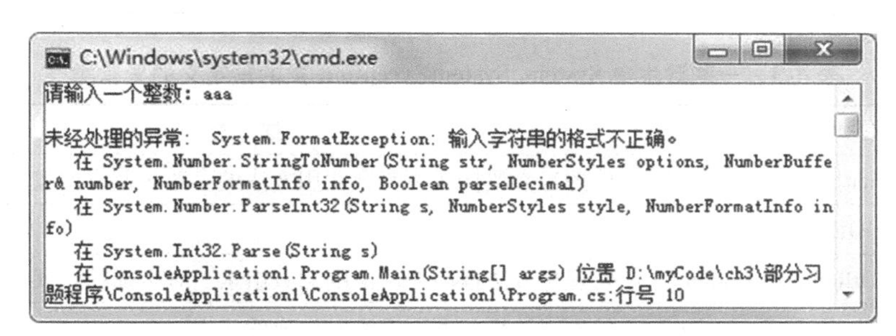

图 4-1　输入字符串格式不正确

异常不处理会引起程序崩溃，导致程序不受控制。所以，必须事先考虑容易出现异常的操作，并引入相应的异常处理机制。异常处理提供了一种把程序控制权从某个部分转移到另一个部分的方式，程序控制权还处在程序中，程序本身并没有崩溃。

4.2 异常类

C#异常是使用类来表示的。C#中的异常类主要是直接或间接地派生于 System. Exception 类，该类派生于 System. Object 类，是所有异常类的基类，属性见表 4-1，部分方法见表 4-2。System. ApplicationException 和 System. SystemException 类是派生于 System. Exception 类的异常类。System. ApplicationException 类支持由应用程序生成的异常，所有程序员定义的异常都应派生自该类。System. SystemException 类是所有预定义的系统异常的基类，它的一些常用的派生类见表 4-3。但多数时候，用户在开发自己的异常类时，一般还是让它派生自 System. Exception 类。

表 4-1　System. Exception 类部分属性

名　称	说　明
Data	获取一个提供用户定义的其他异常信息的键/值对的集合
HelpLink	获取或设置指向此异常所关联帮助文件的链接
HResult	获取或设置 HResult，它是分配给特定异常的编码数值
InnerException	获取导致当前异常的 Exception 实例
Message	获取描述当前异常的消息
Source	获取或设置导致错误的应用程序或对象的名称

表 4-2　System. Exception 类部分方法

名　称	说　明
Equals(Object)	确定指定的 Object 是否等于当前的 Object（继承自 Object）
Finalize	允许对象在“垃圾回收”回收之前尝试释放资源并执行其他清理操作（继承自 Object）
GetBaseException	当在派生类中重写时，返回 Exception，它是一个或多个并发的异常的根源
GetHashCode	用作特定类型的散列函数（继承自 Object）
GetType	获取当前实例的运行时类型
ToString	创建并返回当前异常的字符串表示形式（重写 Object. ToString()）

表 4-3　一些派生自 System. SystemException 类的预定义的异常类

异常类	描　述
System. FormatException	处理当参数格式不符合调用方法的参数规范时引发的异常
System. IO. IOException	处理 I/O 错误
System. IndexOutOfRangeException	处理当方法指向超出范围的数组索引时生成的错误
System. ArrayTypeMismatchException	处理当数组类型不匹配时生成的错误

（续）

异常类	描　述
System. NullReferenceException	处理当依从一个空对象时生成的错误
System. DivideByZeroException	处理当除以零时生成的错误
System. InvalidCastException	处理在类型转换期间生成的错误
System. OutOfMemoryException	处理空闲内存不足时生成的错误
System. StackOverflowException	处理栈溢出生成的错误

4.3　异常处理机制

在 C#中，异常处理使用 try、catch、finally 和 throw 4 个关键字，它们的作用说明如下。

1）try：try 语句块中放置容易引起异常的代码，后跟一个或多个 catch 语句块。

2）catch：表示捕捉指定类型的异常，并在 catch 语句块中处理这个异常。

3）finally：可选项，不管异常是否被抛出都会执行。例如，如果打开一个文件，不管是否出现异常，文件都要被关闭，关闭文件代码可以写在 finally 语句块中。

4）throw：当问题出现时，程序主动抛出一个异常。

1. 捕捉异常

捕捉程序异常使用 try … catch … finally 结构。假设类 A、类 B、类 C 都派生自 System. Exception 类，使用 try…catch…finally 语法格式如下：

```
1    try
2    {
3        //引起异常的语句
4    }
5    catch( A e1 )
6    {
7        //错误处理代码
8    }
9    catch(B e2 )
10   {
11       //错误处理代码
12   }
13   catch( C eN )
14   {
15       //错误处理代码
16   }
17   finally
18   {
19       //要执行的语句
20   }
```

上述异常捕捉语法中，若第 3 行产生 A 类型的异常实例，则第 5 行便捕捉到该异常，并由 A 对象变量 e1 引用该 A 类型异常实例，变量 e1 就可以在第 7 行中使用了。

【实例 4-2】 从 c:\users\public\test.txt 文件中读取若干字符，并显示于控制台窗口中。若指定的文件不存在，则会发生 System.IO.IOException 异常，此时要求捕捉这个异常，并输出异常信息。

```
1    using System;
2    class Program
3    {
4        static void Main(string[] args)
5        {
6            string path = @"c:\users\public\test.txt";
7            System.IO.StreamReader file = null;
8            char[] buffer = new char[1000];
9            int index = 0;
10           try
11           {
12               file = new System.IO.StreamReader(path);
13               //从当前流读取一定数量的字符,并从 index 开始将该数据写入 buffer
14               file.ReadBlock(buffer, index, buffer.Length);
15               Console.WriteLine(buffer);
16           }
17           catch(System.IO.IOException e)
18           {
19               Console.WriteLine("读取错误:{0}. \nMessage: {1}",path, e.Message);
20           }
21           finally
22           {
23               if(file != null)
24               {
25                   file.Close();
26               }
27           }
28           Console.ReadKey();
29       }
30   }
```

如果指定的文件存在，则本实例将显示该文件内容。而当指定的文件不存在时，显示的异常信息如图 4-2 所示。

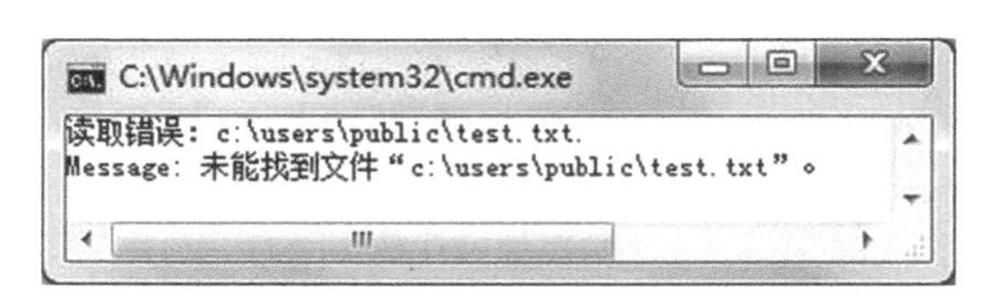

图 4-2　文件不存在时显示的异常信息

代码分析：

第 7 行，声明 StreamReader 对象 file，StreamReader 类的使用请参阅第 11 章。

第 12 行，用指定文件生成流对象实例。如果 path 指定的文件不存在，则当本行生成 StreamReader 对象实例时就会出现异常，程序将转到第 17 行执行。

第 14 行，流对象 file 从当前流中读取 buffer.Length 个字符，并存入以 index 开始的缓冲区 buffer 中。

2. 抛出异常

可以使用关键字 throw 主动抛出异常。

【实例 4-3】 设一个方法的参数为 string 型，调用这个方法时，当指定的实参为 null 时，要求抛出 ArgumentNullException 型异常实例。

```
1    using System;
2    class Program
3    {
4        static void ProcessString(string s)
5        {
6            if(s = = null)
7                throw new ArgumentNullException();
8        }
9        static void Main()
10       {
11           try
12           { string s = null; ProcessString(s); }
13           catch(ArgumentNullException e)
14           { Console.WriteLine(e.Message); }
15           catch(Exception e)
16           { Console.WriteLine(e.Message); }
17       }
18   }
```

代码分析：

第 7 行，主动抛出 ArgumentNullException 型异常对象实例。

第 12 行，s 值为 null，在执行方法 ProcessString( ) 时，抛出异常，程序将转到第 13 行执行。

【实例 4-4】 从键盘输入两个 0 ~ 100 之间的整数，求它们的商，但要处理以下情况：

1）输入了非数字字符。

2）除数为 0。

3）数据不在指定范围内。

```
1    using System;
2    namespace Example4_4
3    {
4        class Program
5        {
6            static void Main(string[] args)
7            {
8                int a, b;
9                double s;
10               string msg = "数值不在 0 ~100 范围内";
11               try
12               {
```

```
13                    Console.Write("请输入第一个 0 ~100 的整数:");
14                    a = int.Parse(Console.ReadLine());
15                    if(a > 100 || a < 0)
16                        throw new IndexOutOfRangeException(msg);
17                    Console.Write("请输入第二个 0 ~100 的整数:");
18                    b = int.Parse(Console.ReadLine());
19                    if(b > 100 || b < 0)
20                        throw new IndexOutOfRangeException(msg);
21                    if(b = = 0)
22                        throw new DivideByZeroException("除数不能为 0");
23                    s = a * 1.0/b;
24                    Console.WriteLine("{0}/{1} = {2:0.000}", a, b, s);  //结果保
留 3 位小数
25                }
26                catch(FormatException e)
27                {
28                    Console.WriteLine(e.Message);
29                }
30                catch(DivideByZeroException e)
31                {
32                    Console.WriteLine(e.Message);
33                }
34                catch(IndexOutOfRangeException e)
35                {
36                    Console.WriteLine(e.Message);
37                }
38                finally
39                {
40                    Console.ReadKey();
41                }
42            }
43        }
44    }
```

程序运行结果如图 4-3 所示。图中展示了输入非数字字符、数据不在指定范围内、除数为 0 和输入正确 4 种求商效果。

代码分析：

第 14 行和第 18 行，执行时，输入非数字字符，不能转换为整数，会产生异常。

第 16、20、22 行，主动抛出异常语句。

第 23 行，浮点数相除时，除数为 0 并不会产生异常，只是结果无穷大。

第 26、30、34 行，3 个 catch 捕捉不同类型的异常，其中 FormatException、DivideByZeroException、IndexOutOfRangeException 是 3 种异常类型，参见表 4-3。变量 e 引用异常实例。

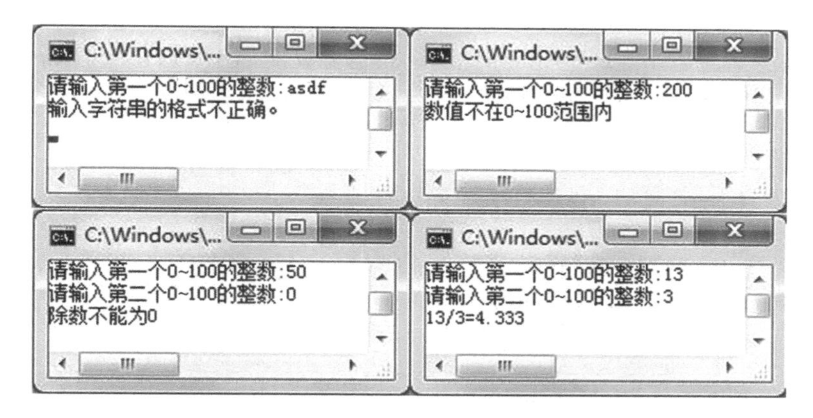

图 4-3 【实例 4-4】的运行结果

4.4 自定义异常类

自定义异常类必须派生自 System. Exception 类，这里再给出一些有关自定义异常类的建议：

1）所有的自定义异常类的名称应该以 Exception 作为后缀，如 MyException。

2）支持可序列化。

3）要提供以下 3 个构造函数：

```
public MyException(){}
public MyException(string message){}
public MyException(string message, Exception inner){}
```

4）重写方法 ToString()来获取异常的格式化信息。

5）在跨越应用程序边界的开发环境中，应该考虑异常的兼容性。

【实例 4-5】 从键盘上输入两整数并求商，商保留 3 位小数。如果从键盘输入的整数不在 0 ~ 100的范围内，则抛出异常，显示异常信息“数据不在指定范围内”。

```
1    using System;
2    namespace Example4_5
3    {
4        [Serializable]
5        class NumberRangeException : Exception
6        {
7            int int1, int2;
8            public NumberRangeException() { }
9            public NumberRangeException(string message, int int1, int int2): base
(message)
10           {
11               this.int1 = int1;
12               this.int2 = int2;
13           }
14           public NumberRangeException(string message, Exception inner): base
(message, inner) { }
15           public override string ToString()
```

```
16            {
17                return base.Message + ", 被除数: " + int1.ToString() + ", 除数: "
+ int2.ToString();
18            }
19        }
20        class Mydivision   //自定义除法类
21        {
22            int int1, int2;
23            public Mydivision() { }
24            public Mydivision(int n1, int n2)
25            {
26                this.int1 = n1; this.int2 = n2;
27            }
28            public void GetResult()
29            {
30                try
31                {
32                    if(int1 > 100 || int1 < 0 || int2 > 100 || int2 < 0)
33                    {
34                        throw new NumberRangeException("数据不在指定范围内",
int1, int2);
35                    }
36                    Console.WriteLine("{0}/{1} = {2:0.000}", int1, int2,
(double)int1 /int2);
37                }
38                catch(NumberRangeException e)
39                {
40                    Console.WriteLine(e.Message);
41                    Console.WriteLine("==============");
42                    Console.WriteLine(e.ToString());
43                }
44            }
45        }
46        class Program
47        {
48            static void Main(string[] args)
49            {
50                Mydivision div = new Mydivision(40, 220);
51                div.GetResult();
52                div = new Mydivision(2, 50);
53                div.GetResult();
54                Console.ReadKey();
55            }
56        }
57    }
```

程序运行结果如图 4-4 所示。图中显示 40 除以 220 的异常信息，以及 2 除以 50 的正常情形。

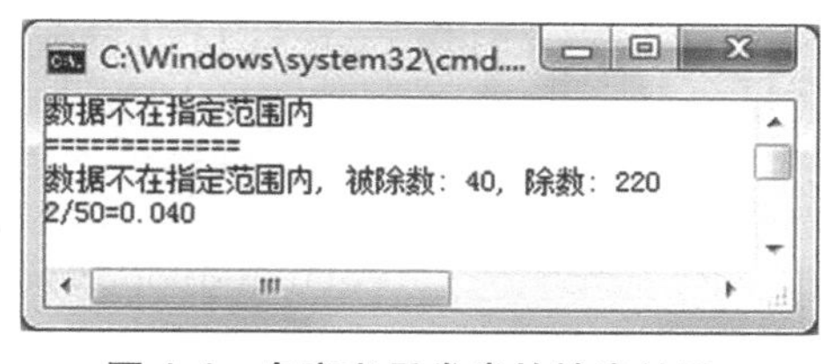

图 4-4　自定义异常类的输出结果

代码分析：

第 4 行，[Serializable] 是类属性声明，表示 NumberRangeException 类对象可以被序列化，有关序列化内容请参阅 11.3 节。

第 5 行，定义自定义异常类 NumberRangeException，继承 Exception 类。

第 8 ~ 14 行，定义 3 个构造方法。

第 11 行，this 引用 NumberRangeException 类的对象实例，具体说明参见 6.8 节。

第 15 ~ 18 行，重写基类 Exception 中的方法 ToString()，该方法输出基类的异常信息，以及自定义异常对象中的除数与被除数信息。

第 20 行，定义 Mydivision 类，表示除法类。

第 22 行，int1 作为被除数，int2 作为除数。

第 34 行，构建异常实例时，调用的构造方法是第 9 行的构造方法，其中“数据不在指定范围内”信息用于初始化基类中的 Message 属性。

第 40 行与第 42 行，用于比较输出的异常信息。其中第 42 行中的方法 ToString() 是自定义异常类中的重写方法，描述信息更丰富。

本章小结

异常与错误不同，异常是为了克服错误，使程序控制权还处于掌控之中，所以有时要在程序中适当地加上异常处理，有时还要编写自定义异常类。本章只是简要地介绍了 C#异常处理的基础知识，但关于处理异常还有待在实践中积累经验，提高认识。本章大量引用了后续章节的知识内容，读者可先了解基本的异常处理机制，待学习了后续章节后再学习本章。

习题

一、编程题

1. 编写一个程序，根据用户输入的命令行参数数量来计算长方形、正方形、三角形的面积。如果输入的参数个数为 1、2、3，则它们应分别对应正方形、长方形、三角形，如果参数值为 0，则通过异常处理方法显示错误消息。

2. 对于一个团队而言，其中成员姓名不能为空。当为团队添加一位成员时，若成员姓名为空，则抛出自定义异常——GroupCustomException 实例，即团队自定义异常类的实例。GroupCustomException 类定义如下，请在方法 Main() 中使用该类。

```
[Serializable]
   public class GroupCustomException : Exception
   {
      private string groupName;   //团队名
      public string GroupName
      {
          get { return groupName; }
          set { groupName = value; }
      }
```

```
        public override string Message
        {
            get
            {
                return groupName + ":" + base.Message;
            }
        }
        public GroupCustomException(): base()
        {
            Console.WriteLine("团队信息异常:");
        }
        public GroupCustomException(string msg): base("发生的错误信息:" + msg)
        {
            Console.WriteLine("团队信息异常:");
        }
    }
```

3. 定义一个异常类 DivzeroCustomException，当除法运算中除数为 0 时，用该类实例显示“除数不能为 0”的异常信息。再定义一个测试类测试该自定义异常类。

二、简答题

1. 简述异常与错误的区别。
2. 处理异常的关键字有哪 4 个？分别简述它们的作用。
3. 定义自定义异常类时通常有哪些要求？
4. 简述 Exception 类中常用属性的含义。

第5章　方　法

学习目标

1）学会方法的定义与调用方法。

2）理解方法修饰符的作用。

3）理解各类方法形参的作用和用法。

4）理解方法调用时实参的用法。

5）理解方法值的返回方法。

6）掌握设计递归方法的关键要点。

5.1　定义方法

1. 声明方法

方法（Method）是把一些相关的语句组织在一起，用来执行一个任务的语句块。方法通常声明于类型（类、结构等）中，作为类型的成员。在 C#控制台应用程序中，方法 Main()也定义于类型中。

在 C#中，声明方法的语法格式如下：

```
[修饰符] 返回值类型 方法名([参数列表])
{
    //语句
    [return(z)];  //返回结果 z
}
```

下面的【实例 5-1】中，代码中的第 6 ~ 11 行的方法 Sumab()定义于 Program 类内部，作为该类的一个成员。该方法各组成部分含义请参阅其代码说明。

【实例 5-1】编写一个求两个整数和的方法，调用这个方法求两数和。

```
1    using System;
2    namespace Example5_1
3    {
4        class Program
5        {
6            static int Sumab(int a, int b)
7            {
8                int s;
9                s = a + b;
10               return s;
11           }
12           static void Main()
13           {
```

```
14              int n = 3, m = 5, result;
15              result = Sumab(n, m);
16              Console.WriteLine("和为:{0}", result);
17          }
18      }
19  }
```

代码分析：

第 6 行，称为方法头部，要注意方法头部行末没有分号。其中，static 是修饰符，表示方法 Sumab()是 Program 类的静态方法成员，即属于类 Program 本身，而不属于 Program 类的实例。注意不能通过类的实例访问静态成员，而要通过类型名来访问静态成员，而且静态成员只能访问类型的静态成员。为了能使方法 Sumab()成员能在静态成员方法 Main()中被访问，所以将方法 Sumab()成员定义成静态成员。第一个 int 表示方法 Sumab()返回值的类型是 int，它要和第 10 行 return 语句中的表达式类型相匹配。Sumab 是方法名称，要反映方法的功能。方法名后的一对括号不能省略，即使方法没有参数，也不能省略。括号中定义了方法的参数，每个参数都要指定其类型。在方法被调用时，这些参数将获得实际值。

第 7 ~ 11 行，方法体，即方法的躯干部分。

第 10 行，return 语句返回程序的执行，即使程序的执行从方法 Sumab()返回到方法Main()中。return 语句后的表达式是方法的返回值，该值作为方法 Sumab()的结果被带回到调用方法 Main()中使用。

第 15 行，调用方法 Sumab()并使用方法结果的语句。调用方法时需要考虑为方法的参数提供数据，以及如何利用方法的返回值。Sumab(n, m)是方法调用，n 和 m 称为实际参数，它们的值依次传送给形式参数 a 和 b。

2. *方法定义举例*

初次定义方法时，必须要熟悉方法语法的各组成部分，理解各组成部分的含义与作用。

【实例 5-2】 编写程序，输出一棵如图 5-1 所示的圣诞树。

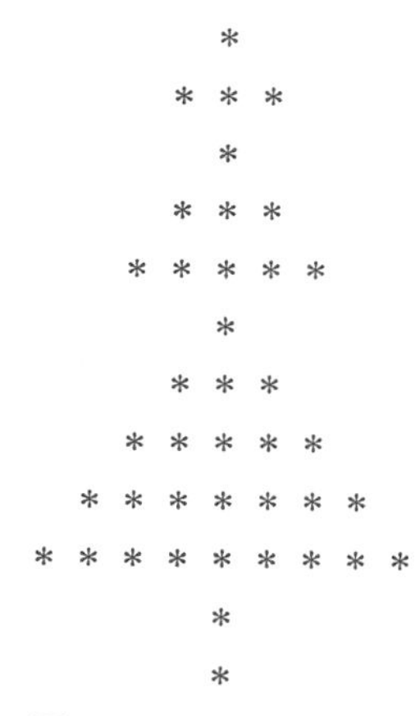

图 5-1　圣诞树示意图

分析：图 5-1 所示的圣诞树由 3 个等腰三角形构成。设每个三角形底边的中点在控制台窗口中的位置为 position，则三角形中的第 i 行由两部分字符组成，一是前部的 position - i 个空格，二是后继的 2 × i - 1 个“ * ”字符。当然 position 大于或等于三角形的行数 n。

根据上述分析，可以编写一个在指定中心位置输出n行“*”字符组成的等腰三角形的方法，方法的原型如下：

```
static void OutputTriangle(int position, int n)
{
    //…
}
```

其实，图5-1所示的圣诞树示意图中，最下面两行也可以调用上述方法得到，只是需要将1传给方法的参数n。

具体实现代码如下：

```
1   using System;
2   namespace Example5_2
3   {
4       class Program
5       {
6           static void OutputTriangle(int position, int n)
7           {
8               if(position < n)
9                   return;
10              for(int i = 1; i <= n; i++)
11              {
12                  string space = new string(' ', position - i);
13                  Console.Write(space);
14                  for(int j = 1; j <= 2 * i - 1; j++)
15                      Console.Write("*");
16                  Console.WriteLine();
17              }
18          }
19          static void Main(string[] args)
20          {
21              OutputTriangle(10, 2);
22              OutputTriangle(10, 3);
23              OutputTriangle(10, 5);
24              OutputTriangle(10, 1);
25              OutputTriangle(10, 1);
26              Console.ReadKey();
27          }
28      }
29  }
```

程序运行结果如图5-2所示。

代码分析：

第6行，void关键字表示方法没有返回值，因此方法体中的return语句中没有返回的表达式，如第9行所示。而且，方法的结束位置可以不使用return语句，在方法执行完毕时可自动返回到调用方法中执行。

第 8 行，三角形第 n 行共有 2 × n − 1 个 “ * ” 字符，中心位置及前面有 n 个 “ * ” 字符，所以中心位置要足够大，使得可以容纳 n 个 “ * ” 字符。因此，要求 position 大于或等于 n。

第 12 行，new string(' ', position − i)产生 position − i 个空格字符串实例，由 space 引用。

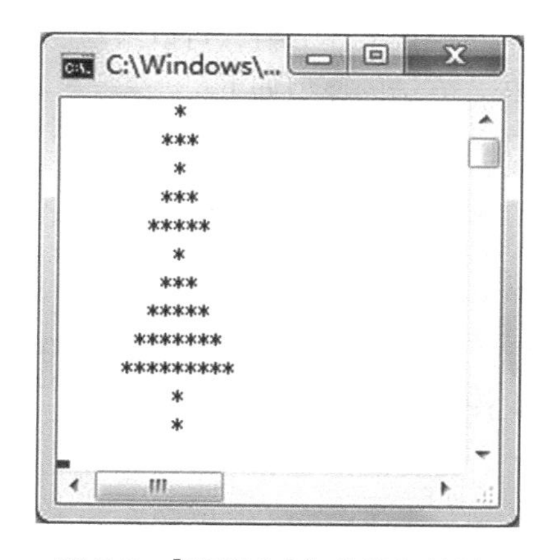

图 5-2 【实例 5-2】的运行结果

5.1.1 static 修饰符

方法的修饰符可以是 static、public、private、protected、internal、new、virtual、override、abstract 和 extern 等。本小节介绍 static，其他修饰符在第 6 章中介绍。本章实例代码中的方法都定义为 static 方法。

前面的【实例 5-1】的代码分析中介绍过，static 表示修饰的方法是静态方法，该方法属于类型本身，而不属于类型的对象实例。可以通过类型名来调用静态成员，且静态方法只能访问类型的静态成员。方法 Main()是一个静态方法，它所调用的方法也必须是静态方法。

例如，在以下示例代码中，Teststatic 类中的 Sayhello()是静态方法，而 Sayhello2()是非静态方法，是实例方法。在方法调用时，如第 12 行，可以通过类名来调用方法 Sayhello()。第 13 行同样调用了方法 Sayhello()，但没指出类名，表明调用的是类内部的方法 Sayhello()。第 14 行中，语句行被注释了，否则会出错，因为方法 Main()是静态方法，它不能调用一个实例方法 Sayhello2()。

```
1    using System;
2    namespace Teststatic
3    {
4          class Teststatic
5          {
6              static void Sayhello()
7              { Console.WriteLine("Hello"); }
8              void Sayhello2(string name)
9              { Console.WriteLine("Hello, " + name); }
10           static void Main(string[] args)
11           {
12               Teststatic.Sayhello();
13               Sayhello();
14               //Sayhello2("小明");   //错误,不是静态方法
15           }
16         }
17   }
```

5.1.2 方法返回值类型

方法的功能各不相同，有的方法执行多个语句，为的是求一个数据结果，这个数据结果称为返回值，这个返回值是有类型的，因此需要在声明方法时指定返回值的类型。如果方法不需要返回值，则在声明方法时，方法的返回值类型可用 void 表示。

方法的返回值通过 return 语句获得，语法格式如下：

```
return [表达式];
```

当 return 语句后有表达式时，return 语句的作用是使程序执行回到另一个方法中的调用处，并带回表达式的值。而当 return 语句后没有表达式时，则其仅使程序执行返回到方法调用处，但不带回值。例如：

```
1    using System;
2    namespace Testreturn
3    {
4        class Program
5        {
6            static int Max(int a, int b)
7            {
8                int result = a > b ? a : b;
9                return result;  //result 的类型与方法返回值的类型相同,都是 int 型
10           }
11           static void Outmax(int a, int b)  //无返回值
12           {
13               Console.WriteLine("Max = {0}", Max(a, b));
14               return;  //可以省略,方法执行结束也会返回到调用处
15           }
16           static void Main()
17           {
18               Outmax(3, 4);
19           }
20       }
21   }
```

上述代码中，第 9 行中的 return 语句后有表达式，该表达式的值就是被带到调用处的值，它的类型要与方法声明中的返回值类型匹配，有时需要显式类型转换，以使它们类型匹配。

5.1.3　方法的参数

在 C#中，方法声明中的参数称为形参，有 4 种情形，分别为值参数、引用参数（ref）、输出参数（out）和参数数组（params）。形参是局部变量，限于在定义它的方法范围内使用。

1. 值参数

值参数是指声明方法时不使用任何修饰符的参数。调用方法时，调用语句中需要指定传给形参的值，这个值称为实参，方法调用时，实参的值赋给了形参。在方法调用过程中，即使改变了形参的值，实参的值也不受影响。

例如，在如下代码中，方法 Swap()原本设想交换两个变量的值，但在方法调用结束后，方法Main()中变量 i 与 j 的值还是 11 和 12，即 Main()中实参 i 和 j 的值不受形参影响，运行结果如图 5-3 所示。

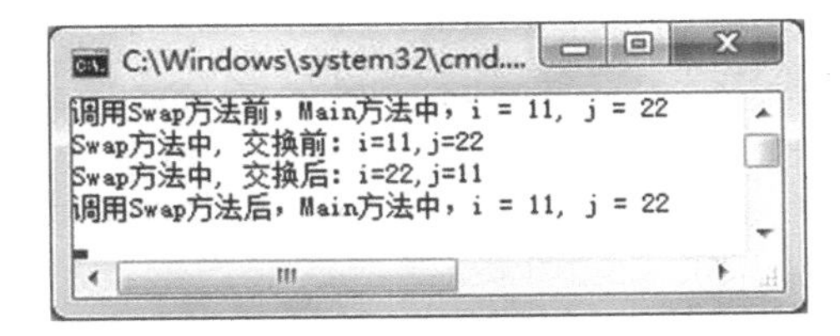

图 5-3　值参数示例输出结果

```
1    using System;
2    class Valueparameter
```

```
3    {
4        static void Swap(int i, int j)
5        {
6            Console.WriteLine("Swap 方法中,交换前:i = {0},j = {1}", i, j);
7            int temp = i; i = j; j = temp;
8            Console.WriteLine("Swap 方法中,交换后:i = {0},j = {1}", i, j);
9        }
10       static void Main(string[] args)
11       {
12           int i = 11, j = 22;
13           Console.WriteLine("调用 Swap 方法前,Main 方法中,i = {0}, j = {1}", i, j);
14           Swap(i, j);
15           Console.WriteLine("调用 Swap 方法后,Main 方法中,i = {0}, j = {1}", i, j);
16           Console.ReadKey();
17       }
18   }
```

需要补充说明的是，上述代码中，形参与实参都分别为变量 i 与 j，但它们却分属于两个不同的方法，有不同的内存地址，是不一样的两对变量。

2. 引用参数

在 C#中，使用关键字 ref 声明引用参数。例如：

```
static void Swap(ref int i, ref int j)
{
    //…
}
```

上面的方法 Swap()中，在形参 i 和 j 的声明中加入了关键字 ref，i 和 j 这两个参数称为引用参数。在方法执行过程中，对引用参数值的更改，会影响实参的值。利用这一点，可执行方法得到多个结果数据。

在方法调用时，对应实参前也要显式使用 ref，而且实参变量必须经过初始化，且不能为常量。

例如，对于值参数中的示例，现改用引用参数，代码如下，其输出结果如图 5-4 所示。由图中可知，经调用方法 Swap()后，实参变量 i 和 j 的值改变了。

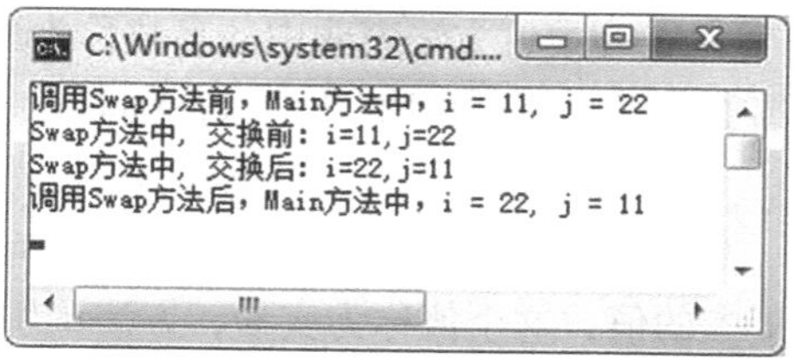

```
C:\Windows\system32\cmd....
调用Swap方法前，Main方法中，i = 11, j = 22
Swap方法中, 交换前: i=11,j=22
Swap方法中, 交换后: i=22,j=11
调用Swap方法后，Main方法中，i = 22, j = 11
```

图 5-4　引用参数示例输出结果

```
1    using System;
2    class Refparameter
3    {
4        static void Swap(ref int i, ref int j)
5        {
6            Console.WriteLine("Swap 方法中,交换前:i = {0},j = {1}", i, j);
7            int temp = i; i = j; j = temp;
8            Console.WriteLine("Swap 方法中,交换后:i = {0},j = {1}", i, j);
9        }
10       static void Main(string[] args)
11       {
```

```
12            int i = 11, j = 22;
13            Console.WriteLine("调用 Swap 方法前,Main 方法中,i = {0}, j = {1}", i, j);
14            Swap(ref i, ref j);  //对应实参前要显式使用 ref
15            Console.WriteLine("调用 Swap 方法后,Main 方法中,i = {0}, j = {1}", i, j);
16            Console.ReadKey();
17        }
18    }
```

【实例 5-3】编程求 10 个［10，99］之间随机整数的和、最大值、最小值及平均值。程序运行结果如图 5-5 所示。

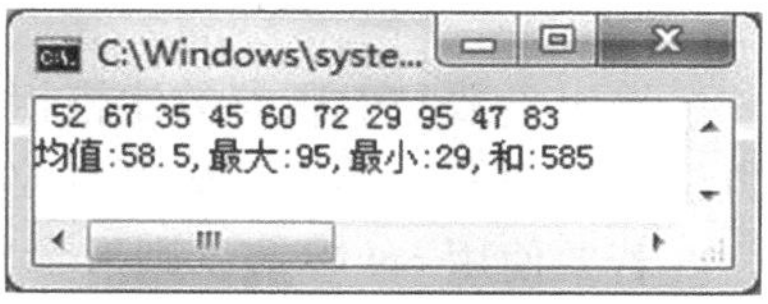

```
1    using System;
2    namespace Example5_3
3    {
4        class Program
5        {
6            static double Processdata(int[] arr, ref int sum, ref int max, ref int min)
7            {
8                int i;
9                sum = arr[0]; max = arr[0]; min = arr[0];
10               for(i = 1; i < arr.Length; i++)
11               {
12                   sum += arr[i];  //累计和
13                   if(arr[i] > max) max = arr[i];  //求最大值
14                   else if(arr[i] < min) min = arr[i];  //求最小值
15               }
16               return 1.0 * sum/arr.Length;  //返回平均值
17           }
18           static void Main(string[] args)
19           {
20               int[] a = new int[10];
21               Random rand = new Random();
22               for(int i = 0; i < a.Length; i++)
23               {
24                   a[i] = rand.Next(10, 99);  //[10,99]之间的随机整数
25                   Console.Write("{0,3}", a[i]);
26               }
27               Console.WriteLine();
28               double mean;
29               int s =0, ma =a[0], mi =a[0];  //后续还要比较
30               mean = Processdata(a, ref s, ref ma, ref mi);//s、ma 和 mi 已初始化
31               Console.WriteLine("均值:{0},最大:{1},最小:{2},和:{3}", mean, ma, mi, s);
32               Console.ReadKey();
33           }
34       }
35   }
```

C:\Windows\syste...

52 67 35 45 60 72 29 95 47 83
均值:58.5,最大:95,最小:29,和:585

图 5-5 【实例 5-3】的运行结果

上述代码中，方法 Processdata( )有 3 个引用参数，连同方法的返回值，共向方法 Main( )带回 4 个结果值。需要注意的是，数组是引用类型，形参数组变量 arr 获得实参数组 a 的值，它们引用相同的数组实例。

3. 输出参数

return 语句只从方法中返回一个值。但是，可以使用输出参数从方法中带回多个值。在 C#中，使用关键字 out 声明输出参数。例如：

```
static void Root(double a, double b, double c, out double x1, out double x2)
{ //…}
```

输出参数与引用参数比较相似，区别之处在于，一是实参可不进行初始化；二是在被调用方法中返回前，必须对输出参数进行赋值。

若要使用 out 参数，则形参与实参都必须显式使用关键字 out。

【实例 5-4】 编写一个在实数范围内求一元二次方程 $ax^2+bx+c=0$ 的根的程序，求根公式如下：

$$x=\frac{-b\pm\sqrt{b^2-4ac}}{2a}$$

分析：求一元二次方程的根，主要有以下 4 个步骤。

1）输入系数 a、b、c，确定方程，但系数 a 和 b 不能同时为 0。需要实现的 C#方法原型如下：

```
static void Inputabc(ref double a, ref double b, ref double c)
{
    //…
}
```

2）求 Δ 值，即 b^2-4ac 的值。需要实现的 C#方法原型如下：

```
static double Delta(double a, double b, double c)
{
    //…
}
```

3）求根。需要实现的 C#方法原型如下：

```
static void Root(double a, double b, double c, out double x1, out double x2)
{
    //…
}
```

4）输出根。需要实现的 C#方法原型如下：

```
static void Printroots(double x1, double x2)
{
    //…
}
```

具体实现代码如下：

```
1    using System;
2    namespace Example5_4
3    {
4        class Program
5        {
6            static void Inputabc(ref double a, ref double b, ref double c)
7            {
8                try
9                {
10                   Console.Write("a = ");
11                   a = Convert.ToDouble(Console.ReadLine());
12                   Console.Write("b = ");
13                   b = Convert.ToDouble(Console.ReadLine());
14                   Console.Write("c = ");
15                   c = Convert.ToDouble(Console.ReadLine());
16                   if(a == 0 && b == 0)
17                       throw new Exception("输入的系数不能构成方程");
18               }
19               catch(Exception ex)
20               {
21                   throw ex;
22               }
23           }
24           static double Delta(double a, double b, double c)
25           {
26               return b * b - 4 * a * c;
27           }
28            static void Root(double a, double b, double c, out double x1, out
double x2)
29           {
30               if(a == 0)
31               {
32                   x1 = -c/b;
33                   x2 = x1;
34                   return;
35               }
36               var delta = Delta(a, b, c);
37               x1 = (-b + Math.Sqrt(delta))/2/a;
38               x2 = (-b - Math.Sqrt(delta))/2/a;
39           }
40           static void Printroots(double x1, double x2)
41           {
42               if(x1 != x2)
43               {
44                   Console.WriteLine("x1 = {0:0.000}", x1);
45                   Console.WriteLine("x2 = {0:0.000}", x2);
46               }
```

```
47                else
48                    Console.WriteLine("x1 =x2 ={0:0.000}", x1);
49            }
50            static void Main(string[] args)
51            {
52                double a = 0, b = 0, c = 0, x1, x2;
53                try
54                {
55                    Inputabc(ref a, ref b, ref c);   //输入系数
56                    var delta = Delta(a, b, c);
57                    if(delta < 0)
58                    {
59                        throw new Exception("在实数范围内无解");
60                    }
61                    Root(a, b, c, out x1, out x2);   //求根
62                    Printroots(x1, x2);
63                }
64                catch(Exception e)
65                {
66                    Console.WriteLine(e.Message);
67                }
68                Console.ReadKey();
69            }
70        }
71    }
```

程序运行结果如图 5-6 所示，图中显示了方程有两个不相等根、两个相等根、系数不能构成方程、无根、一元一次方程 5 种情形。

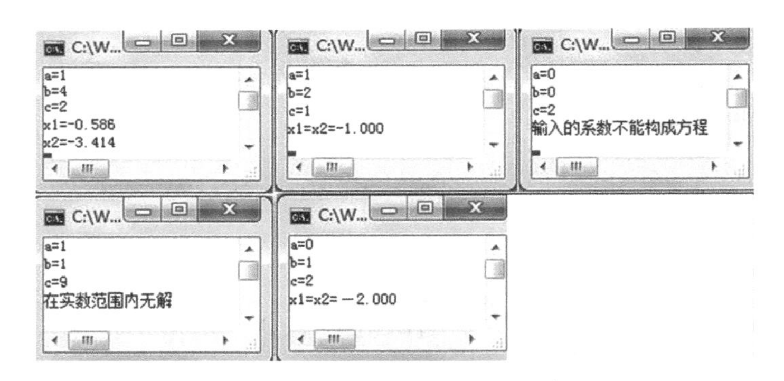

图 5-6 【实例 5-4】的运行结果

4. 参数数组

有时，传给方法的实参数目不固定，即有时多、有时少。针对这种情形，C#使用关键字 params 指定参数数组，用以接收数目可变的实参。例如：

```
public static void UseParams(params int[] list)
{//…}
```

【实例 5-5】演示可向 params 参数发送参数的几种方法。

```
1    using System;
2    namespace Example5_5
3    {
4        class Paramsparameter
5        {
```

```
6           public static void UseParams(params int[] list)
7           {
8               for(int i = 0; i < list.Length; i ++)
9               {
10                  Console.Write(list[i] + " ");
11              }
12              Console.WriteLine();
13          }
14          public static void UseParams2(params object[] list)
15          {
16              for(int i = 0; i < list.Length; i ++)
17              {
18                  Console.Write(list[i] + " ");
19              }
20              Console.WriteLine();
21          }
22          static void Main()
23          {
24              UseParams(1, 2, 3, 4);
25              int[] myIntArray = { 5, 6, 7, 8, 9 };
26              UseParams(myIntArray);
27              UseParams2();
28              UseParams2(1, 'a', "test");
29              object[] myObjArray = { 2, 'b', "test", "again" };
30              UseParams2(myObjArray);
31              UseParams2(myIntArray);
32              Console.ReadKey();
33          }
34      }
35  }
```

程序运行结果如图 5-7 所示。

代码分析：

实例中两个方法的参数数组类型不一样，一个为 int[ ]，另一个为 object[ ]，它们在引用实参时有区别。

第 24 行，实参个数为 4 个，方法调用时，形参 list 数组元素如图 5-8a 所示。

第 26 行，实参个数为 1 个，类型与形参一致，方法调用时，形参 list 数组元素如图 5-8b 所示。注意与第 31 行区别。

第 27 行，实参个数为 0 个，方法调用时，形参 list 数组长度为 0，没有数组元素，如图 5-8c 所示。

图 5-7 【实例 5-5】的运行结果

第 28 行，实参个数为 3 个，且类型各异，方法调用时，形参 list 数组长度为 3，数组元素如图 5-8d 所示。

第 30 行，实参个数为 1 个，方法调用时，形参 list 数组长度为 4，数组元素如图 5-8e 所示。

第31行，实参个数为1个，方法调用时，形参list数组长度为1，数组元素如图5-8f所示。形参object型的唯一元素list[0]引用实参数组myIntArray，所以输出list[0]的结果是System. Int32[]。本情形与第26行有较大区别。

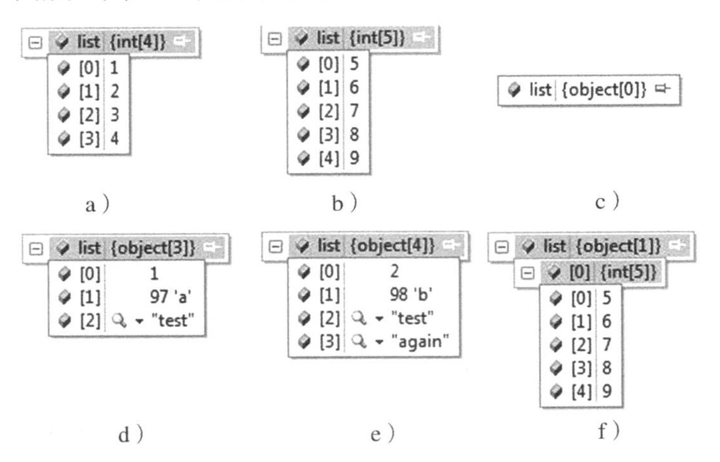

图5-8　params实例的形参情形

关于参数数组，还需要注意以下几点：

1）若形参表中含一个参数数组，则该参数数组必须位于形参列表的最后。

2）参数数组必须是一维数组。

3）不允许将params修饰符与ref和out修饰符组合起来使用。

4）与参数数组对应的实参可以是同一类型的数组名，也可以是任意多个与该数组的元素属于同一类型的变量。

5）非params方法优先于同名的params方法。例如，如下代码第9行中的方法min()选择的是第4行中的方法min()。

```
1    using System;
2    class Program
3    {
4        static int min(int a, int b)
5        { return a < b ? a : b; }
6        static int min(params int[] arr)
7        { return arr[0] < arr[1] ? arr[0] : arr[1]; }
8        static void Main(string[] args)
9        { Console.WriteLine(min(3, 2)); }
10   }
```

5. 命名参数和可选参数

(1) 命名参数

命名参数即在实参前附上形参的名称，这样可以使实参标识其含义，进而改进代码的可读性。而且还可以调整实参的位置，即实参的顺序可以不按形参的顺序排列。

例如下面的【实例5-6】中的第9行，方法调用为BMI(weight: 52, height: 1.55)，其中实参52前有名称weight，表示52是方法BMI()的weight形参的值。若将第9行的方法调用改为BMI(height: 1.55, weight: 52)，则效果一样。

【实例 5-6】计算身体质量指数 BMI 的值，计算公式为 BMI = 体重 (kg)/身高^2(m^2)。

```
1   using System;
2   namespace Example5_6
3   {
4       class Program
5       {
6           static void Main(string[] args)
7           {
8               Console.WriteLine(BMI(52, 1.55));  //按位置发送体重和身高的实参
9               Console.WriteLine(BMI(weight: 52, height: 1.55));
10              Console.WriteLine(BMI(height: 1.55, weight: 52));  //命名实参可以放在实参的后面,但不能反过来
11              Console.WriteLine(BMI(52, height: 1.55));
12          }
13          static double BMI(double weight, double height)
14          {
15              return Math.Round((weight)/(height * height), 1);
16          }
17      }
18  }
```

程序运行结果如图 5-9 所示。

代码分析：

第 9 行，指定命名参数，实参顺序任意。“weight: 52”表示 52 是形参 weight 的值。

第 11 行，命名参数要放在固定参数的后面，不能写成 BMI(height: 1.55, 52)。

第 15 行，方法 Math.Round()求表达式四舍五入的值，并保留 1 位小数。

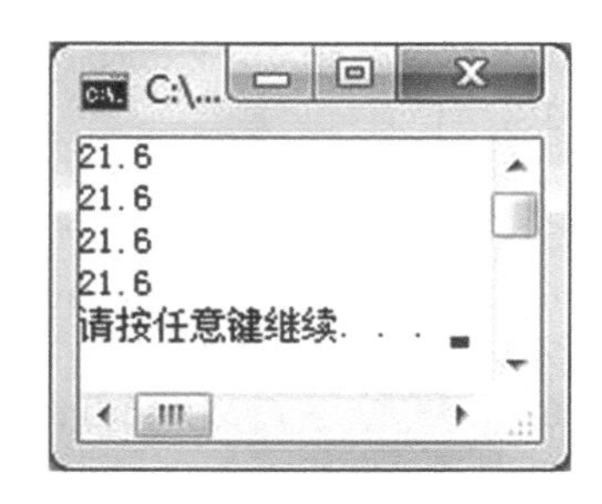

图 5-9 【实例 5-6】的运行结果

(2) 可选参数

使用可选参数，可以为某些形参省略实参。可选形参在形参列表的末尾定义，位于所有必需的形参之后，例如：

```
static double Area(int a = 1, int b = 1)  //求矩形面积
{
    return a * b;
}
```

如果调用方法为可选形参中的任意一个提供了实参，则必须为前面的所有可选形参提供实参，但命名参数除外。例如，在下面的【实例 5-7】中，要求长为 1、宽为 3 的矩形面积，调用方法不能写成 Area(3)，而应该写成 Area(1, 3)。

【实例 5-7】计算矩形面积，矩形长度 a 和宽度 b 的默认值都为 1。

```
1   using System;
2   namespace Example5_7
```

```
3    {
4        class Program
5        {
6            static void Main(string[] args)
7            {
8                Console.WriteLine(Area());  //输出"1"
9                Console.WriteLine(Area(2, 3));  //输出"6"
10               Console.WriteLine(Area(a: 2));  //命名参数,输出"2"
11           }
12           static double Area(int a = 1, int b = 1)  //求矩形面积,a为长,b为宽
13           {
14               return a * b;
15           }
16       }
17   }
```

5.1.4　重载方法

一个类型中，如果方法具有相同的名称，但有不同的参数列表，那么这些方法是重载方法。C#编译器能根据方法的签名决定使用哪个方法。

【实例 5-8】 编写程序，求两个整数的最大值、两个双精度实数的最大值以及 3 个双精度实值的最大值。

```
1    using System;
2    namespace Example5_8
3    {
4        class Program
5        {
6            static int Max(int a, int b)
7            {
8                return a > b ? a : b;
9            }
10           static double Max(double a, double b)
11           {
12               return a > b ? a : b;
13           }
14           static double Max(double a, double b, double c)
15           {
16               double temp = Max(a, b);
17               if(temp > c)
18                   return temp;
19               else
20                   return c;
21           }
22           static void Main(string[] args)
23           {
24               Console.WriteLine("Max(3,4) = {0}", Max(3, 4));
```

```
25                Console.WriteLine("Max(3.3,4.4)={0}", Max(3.3, 4.4));
26                Console.WriteLine("Max(3.3,4.4,5.5)={0}", Max(3.3, 4.4, 5.5));
27                Console.ReadKey();
28            }
29        }
30    }
```

上述代码中，第6~21行，定义了3个方法Max()，但它们的参数个数或参数的类型不相同。另外，这3个方法Max()中，形参都有a和b，但它们的作用域都仅限于各自的方法体中，是不同的局部变量。程序运行结果如图5-10所示。

上述实例代码中，Max(3,4)调用的是方法Max(int a, int b)，尽管它与方法Max(double a,double b)也匹配，但实参3和4都为整数，显然与方法Max(int a,int b)更匹配。也就是说，C#编译器能够选择最精确匹配的方法加以调用。

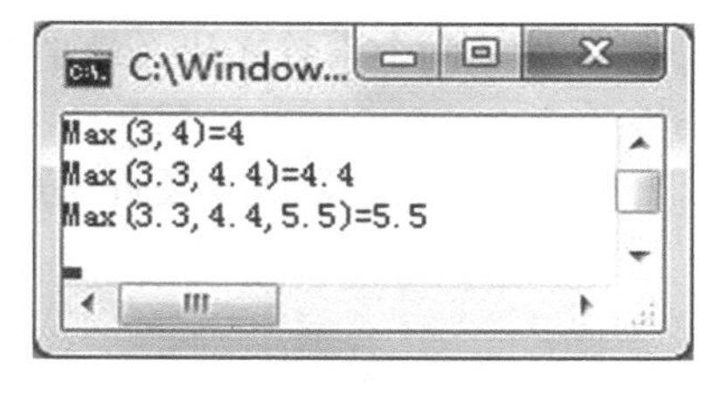

图5-10 【实例5-8】的运行结果

但需要注意的是，C#编译器区分重载方法时，不是基于方法不同的修饰符或返回值类型。例如：

```
static int Max(int a, int b)
{
    return a > b ? a : b;
}
static double Max(int a, int b)
{
    return a > b ? a : b;
}
```

编译器会提示“已定义了一个名为Max的具有相同参数类型的成员”的错误信息。

另外，还要注意的是，即使重载方法的参数列表不同，也有可能造成调用歧义问题。例如：

```
1    class Program
2    {
3        static double Max(int a, double b)
4        { return a > b ? a : b; }
5        static double Max(double a, int b)
6        { return a > b ? a : b; }
7        static void Main(string[] args)
8        { System.Console.WriteLine(Max(3, 4)); }
9    }
```

因为Max(int,double)和Max(double,int)与Max(3,4)匹配程度相同，所以导致编译错误。

5.2　巩固训练

1. 编程求下列表达式的和：

1）1+2+3+…+10。

2）1+2+3+…+100。

3）1+2+3+…+1000。

分析：编写一个求 1 +2 +3 +… +n 值的方法供调用。

2. 编写一个求两个整数最大公约数的方法，再编写一个求两个整数最小公倍数的方法，调用这两个方法分别输出两个整数的最大公约数和最小公倍数。

分析：用辗转相除法求两个整数 m、n 的最大公约数，方法如下。

1）计算 m 除以 n 的余数 r，r = m% n。

2）若 r = 0，则本次相除时的除数即是最大公约数，否则用 n 替换 m，用 r 替换 n，重复这两步，直到余数为 0 为止。

最小公倍数为 m × n/(m 和 n 的最大公约数)。

3. 哥德巴赫猜想的命题之一：大于 6 的偶数等于两个素数之和。编程将 6 ~ 50 之间的所有偶数表示成两个素数之和（最小素数为 2）。

分析：

1）编写判断整数 n 是否为素数的方法，参考代码如下：

```
static bool Isprime(int n)
{
    int end = (int)(Math.Sqrt(n));
    var i = 2;
    for(; i < = end; i + +)
    {
        if(n % i = = 0)
            break;
    }
    if(i > end)
        return true;
    else
        return false;
}
```

2）编写方法，把 n 拆分成 i 与 n - i $\left(3\leqslant i\leqslant\frac{n}{2}\right)$，如果这两个数都为素数，则返回其中一个，否则返回 0。

4. 编写程序，在一个升序整型一维数组中查找某个数的方法，如果找到，则返回这个数的索引；如果找不到，则返回 - 1。要求查找算法采用二分查找法。设一维数组中的数为 10、20、30、40、50、60、70、80、90、100。

分析：二分查找也称为折半查找，其算法思想说明如下。

1）声明 left、right、mid，并分别表示区间的左侧位置、右侧位置和中间位置。

2）当 left≤right 时：

① 若 a[mid] = = n，则返回 mid。

② 若 n > a[mid]，则 left = mid + 1。

③ 若 n < a[mid]，则 right = mid - 1。

④ mid = (left + right)/2。

3）返回 - 1。

5. 编写一个方法，由实参传来一个字符串，统计此字符串中字母、数字、空格和其他字符的个数，在方法 Main( ) 中输入字符串并输出上述要求的结果。

分析：

1）自定义方法需要返回多个值，可定义输出形参或引用形参。

2）对于字符串变量s，s[i]可表示索引为i的字符。

5.3 递归方法

一个方法直接或间接调用自身方法，这个方法称为递归方法。递归方法中的递归算法，是为了把较复杂情形的计算，递次地归结为较简单情形的计算，一直归结到最简单情形的计算，并得到计算结果为止。许多实际问题的解决采用递归算法，显得结构清晰、易于理解。

5.3.1 设计递归算法

设计递归算法关键要确定以下两点：

1）递归公式。

2）边界条件，即终止递归条件。

所以，在具体设计递归方法时，一般的做法要注意以下两点：

1）先判断边界条件，后递归调用。判断边界条件，是为了终止递归调用。递归调用不能无限制地进行，方法调用时需要保护现场，即方法的返回地址、寄存器数据等信息需要入栈，无限制递归调用将发生StackOverflowException异常，表示栈空间耗尽溢出。

2）递归调用的方法实参要有变化，这种变化表示问题规模变小，从而使后面的某次递归调用的方法中，边界条件满足终止递归调用的要求。

【实例5-9】使用递归方法求1+2+3的和。

分析：

1）递归公式为Sum(n)=n+Sum(n-1)，Sum(n)表示1+2+3+…+n的和，代表规模较大，较复杂情形的计算。Sum(n-1)表示1+2+3+…+n-1的和，与Sum(n)比较，它求解的问题规模较小，是较简单的情形，但它们的任务功能是一样的。

2）边界条件为n==1时，Sum(n)=1，不再是前面的递归公式，递归终止。Sum(1)是最简单的情形。

具体实现代码如下：

```
1    using System;
2    namespace Example5_9
3    {
4        class Program
5        {
6            static int Sum(int n)   //求1+2+3+…+n的和
7            {
8                if(n == 1)   //先判断,后递归
9                    return 1;
10               else
11                   return n + Sum(n - 1);   //n-1使下一层方法Sum()的形参值变小
12           }
13           static void Main(string[] args)
14           {
```

```
15                  Console.WriteLine(Sum(3));
16              }
17          }
18      }
```

代码分析:

第8行，判断边界条件，当条件成立时，即返回1，不再递归调用方法Sum()。

第11行，在当前方法Sum(n)内部调用方法Sum(n-1)，即递归调用。递归调用的实参为n-1，与当前方法Sum(n)的实参n相比有所变化，这种变化将使某次递归调用中，边界条件“n==1”将成立而终止递归调用。

5.3.2 递归方法的执行过程

在递归方法的执行过程中，内存中同时存在多个递归方法的复本。例如，【实例5-9】中的递归方法Sum()，其执行过程如图5-11所示。当正在执行Sum(1)时，内存中有3个方法Sum()复本存在，在这3个方法复本中，形参n的值各不相同。

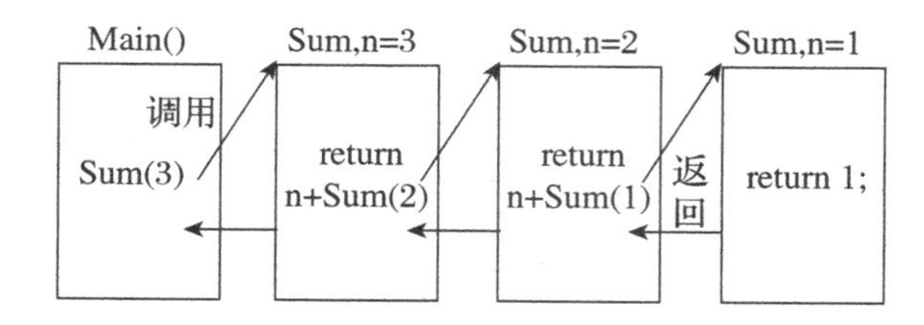

图5-11　递归方法Sum(3)的执行过程

从递归方法执行过程中可以发现，递归方法在执行过程中要消耗较多的系统资源。如果对执行效率有较高要求，则往往需要考虑用循环结构来代替递归算法。

【实例5-10】从n个不同元素中任取m（m≤n）个元素，按照一定的顺序排列起来，叫作从n个不同元素中取出m个元素的一个排列。当m=n时所有的排列情况叫作全排列。

例如，1，2，3三个元素的全排列为：

1，2，3

1，3，2

2，1，3

2，3，1

3，1，2

3，2，1

共3×2×1=6种。

现要求编程输出n个不同字符元素的全排列。

分析:

1）如果只有一个元素，则只有一种排列，输出结果即可。

2）如果元素个数n>1，则需要不断将每个元素放作第一个元素作为前缀，其余元素继续进行全排列。

具体实现代码如下：

```
1   using System;
2   namespace Example5_10
3   {
4       class Program
5       {
6           static void Swap(ref char a, ref char b)
7           { char t = a; a = b; b = t; }
8           static void Permutation(char[] chs, int start, int end)
9           {
10              if(start == end)  //若只有一个字符全排列
11              {
12                  Console.WriteLine(chs);  //输出唯一排列
13              }
14              else
15                  for(int i = start; i <= end; i++)  //依次让chs[i]作为前缀,
后n-1个元素进行全排列
16                  {
17                      Swap(ref chs[start], ref chs[i]);  //chs[i]作为前缀
18                      Permutation(chs, start + 1, end);  //后n-1个元素进行全
排列
19                      Swap(ref chs[start], ref chs[i]);  //返回本层后恢复现场
20                  }
21          }
22          static void Main()
23          {
24              Console.Write("请输入:");
25              string s = Console.ReadLine();  //输入"123"
26              char[] chs = s.ToCharArray();  //将字符串中的字符复制到字符数组
27              Permutation(chs, 0, chs.Length - 1);
28              Console.ReadKey();
29          }
30      }
31  }
```

程序运行结果如图5-12所示。

代码分析：

第8行，方法功能是对字符数组中的字符，从数组下标为 start 至下标为 end 之间的字符进行全排列，而 start 之前的字符是前缀。

上述代码的递归调用过程如图5-13所示，图中矩形框表示方法，方框上方标注了方法名及实参。为表示方便，第一个实参使用了字符串模拟的字符数组 chs。图中箭头表示调用关系，省略了返回表示法。

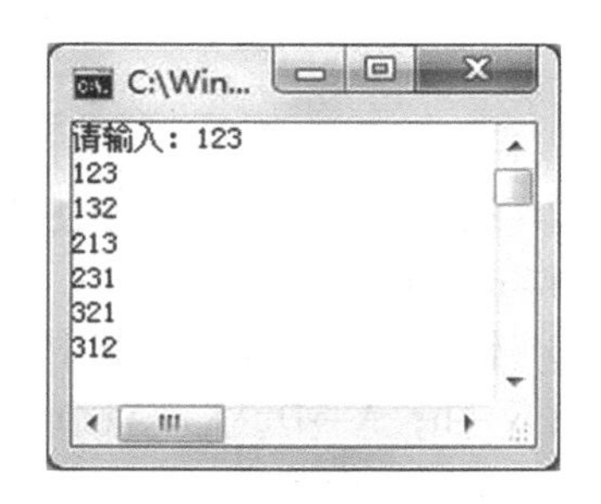

图5-12 【实例5-10】的运行结果

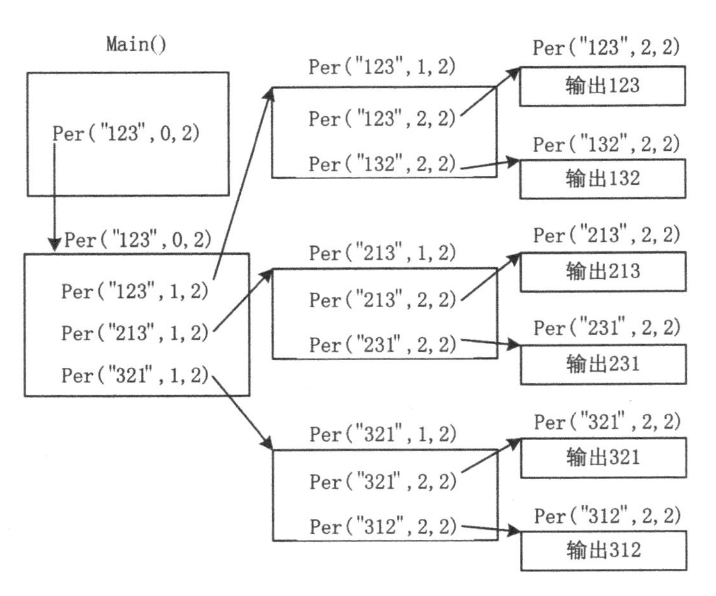

图 5-13　全排列问题的递归调用过程

本章小结

本章主要介绍了方法的定义和递归方法。方法作为类型的成员，在定义时有诸多问题需要考虑。在定义方法时，要指明方法的修饰符，表明其可见性；是否使用 static 修饰符，以表明方法属于类型实例还是类型共享；还要指明方法的返回值类型、方法名称、形参个数及类型，并考虑形参是否引用实参，形参是否作为输出参数等问题。在方法体中要使用 return 语句返回，或返回方法的结果。在方法调用时，要考虑方法值的使用方式，以及方法实参的表示等。

本章还介绍了递归方法。在实现递归算法时，首先要找到递归公式，还要确定边界条件。在编写递归方法时，一般要先判断，后递归调用，而且递归调用中，实参要有所变化，即下层递归时，让解决问题的规模更小。

习题

一、编程题

1. 编写一个方法，利用下面的公式，根据表达式不同的项数计算 π 的值。依次调用这个方法，分别输出 n = 10、n = 100、n = 1000 时 π 的值。

$$\frac{\pi}{4}=1-\frac{1}{3}+\frac{1}{5}-\frac{1}{7}+\cdots+(-1)^{n+1}\frac{1}{2n-1}$$

2. 编写一个方法，对于任意一串字符，统计其中大写字母的个数 m 和小写字母的个数 n，并求得 m、n 中的较大者。

3. 输入一行字符，将其中的字母变成其后续的第 3 个字母，其他字符不变。例如，a→d，x→a；y→b；A→D，X→A；Y→B。编写一个方法加以实现。

4. 编写一个判断一个整数是否为素数的方法，应用该方法，输出 100 ~ 10000 之间个位数为 3 的所有素数，并且一行输出 5 个素数。

5. 设 n 是一个 4 位数，它的 9 倍恰好是其反序数（如 123 的反序数是 321），编程实现输出所有满足条件的 n。

6. 编写一个方法，实现接收从键盘上输入的若干学生（少于 100 人）的成绩，当输入负数时结束输入，并记录学生数。再编写一个方法，求最高成绩和最低成绩及相应的序号，在方法 Main( ) 中输出结果。

7. 闰年的 2 月有 29 天，平年的 2 月只有 28 天。给出年、月、日，编程计算该日是该年的第几天。

8.（递归方法题）有 5 个人坐在一起，问第 5 个人多少岁，他说比第 4 个人大两岁；问第 4 个人多少岁，他说比第 3 个人大两岁；问第 3 个人，他又说比第 2 个人大两岁；问第 2 个人，他说比第 1 个人大两岁；最后问第 1 个人，他说自己 10 岁。编程计算第 5 个人多少岁。

9.（递归方法题）输出一个整数的反序数（如 123 的反序数是 321）。

10.（递归方法题）编写一个函数 GCD，求两个无符号整数的最大公约数。在主函数中输入两个正整数 m 和 n，调用 GCD，求出 m 和 n 的最大公约数和最小公倍数。

11.（递归方法题）古典问题：有一对兔子，从出生后的第 3 个月起每个月都生一对兔子，小兔子长到第 3 个月后每个月又生一对兔子，假如兔子都不死，编程计算 20 个月内，每个月的兔子数为多少。一行输出 5 个数。

12.（递归方法题）n 个盘子和 3 根柱子：A（源）、B（目的）、C（备用），盘子的大小不同且中间有一孔，可以将盘子“串”在柱子上，每个盘子只能放在比它大的盘子上面。起初，所有盘子在 A 柱上，问题是将盘子一个一个地从 A 柱子移动到 B 柱子。移动过程中，可以使用 C 柱，但盘子也只能放在比它大的盘子上面。编程实现指定盘子数，输出移动过程。例如，当盘子数为 3 时，参考的输出结果如图 5-14 所示。

图 5-14 编程题 12 输出结果

二、简答题

1. 在 C#中，关键字 ref 与 out 用在形参前，它们的区别是什么？

2. 在 C#中，当定义一个方法时，一般要指明方法的哪几部分信息？

3. 如何让一个方法带回多个数据到上层方法中？

4. 方法体中，当 return 语句中的表达式的类型与方法的返回值的类型不一致时，会进行隐式类型转换吗？为使它们一致，还可以进行怎样的处理？

5. 设计递归算法关键要确定什么？在具体设计递归方法时，一般的做法是什么？

第6章　类和对象

学习目标

1）学会类的定义。
2）理解类定义中访问修饰符的含义。
3）理解构造方法的作用，会编写构造方法。
4）理解 this 关键字的含义。
5）理解索引器的作用，并会定义索引器。
6）会定义简单类中的字段成员、属性成员及方法成员。
7）理解静态成员与实例成员的区别。
8）理解静态构造方法的特点。

6.1　类和对象概述

面向对象程序设计（OOP）就是使用对象进行程序设计。对象（Object）代表现实世界中可以明确标识的一个实体。例如，一名学生、一门课程、一个正方形等都可以看作一个对象。每个对象都有自己独特的标识、状态和行为。

一个对象的状态，也称之为特征或属性，是描述对象的数据信息。例如，一个圆对象的 radius 数据，它描述了这个圆对象的半径值。

一个对象的行为也称为动作，由方法定义。调用对象的一个方法，就是要求对象完成一个动作。例如，调用圆对象的方法 getArea()，就是计算并返回该圆对象的面积。

类（Class）是对象模板、蓝本或合约，使用类来创建对象，所以在创建对象前要定义类。定义类就是要定义对象的数据成员和方法成员，这些成员还有可见性要求，有些成员是对象私有的，对外不公开，其作用仅限于对象内部使用；有些成员可以是公开的，通过对象名可以访问这些公开的成员。这表明类被设计成一个黑匣子，它隐藏了实现细节，使用者不能直接对对象中的数据进行操作，而只能通过类设计时提供的公开界面进行操作。其实，这就是类的封装特性。

封装的目的是为了隐藏类的实现细节，迫使用户通过提供的界面去访问数据，增强代码的可维护性，保证软件的高内聚和松耦合。封装的措施有构造方法、析构方法、方法重载、设置访问修饰符等。

类是引用类型，用它声明的变量引用类实例。例如，用 Circle 类声明引用类型变量 c1，c1 引用 Circle 类的一个实例（对象），方法如下：

```
Circle c1 = new Circle();
```

上述语句中，new Circle()的作用就是生成一个 Circle 类的实例。

要注意术语对象和实例（Instance），它们经常是可以互换的。上例中的 c1 可以称为变量、对象变量、对象。

当对象变量引用类实例后，对象变量就可以访问对象内部的公有成员。如果上述的方法getArea()是公有方法，则c1访问它的形式如下：

```
c1.getArea();
```

6.2 定义对象的类

类是对象的模板，由类来定义对象。类的定义是以关键字class开始的，后跟类的名称。类的主体包含在一对花括号内。下面是类定义的一般形式：

```
[访问修饰符] class <类名>
{
    [访问修饰符] <字段、方法、属性>
}
```

例如，一个表示银行账户的类，代码如下：

```
class Account
{
    private decimal balance;                //数据成员、字段,表示余额
    public void Deposit(decimal amt)        //方法成员,存款方法
    { balance + = amt; }
}
```

上述代码定义了Account类，class关键字前省略了访问修饰符，默认同internal访问修饰符，表示定义的类仅限于当前程序集使用，但本节先关注成员的访问修饰符。

Account类包含了一个数据成员balance，它是一个字段。所谓字段，就是类或结构中直接声明的任何类型的变量。Account类还包含一个方法成员Deposit()。数据成员和方法成员都是类成员，要注意这些成员前面的访问修饰符public或关键字private，这些关键字决定了类成员的可见性、可访问性。

6.3 使用对象

在定义了类之后，就可以用类定义对象变量。类是引用类型，用类声明的对象变量用于引用类的实例。定义对象变量的语法格式示例如下：

```
Account account;
```

上面定义的account对象变量可以用于引用一个Account实例，但它还没引用。为变量account引用一个实例的语句如下：

```
account = new Account();
```

当然，可以将定义对象变量和对象变量引用实例写在一条语句中，例如：

```
Account acc = new Account();
```

上述代码中，new运算符使用类的构造方法，生成类的一个实例，该实例由acc来引用。这里需要注意的是值类型与引用类型的区别，读者可以参考2.1.2节。

【实例6-1】 定义表示圆的类类型，让它具有半径、返回面积和返回周长的方法，面积与周长值保留3位小数。

```
1    using System;
2    namespace Example6_1
3    {
4        class Circle
5        {
6            public double radius;
7            public double getArea()
8            { return Math.PI * radius * radius; }
9            public double getPerimeter()
10           { return Math.PI * radius * 2; }
11       }
12       class Program
13       {
14           static void Main(string[] args)
15           {
16               Circle c1 = new Circle();
17               c1.radius = 10;
18               string s = "圆 1 的半径为{0}，面积为{1:0.000},周长为{2:0.000}";
19               Console.WriteLine(s, c1.radius, c1.getArea(), c1.getPerimeter());
20               Circle c2;
21               c2 = new Circle();
22               c2.radius = 20;
23               s = "圆 2 的半径为{0}，面积为{1:0.000},周长为{2:0.000}";
24               Console.WriteLine(s, c2.radius, c2.getArea(), c2.getPerimeter());
25               Console.ReadKey();
26           }
27       }
28   }
```

程序运行结果如图 6-1 所示。

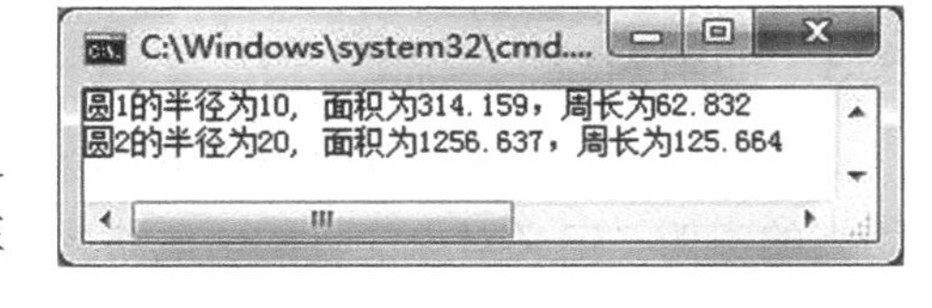

图 6-1 【实例 6-1】的运行结果

代码分析：

第 4 ~ 11 行，定义 Circle 类。第 12 ~ 27 行，定义 Program 类，这两个类并列，无交错，都定义在 Example6_1 名称空间中。

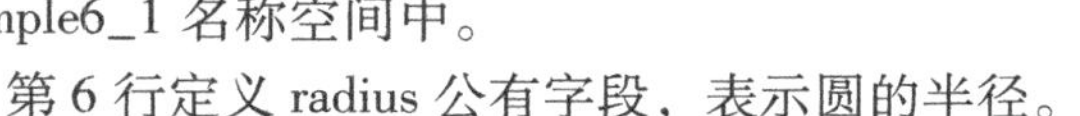

第 6 行定义 radius 公有字段，表示圆的半径。

第 7 ~ 8 行，定义了公有方法 getArea()，返回圆的面积。

第 9 ~ 10 行，定义了公有方法 getPerimeter()，返回圆的周长。

第 19 行，c1. radius 表示对象 c1 外部访问公有字段 radius，c1. getArea()表示对象 c1 外部访问公有方法 getArea()。

第 20 行，定义 c2 对象，但它还尚未引用一个 Circle 实例，此时，还不能通过 c2 访问字段或方法。

6.4 类成员的可访问性

类成员有可访问性级别，用来控制类成员是否可以被同一程序集（.exe 或 .dll 文件）的其他代码访问，或是否可以在其他程序集中使用类成员。在定义类时，在类成员前加访问修饰符，可以决定它们的可访问性，即可见性。如果没有指定，则类成员的默认访问修饰符是private。在C#中，访问修饰符及含义见表6-1。

表6-1　类成员的访问修饰符及其含义

访问修饰符	说　　明
public	本类、派生类及对象外部都可以访问该成员
private	只有同一类中的代码可以访问该成员
protected	访问仅限于本类或从本类派生的子类
internal	访问仅限于同一程序集中的其他代码，其他程序集中的代码不可以访问
protected internal	由其声明的程序集或另一个程序集派生的类中的任何代码都可访问的类型或成员

6.4.1　public修饰符

public作为类成员的可见性修饰符，是允许的最高访问级别。被修饰类成员是公共成员，对访问公共成员的访问没有限制，类型内部和外部都可以访问公有成员。

【实例6-2】 定义Point类表示平面上的点类，类成员包括：

1）公共整型字段x和y，表示横坐标和纵坐标。

2）公共方法Output()，输出点的坐标信息。

```
1    using System;
2    namespace Example6_2
3    {
4        class Point
5        {
6            public int x;
7            public int y;
8            public void Output()
9            { Console.Write("({0},{1})", x, y); }
10       }
11       class MainClass
12       {
13           static void Main()
14           {
15               Point p = new Point();
16               p.x = 10;          //PointTest类的对象外部可直接访问公有成员
17               p.y = 15;
18               p.Output();        //PointTest类的对象外部可直接访问公有方法
19           }
20       }
21   }
```

代码分析：

第6~7行，定义公有字段。

第8~9行，定义公有方法。

第15行，关键字new使用其后面的构造方法Point()，生成一个Point类的实例，变量p引用该实例。

第 16 行，对象 p 外部访问公有字段 x。

第 18 行，对象 p 外部访问公有方法。

6.4.2 private 修饰符

private 修饰符是可见性修饰符，是最低访问级别修饰符。private 修饰的成员为类型的私有成员。私有成员只有在声明它们的类或结构体中才可访问，类型外部不可见。

方法前省略了修饰符，默认为 private，即方法成员为类型的私有成员。

【实例 6-3】 定义 Account 类表示银行账户类，类成员包括：

1）私有 decimal 字段 balance，表示账户余额。

2）公有方法 Deposit(decimal amt)，表示存款方法。

```
1    using System;
2    namespace Example6_3
3    {
4        class Account
5        {
6            private decimal balance;                 //数据成员、字段,表示余额
7            public void Deposit(decimal amt)         //方法成员,存款方法
8            { balance + = amt; }
9        }
10       class Program
11       {
12           static void Main(string[] args)
13           {
14               Account account = new Account();     //引用变量 account 引用类实例
15               account.Deposit(100);                //对象外部可访问公有成员
16                //Console.WriteLine(account.balance);   //类外部不可访问私有
成员
17               Console.ReadKey();
18           }
19       }
20   }
```

代码分析：

第 6 行，balance 是私有字段。

第 8 行，在类内部定义方法成员时，在方法成员中可以访问私有字段 balance。

第 14 行，new Account()生成的实例，该实例若看成黑盒子，其内部有 balance 字段和方法 Deposit()。balance 字段的默认初值为 0.0M，黑盒外部不可见该字段，但黑盒有外部功能接口 Deposit()，通过功能接口可访问黑盒内部数据。

第 16 行，不能去掉行首注释，因为该行位于 Program 类中，而不在 Account 类内部，所以 account. balance 访问方式是错误的。

需要说明的是，私有成员类型外部不可见，并不意味着通过对象不能访问私有成员，只要在类型定义内部就行。例如，把下面两行代码插在第 8 行的方法体中，程序运行也正常。其实，在嵌套类定义中，通过对象访问私有成员的情形比较多见，请读者自行了解相关知识。

```
Account temp = new Account();
temp.balance = 1000.0M;
```

6.4.3　internal 修饰符

internal（内部的）修饰符可以用于类型或成员，使用该修饰符声明的类型或成员只能在同一程序集内访问。

对于规模稍大一些的项目程序，经常需要引用许多其他程序集，如 .dll 文件，这些 .dll 文件内部定义了许多类，这些类内部有各种功能的方法定义。但是，这些 . dll 文件中定义的类，或这些类中某些功能方法是否提供给外部其他程序集（.exe）使用呢？如果不需要提供给其他程序集使用，而只限于本程序集使用，则需要把类或类中的方法声明为内部访问，即需要使用 internal 修饰符声明类或方法成员。

【实例 6-4】 创建一个 C#类库项目，项目名为 ShapeLib。在项目中添加两个类文件，其中一个类文件命名为 Point. cs，在文件中定义内部类 Point，表示平面点类，声明为内部类；另一个类文件命名为 Linesegment. cs，在该文件中定义公有类 Linesegment，表示线段类。最后将类库项目生成 . dll 文件。

内部类 Point 成员包括：

1）公有整型字段 x 和 y，表示平面点的横纵坐标。

2）公有方法 ShowPoint( )，输出平面点的坐标信息。

公有类 Linesegment 成员包括：

1）内部 Point 型字段 Start 和 End，表示线段的起点与终点。

2）公有方法 Setsegment(int, int, int, int)，为 Start 和 End 赋值。

3）公有方法 Length( )，计算线段的长度。

新建类库项目至生成 . dll 文件，关键步骤介绍如下：

1）新建类库项目，项目名为 ShapeLib，如图 6-2 所示。类库项目中自动带有 Class1. cs 文件，读者可以删除该文件。

图 6-2　新建 ShapeLib 类库项目

2）在项目中添加类文件，命名为 Point. cs，在该文件中定义 Point 类，代码如下：

```
1    using System;
2    namespace ShapeLib
3    {
4        internal class Point
5        {
6            public int x, y;
7            public void ShowPoint()
8            { Console.Write("({0},{1})", x, y); }
9        }
10   }
```

代码分析：

第 4 行，internal 关键字修饰 Point 类，Point 类是内部类，表明该类不提供给其他程序集，如某个控制台应用程序(.exe 文件)使用。本行中如果省略访问修饰 internal，则类的默认访问控制符也是 internal。

第 6 行，x 和 y 虽是公共字段，但它们无法用于其他程序集中，因为它们所属的类不是公共类，而是内部类。Point 类都不能用于其他程序集，更谈不上其对象的字段了。

3）在项目中添加类文件，命名为 Linesegment. cs，在该文件中定义 Linesegment 类，代码如下：

```
1    using System;
2    namespace ShapeLib
3    {
4        public class Linesegment
5        {
6             internal Point Start = new Point(), End = new Point();   //不能设为
public 字段
7            public void Setsegment(int x1, int y1, int x2, int y2)
8            {
9                Start.x = x1; Start.y = y1; End.x = x2; End.y = y2;
10           }
11           public double Length()
12           {
13               double xx = (Start.x - End.x) * (Start.x - End.x);
14               double yy = (Start.y - End.y) * (Start.y - End.y);
15               return Math.Round(Math.Sqrt(xx + yy), 3);
16           }
17       }
18   }
```

代码分析：

第 4 行，Linesegment 类是公共类，该类可应用于其他程序集。例如，在控制台应用程序中可以定义 Linesegment 对象。

第 6 行，Point 型字段 Start 和 End 的访问控制符不能是 public。访问控制符如果为 public，则意味着可以在其他程序集中直接访问 Point 型的 Start 和 End 字段了。

至此，ShapeLib 项目的解决方案资源管理器如图 6-3 所示。

4）生成.dll 文件。通过选择“生成”→“生成解决方案”命令生成.dll 文件。生成后的 ShapeLib 项目的解决方案资源管理器如图 6-4 所示。读者可以复制生成的 ShapeLib. dll 文件以作备用。

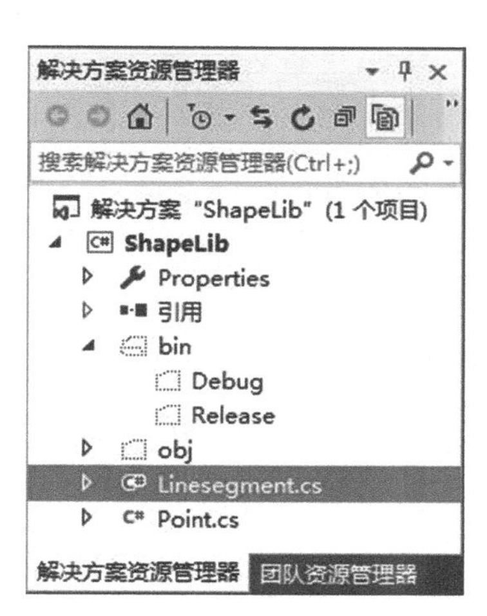

图 6-3　ShapeLib 类库项目解决方案资源管理器

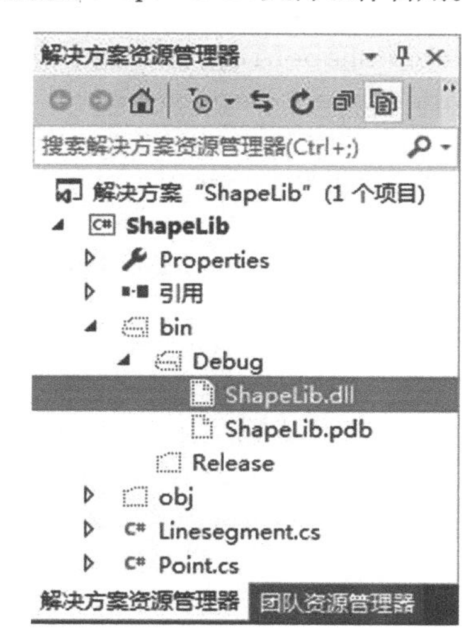

图 6-4　ShapeLib 类库项目生成.dll 文件

【实例 6-5】 编写一个控制台应用程序，使用【实例 6-4】中生成的 ShapeLib. dll 中的 Linesegment类，创建 Linesegment 对象，输出线段长度。

在新建控制台应用程序后，把【实例 6-4】中生成的 ShapeLib. dll 文件复制到本项目的 Debug 文件中，再在本项目中添加该程序集的引用。在本项目中添加引用后，解决方案资源管理器如图 6-5 所示。

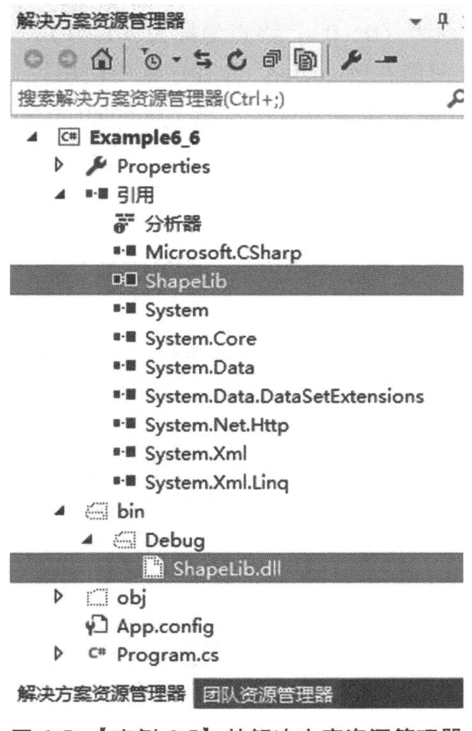

图 6-5　【实例 6-5】的解决方案资源管理器

具体实现代码如下：

```
1    using System;
2    using ShapeLib;
3    namespace Example6_5
4    {
5        class Program
6        {
7            static void Main(string[] args)
8            {
9                //Point p1 = new Point();   //错误
10               Linesegment segment = new Linesegment();
11               segment.Setsegment(0, 0, 1, 1);
12               Console.WriteLine(segment.Length());   //1.414
13               //segment.Start   //错误
14               Console.ReadKey();
15           }
16       }
17   }
```

代码分析：

第2行，添加对 ShapeLib. dll 程序集的引用后，为方便访问 Linesegment 类，本行使用 Linesegment 类所属的名称空间。

第9行，不能使用 ShapeLib. dll 中的 Point 类，因为 Point 类只能在程序集 ShapeLib. dll 中使用。

第10行，可以使用 ShapeLib. dll 中的公有类 Linesegment。

第11行，线段的起点坐标为（0，0），终点坐标为（1，1）。

第13行，内部成员 Start 只能在 ShapeLib. dll 程序集中使用。

需要注意的是，如果在资源管理器中直接双击 Example6_6. exe 运行程序，若同一文件夹下不存在 ShapeLib. dll 文件，则会产生错误。

6.5　使用构造方法构造对象

构造方法就是构造函数，是一种特殊的方法，它特殊性在于：

1）构造方法名与类名相同。

2）构造方法没有返回值类型，甚至连 void 也没有。

3）构造方法是在创建一个对象时，使用 new 运算符时调用。构造方法的作用在于分配对象空间，并初始化对象。

一个类可以不定义构造方法，在这种情况下，类中隐含一个方法体为空的无参构造方法，这个构造方法称为默认构造方法，当且仅当类中没有明确定义任何构造方法时才会自动提供它。

在 C#中，使用 new 运算符创建对象的语法格式如下：

```
类名 对象名 = new 类名(构造方法的参数表);
```

例如：

```
Triangle t1 = new Triangle();
```

上述示例中，Triangle( )是 Triangle 类的构造方法，是无参构造方法。C#用关键字 new 使用其后面的构造方法，动态创建类的对象实例，为新创建的实例在堆内存中分配空间。该实例空间中封装了对象的成员，该实例空间中的一些成员就可以通过对象变量来调用。

但如果在声明对象变量时，没有使用 new 运算符，例如：

```
Triangle t4;
```

那么，t4 是一个未赋值的变量，它没有引用一个具体的 Triangle 实例，则它不能被直接使用。

【实例 6-6】 定义表示三角形的类 Triangle，并使用类对象。

```
1    using System;
2    namespace Example6_6
3    {
4        public class Triangle   //三角形类
5        {
6            #region 字段
7            //定义三角形三边为私有字段
8            private double a, b, c;
9            #endregion
10           #region 构造方法
11           ///<summary>
12           ///构造方法
13           ///</summary>
14           ///<param name="_a">三角形的一边</param>
15           ///<param name="_b">三角形的一边</param>
16           ///<param name="_c">三角形的一边</param>
17           public Triangle(double _a, double _b, double _c)
18           {
19               a=_a;
20               b=_b;
21               c=_c;
22           }
23           #endregion
24           #region 方法
25           //输出三角形三边的公有方法
26           public void Outputabc()
27           {
28               Console.WriteLine("三角形三边:{0},{1},{2}", a, b, c);
29           }
30           #endregion
31       }
32       class Program
33       {
34           static void Main(string[] args)
35           {
36               Triangle t1=new Triangle(3,4,5);
```

```
37                t1.Outputabc();
38                //Triangle t2 = new Triangle();
39                Console.ReadKey();
40            }
41        }
42    }
```

代码分析：

第6行和第9行，#region…#endregion 是 C#语言的预处理器指令，其作用是使用 Visual Studio 代码编辑器的大纲显示功能，可展开或折叠指定的代码块。在较长的代码文件中，能够折叠或隐藏一个或多个区域，这样可将精力集中于当前文件的其他部分。

第38行，以前生成类的实例都采用本行的方法，即用 new 使用一个无参构造方法来实现，但此处却是错误的，因为本行表示 new 关键字使用的是无参构造方法，但代码中却不存在。需要注意的是，类中一旦定义了构造方法，则默认的无参构造方法就不起作用了。所以，通常在定义类时，要自行加入无参构造方法。本实例的无参构造方法如下：

```
public Triangle(){ }
```

第11～16行，在类成员前用“///”加注释很有好处。Visual Studio 代码编辑器能根据成员签名，自动插入一些标记。例如，在构造方法前输入“///”，自动生成的注释如图6-6a所示，编辑完成如图6-6b所示。

```
/// <summary>
///
/// </summary>
/// <param name="_a"></param>
/// <param name="_b"></param>
/// <param name="_c"></param>
public Triangle(double _a, double _b, double _c)
{
    a = _a;
    b = _b;
    c = _c;
}
```

a)

```
/// <summary>
/// 构造函数
/// </summary>
/// <param name="_a">三角形的一边</param>
/// <param name="_b">三角形的一边</param>
/// <param name="_c">三角形的一边</param>
public Triangle(double _a, double _b, double _c)
{
    a = _a;
    b = _b;
    c = _c;
}
```

b)

图6-6　///注释

图6-6中，<summary>标记中通常用来放置描述类型或成员的概述性信息，如类成员功能描述等；<param>标记用于描述参数，这些标记信息由 Visual Studio 内的 Intellisense 使用，这样当在代码编辑中使用相关成员时，会自动感应出提示信息，方便程序编辑。例如，在方法 Main()中定义 t3 变量时，<summary>和<param>标记中的信息会自动感应出来，如图6-7所示。

```
Triangle t3=new Triangle()
    Triangle(double _a, double _b, double _c)
    构造方法
    _a: 三角形的一边
```

图6-7　Visual Studio 内的 Intellisense 自动感应出<summary>标记信息

在对象浏览器中查看“我的解决方案”中的类型时，标记信息也起了很好的注释作用。例如，在对象浏览器中查看 Triangle 类中的构造方法时，代码中方法的说明信息出现在了对象浏览器中，如图 6-8 所示。

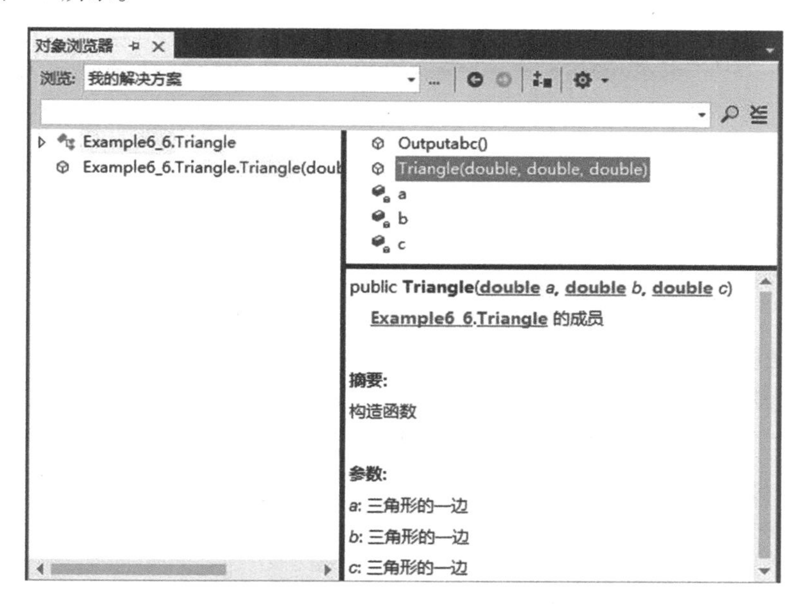

图 6-8　在对象浏览器中查看“我的解决方案”

6.6　析构方法

析构方法的作用与构造方法相反，当对象生命期终结时，系统自动执行析构方法。析构方法往往用来做“清理善后”的工作，如把对象中的数据存盘、关闭流对象等。

析构方法名应与类名相同，只是在方法名前面加一个波浪符“~”，如 ~Triangle()。析构方法还有以下特点：

1）一个类只能有一个析构方法。

2）析构方法不能被继承或重载。

3）程序中不能主动调用析构方法，系统会自动执行析构方法。

4）析构方法不能带修饰符或参数。

需要说明的是，C#语言具有垃圾回收机制，不需要像 C++ 语言要用 delete 语句来删除对象。.NET Framework 垃圾回收器会隐式地管理对象的内存分配和释放。所以，通常无须在类中编写析构方法。但是，当应用程序封装窗口、文件和网络连接这类非托管资源时，应当使用析构方法释放这些资源。

6.7　用属性封装类的数据

对象的有些状态信息可以用字段（域）表示，但并不是所有的状态信息都适合用字段表示。因为字段不能区分值是否合理，例如，把 -999 作为年龄字段值时，就明显不合理。

在 C#的类定义中，可以用属性来表示对象的某些状态。属性是类的一种成员，它可以限制输入的值。属性可定义成只读属性、只写属性或既可读又可写属性。属性是一个或两个代码块，是特殊的方法。

6.7.1　声明只读属性

只读属性表示属性只可读取，不可写入值。只读属性声明中只有 get 访问器，没有 set 访问器，语法格式如下：

```
[属性修饰符] 属性类型 属性名
{
    get
    {
        //通常访问类中的私有成员
        //返回属性值
    }
}
```

其中，get 是读访问器，当读取属性时，执行 get 访问器的代码块。要注意属性名和 get 后都没有一对小括号。

【实例 6-7】 声明账户类 Account 的余额属性 Balance。

```
1   using System;
2   namespace Example6_7
3   {
4       class Account
5       {
6           private decimal balance;   //私有数据成员,表示余额
7           public decimal Balance
8           {
9               get { return balance; }
10          }
11      }
12      class Program
13      {
14          static void Main(string[] args)
15          {
16              Account account = new Account();
17              Console.WriteLine(account.Balance);   //输出"0"
18          }
19      }
20  }
```

代码分析：

第 7 ~ 10 行，声明了名为 Balance 的只读属性，用来获取账户余额。该属性实现对私有字段 balance 的访问，是私有字段 balance 的封装，该属性的类型与 balance 的类型一致。一般情况下，一个属性都与一个私有字段配合使用，读取属性值时，即通过 get 访问器返回该私有字段的值。

另外，声明的 Balance 属性的修饰符为 public，表明该属性是对象的外部接口。属性一般都用 public 修饰。

第 16 行，Account 型实例内部 decimal 型 balance 字段具有默认值 0.0M。

第 17 行，account.Balance 表示读取属性的值，执行的代码是 account 对象内部的 get 访问器。

6.7.2　声明只写属性

只写属性表示属性只可被赋值，不可读取。只写属性声明中只有 set 访问器，没有 get 访问器。当把属性值赋给属性时，该值（value）通过 set 访问器赋给相关的私有字段。只写属性声明的语法格式如下：

```
[属性修饰符] 属性类型 属性名
{
    set
    {
        //使用隐式参数 value,value 的类型是属性的类型
        //value 赋给私有字段
    }
}
```

其中，set 是写访问器，当给属性赋值时，执行 set 访问器的代码块。要注意属性名和 set 后都没有一对小括号。

【实例 6-8】 声明 Person 类的 Name 只写属性，表示人名。需要说明的是，人名通常也可读，此处只为说明 set 访问器的作用。

```
1   namespace Example6_8
2   {
3       class Person
4       {
5           private string name;   //name 私有字段
6           public string Name   //Name 属性
7           {
8               set
9               {
10                  name = value;   //value 是隐式参数,即属性值
11              }
12          }
13      }
14      class Program
15      {
16          static void Main(string[] args)
17          {
18              Person p1 = new Person();
19              //赋值时,调用 set 访问器,"张三"即 set 中 value 的值
20              p1.Name = "张三";
21              //Console.WriteLine(p1.Name);   //p1.Name 为只写属性,不能读
22          }
23      }
24  }
```

代码分析:

第 6 ~ 12 行，声明了名为 Name 的只写属性，与它配合使用的是私有字段 name。

第 10 行，value 是 set 的隐式参数，接收所赋的值。

第 20 行，为 p1. Name 属性赋值时，调用 p1 对象内部的 set 访问器，set 访问器中的隐式参数 value 获取属性值“张三”。value 变量赋给私有字段 name。

第 21 行，不能读取只写属性的值，因为 p1. Name 将调用 get 访问器，而它不存在。

6.7.3 声明可读写属性

可读写的属性在声明时，属性语句块中包含 get 与 set 访问器，且当没有为属性定义相应的字段时，C#自动在后台为属性创建字段。例如，定义可读写的 Name 属性，语句如下:

```
Public string Name {get; set;}
```

【实例 6-9】 声明 Date 类表示日期，其中含 Month 属性，表示月份。

```
1    using System;
2    namespace Example6_9
3    {
4        public class Date
5        {
6            private int month =7;
7            public int Month
8            {
9                get { return month; }
10               set
11               {
12                   if((value > 0) && (value < 13))  //若不成立,则 month 的值为原值 7
13                   {
14                       month = value;
15                   }
16               }
17           }
18       }
19       class Program
20       {
21           static void Main(string[] args)
22           {
23               Date date = new Date();  //date 对象中的 month 值为 7
24               Console.WriteLine(date.Month);  //调用 get 访问器,输出“7”
25               date.Month = 55;  //调用 date 对象的 set 访问器
26               Console.WriteLine(date.Month);  //输出“7”
27               date.Month = 12;
28               Console.WriteLine(date.Month);  //输出“12”
29           }
30       }
31   }
```

代码分析:

第 7 ~ 17 行，声明了 Month 属性，其中含有 get 和 set 访问器，Month 是可读写属性。
第 24 行，date. Month 表示读属性值。
第 25 行，date. Month = 55 表示给属性赋值，是对属性的写操作。

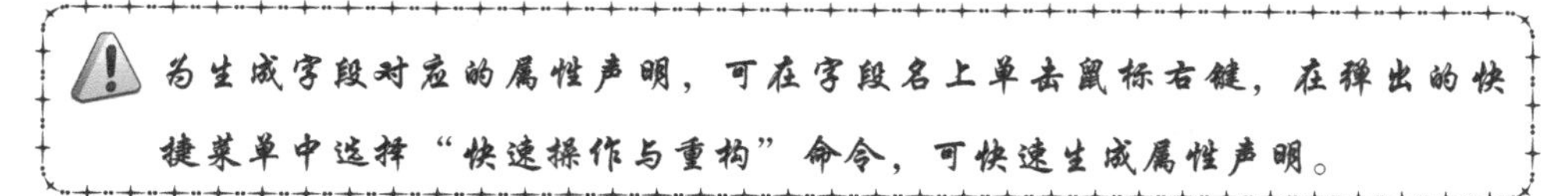

为生成字段对应的属性声明，可在字段名上单击鼠标右键，在弹出的快捷菜单中选择“快速操作与重构”命令，可快速生成属性声明。

6.8　使用 this 关键字

当定义类时，在类代码中经常要引用该类以后生成的实例，这可以使用 this 关键字。this 关键字用于引用类的当前实例，即引用 new 运算符生成的实例。

```
Triangle t1 = new Triangle();
```

this 的作用主要体现在以下 3 个方面：

（1）限定被形参隐藏的成员

例如，Triangle 类中有 a、b、c 私有字段，但在如下所示的构造方法中，形参 a、b、c 隐藏了私有字段 a、b、c。所以，在该构造方法中，要使用私有字段 a、b、c，必须在其前面加“this.”作为限定，表示当前实例内部的字段。

```
public Triangle(double a, double b, double c)
{
    this.a = a;  //若不用 this 加以限定,则表示形参 a 赋给形参 a
    this.b = b;
    this.c = c;
}
```

（2）作为对象实参传递到其他方法

例如，在如下所示的代码中，Employee 表示雇员类，其中 Salary 表示工资属性、Tax 表示税类；方法 CalcTax(Employee E)的功能是计算雇员的税费，该方法要求的实参是 Employee 对象。在定义 Employee 类的阶段，用 this 表示 Employee 类将来的实例，将 this 传递给方法 CalcTax()，表示计算该实例的税费。

```
1    using System;
2    class Employee   //雇员类
3    {
4        private string name;
5        private decimal salary = 3000.00m;   //工资
6        public Employee(string name)
7        {
8            this.name = name;
9        }
10       public void printEmployee()   //显示雇员及税费
11       {
12           Console.WriteLine("Name: {0} \n", name);
13           Console.WriteLine("Taxes: {0:C}", Tax.CalcTax(this));
```

```
14          }
15          public decimal Salary
16          {
17              get { return salary; }
18          }
19      }
20      class Tax  //税类
21      {
22          public static decimal CalcTax(Employee E)  //计算税费方法
23          {
24              return 0.08m * E.Salary;
25          }
26      }
27      class MainClass
28      {
29          static void Main()
30          {
31              Employee E1 = new Employee("张三");
32              E1.printEmployee();
33          }
34      }
```

（3）用于声明索引器

当类中定义有数组成员时，通过类对象如何访问数组元素呢？

例如，设 Student 类表示学生类，其中包含一个名为 Scores 的数组，它用来存放学生 6 门课程的考试成绩。存取 Student 对象成绩数据，代码如下：

```
1       using System;
2       class Student
3       {
4           public string Name;
5           public float[] Scores;
6           public Student(string name)
7           {
8               this.Name = name;
9               this.Scores = new float[6];
10          }
11      }
12      class MainClass
13      {
14          static void Main()
15          {
16              Student student = new Student("张三");
17              student.Scores[0] = 80f;
18              Console.WriteLine(student.Scores[0]);
19          }
20      }
```

上述代码第 17 行，student. Scores[0]表示访问 student 对象内部 Scores 数组的第一个元素，即表示学生第一门课程的成绩。这种表示法比较烦琐，如果用 student[0]表示，则显示简便，也直观。

student[0]就是索引器表示法，通过对象名和索引值来访问对象内部的数据元素，但需要事先在类中定义索引器，也就是需要在类中对当前实例（this）进行编程。程序代码如下：

```
1    using System;
2    class Student
3    {
4        private string name;
5        private float[] Scores;
6        public Student(string name)
7        {
8            this.name = name;
9            this.Scores = new float[6];
10       }
11       public float this[int index]   //定义索引器
12       {
13           get
14           {
15               return Scores[index];
16           }
17           set
18           {
19               Scores[index] = value;
20           }
21       }
22       public string Name   //定义 Name 属性
23       {
24           get { return name; }
25           set { name = value; }
26       }
27   }
28   class MainClass
29   {
30       static void Main()
31       {
32           Student student = new Student("张三");
33           student[0] = 80f;
34           Console.WriteLine(student[0]);
35       }
36   }
```

上述代码第 11 ~ 21 行定义了索引器，这段代码与定义可读写的属性十分类似，即索引器定义中同样有 get 读访问器和 set 写访问器。但定义和访问有所区别。定义上最大的不同在于首行，细心的读者可对比第 11 行与第 22 行的不同之处。访问属性与访问索引器的方式也不同，属性通过对象名来访问，如 student. Name；而索引器访问的形式为“对象名[索引]”，如 student[0]。

C#并不将索引类型限定为整数。例如，索引类型可以为字符串类型，通过搜索数组内的字符串并返回索引值。字符串和整数版本可以共存。

例如，定义存储星期几的类 DayCollection，在它内部声明一个索引类为 string 的索引器，其中只包含 get 访问器，它接受字符串（某天名称），并返回相应的整数。例如，“Sun”将返回 0，“Mon”将返回 1 等。具体实现代码如下：

```
1    class DayCollection
2    {
3        string[] days = { "Sun", "Mon", "Tues", "Wed", "Thurs", "Fri", "Sat" };
4        private int GetDay(string testDay)
5        {
6            for(int j = 0; j < days.Length; j ++)
7            {
8                if(days[j] == testDay)
9                {
10                   return j;
11               }
12           }
13           throw new System.ArgumentOutOfRangeException("出错的参数:" + testDay);
14       }
15       public int this[string day]   //索引类型为 string
16       {
17           get
18           {
19               return(GetDay(day));
20           }
21       }
22       public string this[int index]
23       {
24           get
25           {
26               if(index < 0 || index > 6)
27                   throw new System.IndexOutOfRangeException("超出索引范围");
28               return days[index];
29           }
30           set { days[index] = value; }
31       }
32   }
33   class Program
34   {
35       static void Main(string[] args)
36       {
37           try
38           {
```

```
39              DayCollection week = new DayCollection();
40              System.Console.WriteLine(week["Fri"]);        //输出"5"
41              System.Console.WriteLine(week[0]);            //输出"Sun"
42              System.Console.WriteLine(week["Monday"]);     //输出异常信息
43              System.Console.WriteLine(week[11]);           //输出异常信息
44          }
45          catch (System.Exception e)
46          {
47              System.Console.WriteLine(e.Message);
48          }
49          System.Console.ReadKey();
50      }
51  }
```

程序运行结果如图 6-9 所示。

上述代码中，第 15 ~ 21 行定义的索引器的索引类型是 string 型，第 22 ~ 32 行定义的索引器的索引类型是 int 型。

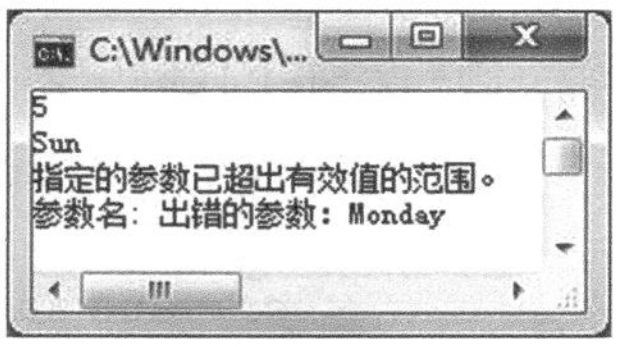

图 6-9　示例程序运行结果

6.9　类的静态成员

6.9.1　实例成员

依赖于类的具体实例的变量或方法，统称为类的实例成员。类的实例成员，不管是成员变量还是方法，通常只与实例个体有关，它们表达的是实例个体的状态或操作。

类的实例成员属于类的实例所有，每创建一个类的实例，都在内存中为实例成员开辟了一块区域。类的每个实例都分别包含一组该类所有实例成员的副本。

实例成员必须通过对象名使用“.”运算符来引用，而不能用类名来引用。例如：

```
t2.Outputabc();
Console.WriteLine(temp, t2.CalPerimeter(), t2.CalArea());
```

6.9.2　静态成员

如果一个变量或操作是所有实例所共享的，那么应该将它声明为静态的，即在声明时，要加入 static 关键字。静态成员属于类，而不属于类的实例。例如，对于某班特定的大学生而言，学生人数、课程门数及班主任信息都是全体学生共享的，故可将它们声明为班级类的静态成员。在声明它们时，都需要加入 static 关键字，语句如下：

```
private static int count;                //学生人数,静态字段
private static int coursecount;          //课程门数,静态字段
public static string Headteacher;        //班主任信息,静态字段
```

再如，在平均绩点类 GPA 中，计算课程平均绩点是该类的共享操作，故计算平均绩点方法可以声明成静态方法，其声明如下：

```
public static float CalGPA(Collegestudent cs)
{ //…}
```

6.9.3　访问静态成员

在类的实例方法或属性中，除可以访问类中的实例成员外，还可以访问类的静态成员，就

如同人人都可以使用公共资源一样。但静态成员的访问方式是通过类名加“.”来进行的，不能通过对象名来访问。在同一类中，类名可省略。例如，在下面【实例6-10】的方法Output()中，访问Headteacher和count字段，语句如下：

```
Console.WriteLine("班主任:{0}", Collegestudent.Headteacher);
Console.WriteLine("学生数:{0}", count);
```

再如，还是在方法Output()中，访问GPA类的方法CalGPA()，语句如下：

```
Console.WriteLine("\n平均绩点:{0:0.0}", GPA.CalGPA(this));
```

其实，前面大量使用的Console类的WriteLine()等方法都是静态方法，都是通过类名Console来引用的。但在静态方法或静态属性中并不能访问实例成员，而只能访问静态成员。

例如，如下代码中，有些语句正确，有些则是错误的，请参考语句后的注释说明。

```
1    class Teststatic
2    {
3        private int m;                          //实例字段
4        static int n;                           //静态字段
5        void Method1()                          //实例方法
6        {
7            m = 1;                              //正确:实例方法内可以直接访问实例字段
8            n = 1;                              //正确:实例方法内可以直接访问静态字段
9        }
10       static void Method2()                   //静态方法
11       {
12           m = 1;                              //错误:静态方法内不能直接访问实例字段
13           n = 1;                              //正确:静态方法可以直接访问静态字段
14       }
15       static void Main()                      //静态方法
16       {
17           Teststatic t = new Teststatic();    //创建对象
18           t.m = 1;                            //正确:用对象访问实例字段
19           t.n = 1;                            //错误:不能用对象名访问静态字段
20           Teststatic.m = 1;                   //错误:不能用类名访问实例字段
21           Teststatic.n = 1;                   //正确:用类名访问静态字段
22           t.Method1();                        //正确:用对象调用实例方法
23           t.Method2();                        //错误:不能用对象名调用静态方法
24           Teststatic.Method1();               //错误:不能用类名调用实例方法
25           Teststatic.Method2();               //正确:用类名调用静态方法
26       }
27   }
```

6.9.4 静态构造方法

类的静态数据成员如何初始化呢？这需要使用类的静态构造方法。

与以前的实例构造方法相比，静态构造方法在声明时没有访问修饰符，有static关键字，方法体只访问静态成员，方法体中没有实例成员。

静态构造方法用于初始化类中的静态字段，或用于执行仅需执行一次的特定操作。在创建第一个实例或引用任何静态成员之前，将自动调用静态构造函数。在使用静态构造方法时应该注意以下几点：

1）静态构造方法既没有访问修饰符，也没有参数。因为是 .NET 框架调用的，所以像 public 和 private 等修饰符就没有意义了。

2）在创建第一个类实例或任何静态成员被引用时，.NET 框架将自动调用静态构造方法来初始化静态字段，也就是说，无法直接调用静态构造方法，也就无法控制什么时候执行静态构造方法。

3）一个类只能有一个静态构造方法。

4）无参数的构造方法可以与静态构造方法共存。尽管参数列表相同，但一个属于类，一个属于实例，所以不会冲突。

5）最多只运行一次。

6）静态构造方法不可以被继承。

7）如果没有写静态构造方法，而类中包含带有初始值设定的静态成员，那么编译器会自动生成默认的静态构造方法。

例如，大学生类 Collegestudent 的静态构造方法，用于初始化该类的班主任信息、学生人数和课程门数，代码如下：

```
static Collegestudent()
{
    Headteacher = "李红老师";
    count = 0;
    coursecount = 4;
}
```

【实例 6-10】 定义 Collegestudent 类表示某班级大学生类，定义 GPA 类表示课程平均绩点类。创建两个 Collegestudent 对象，输入成绩，分别输出学生信息，包括平均绩点信息。其中：

1）大学生类包含的数据信息有学生编号、学生姓名、学生人数、课程门数、课程成绩、班主任。

2）大学生类功能要求如下：

①输入成绩数据。

②输出学生所有信息，包括平均绩点信息。

3）课程平均绩点类 GPA 提供计算大学生 Coursecount 门课程平均绩点的方法 CalGPA( )。需要说明的是，课程平均绩点的计算方法如下。

成　绩	课程绩点
90 ~ 100	4.0
85 ~ 89	3.7
82 ~ 84	3.3
78 ~ 81	3.0
75 ~ 77	2.7
72 ~ 74	2.3
68 ~ 71	2.0

成　绩	课程绩点
66 ~ 67	1.7
64 ~ 65	1.3
60 ~ 63	1.0
<60	0

分析：在大学生类的数据信息中，学生人数、课程门数和班主任信息是全体大学生类共享的，应该把它们定义为 static 成员，并提供静态构造方法对它们进行初始化。另外，也要提供与它们对应的 static 属性，供读写课程门数与班主任信息。在大学生类的构造方法中，要累计学生人数。

为方便访问大学生类的成绩数组，尽可能编写通过对象访问该数组的索引器。

课程平均绩点类中的计算课程平均绩点方法，形参中应指定大学生对象，以便在方法体中计算该大学生的课程平均绩点。大学生类中显示学生的课程平均绩点信息时，需要传递 this 实参。

具体实现代码如下：

```
1    using System;
2    namespace Example6_10
3    {
4        class Collegestudent                                   //学生类
5        {
6            private int id;                                    //编号
7            public string Name;                                //姓名
8            private static int count;                          //学生人数,静态字段
9            private static int coursecount;                    //课程门数,静态字段
10           private float[] scores;                            //成绩数组
11           public static string Headteacher;                  //班主任信息,静态字段
12           public int Id                                      //编号属性
13           { get { return id; } set { id = value; } }
14           public static int Coursecount                      //课程门数属性
15           {
16               get { return coursecount; }
17               set { coursecount = value; }
18           }
19           public static int Count
20           { get { return count; } }
21           public Collegestudent()                            //构造方法
22           {
23               count ++;
24               scores = new float[coursecount];
25           }
26           public Collegestudent(int id, string name)  //构造方法
27           {
28               count ++;
29               this.id = id;
30               this.Name = name;
```

```
31              scores = new float[coursecount];
32          }
33          static Collegestudent()                              //静态构造方法
34          {
35              Headteacher = "李红老师";
36              count = 0;
37              coursecount = 3;
38          }
39          public float this[int index]
40          {
41              get { return scores[index]; }
42              set { scores[index] = value; }
43          }
44          public void InputScores()                            //输入课程成绩
45          {
46              try
47              {
48                  string temp = "请输入学生{0}{1}门课程成绩:";
49                  Console.WriteLine(temp, Name, coursecount);
50                  for(var i = 0; i < coursecount; i ++)
51                  {
52                      Console.Write("输入课程{0}成绩:", i +1);
53                      this[i] = float.Parse(Console.ReadLine());
54                      if(this[i] > 100 || this[i] < 0)
55                      {
56                          this[i] = 0.0f;
57                          throw new Exception("输入数据错误");
58                      }
59                  }
60              }
61              catch(Exception ex)
62              { throw ex; }
63          }
64          public void Output()                                 //输出学生信息
65          {
66              Console.WriteLine("\n学生编号:{0}", id);
67              Console.WriteLine("学生姓名:{0}", Name);
68              Console.WriteLine("课程成绩:");
69              for(int i = 0; i < scores.Length; i ++)
70              {
71                  Console.Write("课程{0}:{1}  ", i +1, scores[i]);
72              }
73              Console.WriteLine("\n平均绩点:{0:0.0}", GPA.CalGPA(this));
74              Console.WriteLine("====================================");
75          }
76      }
77      class GPA
```

```
78        {    //计算课程平均绩点
79            public static float CalGPA(Collegestudent cs)   //静态方法
80            {
81                float sum = 0f;
82                for(var i = 0; i < Collegestudent.Coursecount; i++)
83                {
84                    if(cs[i] >= 90 && cs[i] <= 100)
85                        sum += 4f;
86                    else if(cs[i] >= 85 && cs[i] <= 89)
87                        sum += 3.7f;
88                    else if(cs[i] >= 82 && cs[i] <= 84)
89                        sum += 3.3f;
90                    else if(cs[i] >= 78 && cs[i] <= 81)
91                        sum += 3.0f;
92                    else if(cs[i] >= 75 && cs[i] <= 77)
93                        sum += 2.7f;
94                    else if(cs[i] >= 72 && cs[i] <= 74)
95                        sum += 2.3f;
96                    else if(cs[i] >= 68 && cs[i] <= 71)
97                        sum += 2.0f;
98                    else if(cs[i] >= 66 && cs[i] <= 67)
99                        sum += 1.7f;
100                   else if(cs[i] >= 64 && cs[i] <= 65)
101                       sum += 1.3f;
102                   else if(cs[i] >= 60 && cs[i] <= 63)
103                       sum += 1.0f;
104                   else if(cs[i] < 60)
105                       sum += 0f;
106               }
107               return sum/Collegestudent.Coursecount;
108           }
109       }
110       class Program
111       {
112           static void Main(string[] args)
113           {
114               try
115               {
116                   Collegestudent.Coursecount = 3;
117                   Collegestudent cs1 = new Collegestudent(1, "宋强");
118                   Collegestudent.Headteacher = "倪步喜老师";   //访问静态成员
119                   cs1.InputScores();
120                   cs1.Output();
121                   Console.Write("学生人数为:{0} \t", Collegestudent.Count);
122                   Console.WriteLine("班主任:{0}", Collegestudent.Headteacher);
123               }
124               catch (Exception ex)
```

```
125             {
126                 Console.WriteLine(ex.Message);
127             }
128             Console.ReadKey();
129         }
130     }
131 }
```

程序运行结果如图 6-10 所示。

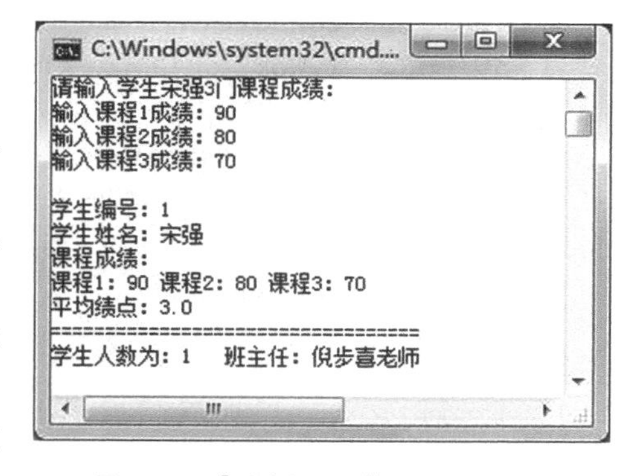

图 6-10 【实例 6-10】的运行结果

代码分析:

第 8 行、第 9 行、第 11 行，在定义字段时，加入 static 关键字，表示声明的是静态字段。

第 14 ~ 18 行，定义静态属性 Coursecount，表示课程门数属性。

第 19 ~ 20 行，定义静态只读属性 Count，表示学生人数的只读属性。

第 33 ~ 38 行，定义的是静态构造方法，该方法在创建第一个实例之前被自动调用，指定了 Headteacher、count、coursecount 这 3 个静态字段的初始值。

第 39 ~ 43 行，定义索引器，可以通过对象访问 scores 数组。

第 54 行，this[i]访问 scores 数组。

第 73 行，GPA. CalGPA(this)即通过类名直接访问公有静态方法。this 代表 Collegestudent 类的当前实例。

第 79 行，在方法 CalGPA()的声明中，加入了 static 关键字，表明该方法是静态方法，该方法的形参是 Collegestudent 类型。

第 107 行，Collegestudent. Coursecount 即通过类名直接访问公有静态属性。

6.10　只读字段

类中定义的字段，有时要求其值经初始化后不能改变，C#为这种情形提供了只读字段。可以在构造方法中给只读字段赋值，不能在其他地方赋值。只读字段与符号常量不同，若是用符号常量，那么所示实例中的值都会相同，而只读字段在不同的实例中可初始化成不同的值。

只读字段在声明时使用 readonly 关键字，例如:

```
private static readonly DateTime StartTime;
public readonly double cost;
```

例如，如下代码中，cost 是只读字段，通过构造方法赋初值，不同的对象可以有不同的值。

```
1   using System;
2   class myWork
3   {
4       public readonly double cost;
5       public myWork(double cost)
```

```
6        { this.cost = cost; }
7    }
8    class temp
9    {
10       static void Main(string[] args)
11       {
12           myWork obj1 = new myWork(100);
13           Console.WriteLine(obj1.cost);        //输出“100”
14           myWork obj2 = new myWork(200);
15           //obj2.cost = 300;                   //出错
16           Console.WriteLine(obj2.cost);        //输出“200”
17           Console.ReadKey();
18       }
19   }
```

本章小结

类是所有对象的模板，是引用类型。声明类就是要指定类中的字段成员、属性成员以及方法成员。其中，属性成员通常是对类中数据的封装，属性定义中使用 get 访问器定义读权限，使用 set 访问器定义写权限。类中的成员由访问修饰符来指定其可见性。定义类后，使用类名来声明对象变量，并让它引用由 new 运算符在堆内存中创建的对象。其中 new 运算符的作用就是调用类的构造方法，在堆内存中创建实例，为对象内部数据成员进行初始化。类的构造方法可以重载，它是一类特殊的方法，没有返回值类型，用 new 运算符来调用。

当对象内部有数组作为类的成员时，为了更加方便地访问对象的数组元素，可在类中用 this 定义索引器。

对于类中的某些成员，它可能是全体对象共享的成员，这些成员在声明时，经常把它们声明成静态成员。静态的数据成员通过静态构造方法进行初始化。静态构造方法是一种特殊的构造方法，它有诸多特点，如没有访问修饰符、只执行一次等。类的静态成员通过类名来访问，类的实例成员通过对象名来访问。

此外，本章还介绍了指令#region…#endregion 的作用、“///”的注释作用以及类视图的使用等。

习题

一、编程题

1. 定义 Clock 类，表示时钟类，它的成员包括：

1）时（h）、分（m）、秒（s）字段。

2）设置时间方法 Settime(int h, int m, int s)。

3）获取时间 Gettime()，值为字符串，形如 xx:xx:xx。

4）显示时间 Writetime()。

实现这个类。在方法 Main()中创建 Clock 对象，设置对象时间，再显示时间。

2. 猜数字游戏。一个类 A，它包括：

1）成员变量 v，初值为 100。

2）无参构造方法，能把 v 的值初始化成［10，100］之间的一个随机整数。

3）方法 Guessme()，让人猜测 v 的大小，如果猜大了，则提示大了；如果猜小了，则提示小了；如果相等，则提示猜测成功，并输出猜测次数。

实现这个类。在方法 Main()中创建 A 类对象，访问其方法 Guessme()。

3. 定义一个 Person 类，表示人类型，它包括：

1）两个私有字段：name 表示姓名，age 表示年龄。

2）两个属性：Name 表示姓名，Age 表示年龄，且年龄取值范围为［1，120］，否则抛出异常。

3）无参构造方法。

4）带参数的构造方法，用来初始化数据成员。

5）方法 Display()，显示姓名和年龄。

在方法 Main()中创建人类的实例，并显示实例的姓名与年龄信息。

4. 定义 Rectangle 类，表示矩形类，它的成员包括：

1）两个名为 width 和 height 的 double 型字段，它们分别表示矩形的宽和高。width 和 height 的默认值都为 1。

2）属性 Width 表示宽，属性 Height 表示高。

3）创建默认矩形的无参构造方法。

4）创建 width 和 height 为指定值的构造方法。

5）方法 Getarea()，返回矩形的面积。

6）方法 Getperimeter()，返回矩形的周长。

7）方法 Output()，依照宽、高、面积和周长的次序显示信息。

实现这个类。在方法 Main()中创建两个 Rectangle 对象，其中一个矩形的宽为 4，高为 20；另一个矩形的宽为 3.5，高为 12。显示每个矩形的信息。

5. 创建 myMath 类，它包括：

1）公有常量 PI，值为 3.14159。

2）公有常量 E，值为 2.71828。

3）公有静态加方法 Add()，实现两个实数相加。

4）公有静态减方法 Sub()，实现两个实数相减。

5）公有静态乘方法 Mul()，实现两个实数相乘。

6）公有静态除方法 Div()，实现两个实数相除。

在方法 Main()中使用 myMath 类中的方法，进行加、减、乘、除运算。

6. 设计一个名为 MyInteger 的类，它包括：

1）名为 value 的 int 型字段，存储这个对象的 int 值。

2）为指定的 int 值创建 MyInteger 对象的构造方法。

3）返回 int 值的方法 get()。

4）如果值分别为偶数、奇数或素数，那么方法 Iseven()、Isodd()和 Isprime()都返回 true。

5）如果值分别为偶数、奇数或素数，那么方法 Iseven(int)、Isodd(int)和 Isprime(int)都返回 true。

6）如果值分别为偶数、奇数或素数，那么方法 Iseven(MyInteger)、Isodd(MyInteger)和 Isprime(MyInteger)都返回 true。

7）如果该对象的值与指定的值相等，那么方法 Equals(int)和 Equals(MyInteger)都返回 true。

8）静态方法 Parseint(char[ ])，将一个字符串转换为一个 int 值。

9）静态方法 ParseInt(string)，将一个字符串转换为一个 int 值。

在方法 Main( )中测试这个类中的所有方法。

7. 设计一个 MyPoint 类，表示一个带 x 坐标和 y 坐标的点，它包括：

1）两个带方法 get( )的数据字段 x 和 y，分别表示它们的坐标。

2）创建点（0，0）的无参构造方法。

3）创建特定坐标点的构造方法。

4）方法 Distance( )，返回 MyPoint 类型的两个点之间的距离。

5）静态方法 Distance( )，返回指定 x 与 y 的两个点之间的距离。

实现这个类，在方法 Main( )中创建两个点（0，0）和（1，1），并显示它们之间的距离。

8. 重新定义【实例 6-6】中的三角形类 Triangle，在其中添加更多的类成员，使用 Triangle 对象。Triangle 类成员包括：

1）私有 double 型字段 a、b、c，表示三角形的三条边。

2）无参构造方法。

3）带 3 个形参的构造方法，形参表示 3 条边的边长。

4）3 条边的公共可读写属性。

5）是否为等边三角形属性。

6）是否为直角三角形属性。

7）是否构成三角形属性。

8）求三角形周长的方法。

9）求角形面积的方法。

10）输出三角形信息的方法。

9. 定义 Bus 表示公交车类，使用 Bus 对象调用驾驶功能。该类成员包括：

1）首发时间，假设所有公交车的首发时间都相同。

2）公交车编号，表示几路公交车。

3）驾驶功能，用输出自首发时间后的时间间隔表示。

二、简答题

1. 如何理解“类是引用类型”这句话？
2. 类声明中常用的访问修饰符有哪些？它们的作用是什么？
3. 对象外部一定不能访问其私有成员吗？请举例说明。
4. 实例构造方法有什么用途？
5. 类的静态成员有什么特点？如何对它们进行初始化？
6. 静态构造方法有什么特点？
7. this 关键字有什么作用？为什么要定义索引器？
8. 类中字段与属性有什么区别？属性有哪些优越性？
9. “///”注释有什么作用？
10. 指令#region…#endregion 有什么作用？
11. 如何打开类视图？请简述它的作用。

第7章　继承与多态

学习目标

1）学会派生类的定义。
2）理解 public、protected、private 访问修饰符在继承中的作用。
3）学会派生类与基类数据成员的初始化方法。
4）学会在派生类中隐藏基类成员的方法。
5）会通过 base 访问基类成员。
6）理解多态的含义。
7）掌握 virtual 和 override 关键字的使用。
8）学会抽象类与抽象方法的定义。
9）理解抽象类的作用。
10）理解抽象类变量的多态性。

7.1　继承与多态概述

继承是面向对象程序设计中重要的概念之一。继承是一种由已有类创建新类的机制，允许根据一个类来定义另一个类，这使得创建和维护应用程序变得更容易，同时也有利于重用代码和节省开发时间。

当创建一个类时，程序员不需要完全重新编写新的数据成员和成员方法，只需要设计一个新的类，继承已有的类的成员即可。这个已有的类称为基类或父类，新的类称为派生类或子类。

继承的思想实现了属于(IS-A)关系。例如，哺乳动物属于(IS-A)动物，狗属于(IS-A)哺乳动物，因此狗属于(IS-A)动物。

类的继承是有原则的。派生类继承基类的字段成员，继承基类除构造方法以外的成员方法，但不能继承基类的构造方法。派生类可以增加成员，可以重定义从基类继承来的成员，但不能删除它们。

通过继承机制，派生类通常具有更多的成员信息。在初始化派生类对象时，派生类对象不仅要初始化自身新增的数据成员，而且还要初始化由基类继承来的数据成员。在初始化的顺序上，优先初始化来自基类的数据成员，然后再初始化派生类自身的数据成员。

派生类虽然继承了基类成员，但对于来自基类的成员的访问也不是任意的，因为基类中使用了访问修饰符，指定了成员的可访问性。

7.2　声明派生类

通过在派生的类名后面追加冒号和基类名称来声明派生类，语法格式如下：

```
class 派生类名 : 基类名
```

```
{
    //类体
}
```

例如，定义雇员类 Employee，它派生自人类 Person，定义形式如下：

```
public class Employee : Person
{
    private decimal salary;
    public decimal Salary
    {
        get { return salary; }
        set
        {
            if(value > =0)
                salary =value;
            else
                salary =0;
        }
    }
    //…
}
```

在 C#中，派生类只允许继承一个基类，不能同时继承多个类，但可以实现多个接口，即 C #只支持单继承，不允许多继承。这是 C#语言与 C++ 语言的区别之处。

C#不支持私有继承，因此，基类名上没有 public 或 private 限定符。支持私有继承会大大增加语言的复杂性。实际上，私有继承在 C++ 语言中也很少使用。

7.3 基类成员在派生类中的可见性

在 6.4 节中，介绍了类成员的可访问性。本节再补充说明基类中的受保护成员（Protected）和私有成员（Private）在派生类中的可见性。

虽然派生类继承了基类的私有成员，但在派生类中仍不能直接访问这些成员。而对于受保护成员，派生类可以直接访问。在类外不能通过派生类对象来访问其内部的私有成员和受保护成员。

例如，如下代码中，pridata 是 A 类的私有成员，只在 A 类中使用，派生类 B 和 C 都不能直接访问。在派生类 C 的方法 fun2( )中，可以直接访问基类的 protected 成员 prodata 和fun1( )。在派生类外部，在 program 类的方法 Main( )中，不能通过派生类对象 c 来访问其内部的私有成员和受保护成员。

```
1    using System;
2    namespace testprotected
3    {
4        class A
5        {
6            private double pridata =7;
7            protected double prodata =8;
```

```
8           protected double fun1()
9           {
10              return pridata;
11          }
12      }
13      class B : A   //B 类中不能直接访问 pridata 成员
14      {
15      }
16      class C : B   //C 类中不能直接访问 pridata 成员
17      {
18          A a = new A();
19          public double fun2()
20          {
21              //可访问基类中的 protected 成员
22              prodata = 9 + fun1();
23              return prodata;
24          }
25      }
26      class program
27      {
28          static void Main(string[] args)
29          {
30              C c = new C();
31              Console.WriteLine(c.fun2());  //输出"16"
32              //不能通过 c 访问它内部的 private 成员和 protected 成员
33          }
34      }
35  }
```

7.4　派生类的构造方法

在创建派生类对象时，通常需要初始化其内部的数据成员，而数据成员有来自基类的，也有派生类中新增的。通常需要在派生类中定义构造方法，让它负责所有数据成员的初始化，包括来自基类的数据成员。

派生类构造方法的语法格式如下：

```
类型修饰符 派生类构造方法名(形参表): base(实参表)
{ //… }
```

其中，base 表示当前对象基类的实例，使用 base 关键字可以调用基类的成员，包括基类的构造方法。

例如，雇员类 Employee 是 Person 类的派生类，其构造方法如下：

```
public Employee(
    decimal salary,
    int id,
    string name,
```

```
string company,
string position,
string workphone,
string address,
string postalcode,
string personalphone,
string kind
)
: base(id,name, company, position,
workphone, address, postalcode,
personalphone, kind)  //先执行 base()
{ this.salary = salary; }
```

需要说明的是，上述语法中的形参表通常包含了基类和派生类待初始化的所有数据，其中一部分用于 base 部分的实参表中，用于初始化基类数据信息，而另一部分用于初始化派生类自身定义的数据信息。另外，在执行时，先执行 base()部分，然后再返回执行派生类构造方法的方法体。

【实例 7-1】 定义 Shape 类，表示形状类。定义 Circle 类，表示圆类，它继承自 Shape 类。定义 Cylinder 类，表示圆柱类，它继承自 Circle 类。在 TestShapes 类的方法 Main( ) 中使用 Circle 和 Cylinder 对象，输出它们的面积。

Shape 类成员包括：

1） 常量 PI 表示数学中的 π。

2） double 型数据 x 和 y，由派生类决定其用途。

3） 构造方法。

Circle 类成员包括：

1） 构造方法。

2） 求面积方法 Area( )。

Cylinder 类成员包括：

1） 构造方法。

2） 求面积方法 Area( )。

具体实现代码如下：

```
1    namespace Example7_1
2    {
3        class Shape
4        {
5            public const double PI = System.Math.PI;
6            protected double x, y;
7            public Shape(double x, double y)
8            {
9                this.x = x;
10               this.y = y;
11           }
12       }
13       class Circle : Shape
```

```
14        {
15            public Circle(double radius): base(radius, 0)
16            {
17            }
18            public double Area()
19            {
20                return PI * x * x;          //x 用作半径,弃用 y
21            }
22        }
23        class Cylinder : Circle
24        {
25            public Cylinder(double radius, double height): base(radius)
26            {
27                y = height;
28            }
29            public new double Area()
30            {
31                return(2 * base.Area()) + (2 * PI * x * y);  //x 为底圆半径,y 为高
32            }
33        }
34        class TestShapes
35        {
36            static void Main()
37            {
38                double radius = 2.5;
39                double height = 3.0;
40                Circle circle = new Circle(radius);
41                Cylinder cylinder = new Cylinder(radius, height);
42                System.Console.WriteLine("圆面积为:{0:F2}", circle.Area());
43                System.Console.WriteLine("圆柱表面积为:{0:F2}", cylinder.Area());
44                System.Console.ReadKey();
45            }
46        }
47    }
```

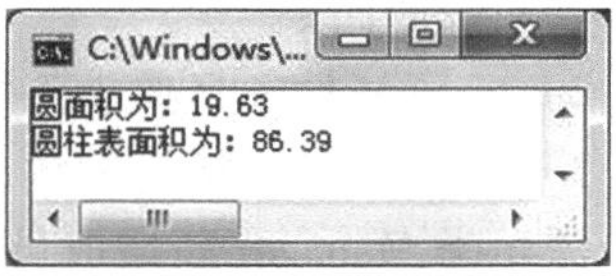

程序运行结果如图7-1所示。

图7-1 【实例7-1】的运行结果

代码分析：

第15~17行，定义了派生类Circle的构造方法。初始化circle对象的执行过程为：第40行→第15行→第7~11行→第15行→第16~17行→第40行，初始化circle对象结束。经初始化后，成员x用作圆半径，成员y设为0，并弃用。

第25~28行，定义了派生类Cylinder的构造方法。初始化cylinder对象的执行过程为：第41行→第25行→第15行→第7~11行→第15行→第16~17行→第25行→第26~28行→第41行，初始化cylinder对象结束。经初始化后，成员x用作圆柱体底圆半径，成员y用作圆柱的高。

第 29 行，new 关键字用于隐藏基类 Circle 中的同名方法。派生类和基类有同名成员，如果派生类中没有在声明同名成员中使用 new 关键字，则编译时会有警告信息，提示“如果是有意隐藏时，要使用关键字 new。”

【实例 7-2】 定义 Person 类，表示人类。定义 Employee 类，表示雇员类，它继承自 Person 类。定义 Manager 类，表示经理类，它继承自 Employee 类。创建 Manager 对象，并做初始化处理，然后输出该对象的姓名、工资、职务、津贴等信息。

Person 类成员包括：

1）编号字段。

2）姓名字段。

3）单位字段。

4）职务字段。

5）工作电话字段。

6）通信地址字段。

7）邮政编码字段。

8）类别字段。

9）个人电话字段。

10）姓名属性。

11）单位属性。

12）职务属性。

13）工作电话属性。

14）通信地址属性。

15）邮政编码属性。

16）类别属性。

17）个人电话属性。

18）无参的构造方法。

19）带参数的构造方法，用来初始化 Person 对象的所有字段。

20）用于修改字段长度的私有方法 ModifyStringLength()。

派生类 Employee 新增成员包括：

1）工资字段。

2）工资属性，且要求工资大于等于 0。若给工资属性赋小于 0 的值，则值做 0 处理。

3）一个带参的构造方法，负责初始化基类中的所有字段，以及本类中的工资字段。

派生类 Manager 新增成员包括：

1）津贴字段。

2）津贴属性。

3）一个带参的构造方法，它用来初始化基类及派生类中的所有字段。

实现步骤如下：

1）新建名称为 Example7_2 的控制台应用程序，在项目中添加名为 Person. cs 的类文件，其代码如下。Person. cs 文件将用于后续章节中的多个实例项目。

```
1    using System;
2    namespace Example7_2
```

```
3    {
4        [Serializable]
5        public class Person
6        {
7            public int id=0;
8            private string name;                    //姓名
9            private string company;                 //单位
10           private string position;                //职务
11           private string workphone;               //工作电话
12           private string address;                 //通信地址
13           private string postalcode;              //邮政编码
14           private string kind;                    //类别
15           private string personalphone;           //个人电话
16           public string Name                      //姓名属性
17           {
18               get { return name; }
19               set { name=value; }
20           }
21           public string Company                   //单位属性
22           {
23               get { return company; }
24               set { company=value; }
25           }
26           public string Position                  //职务属性
27           {
28               get { return position; }
29               set { position=value; }
30           }
31           public string Workphone                 //工作电话属性
32           {
33               get { return workphone; }
34               set { workphone=value; }
35           }
36           public string Address                   //通信地址属性
37           {
38               get { return address; }
39               set { address=value; }
40           }
41           public string Postalcode                //邮政编码属性
42           {
43               get { return postalcode; }
44               set { postalcode=value; }
45           }
46           public string Kind                      //类别属性
47           {
48               get { return kind; }
49               set { kind=value; }
```

```
50          }
51          public string Personalphone             //个人电话属性
52          {
53              get { return personalphone; }
54              set { personalphone = value; }
55          }
56          public Person()                          //无参构造方法
57          {
58              this.name = null;
59              this.company = null;
60              this.position = null;
61              this.workphone = null;
62              this.address = null;
63              this.postalcode = null;
64              this.kind = null;
65              this.personalphone = null;
66          }
67          public Person(
68              int id,
69              string name,
70              string company,
71              string position,
72              string workphone,
73              string address,
74              string postalcode,
75              string personalphone,
76              string kind
77              )
78          {
79              this.id = id;                        //当前联系人编号
80              ModifyStringLength(ref name, 8);     //做长度处理
81              ModifyStringLength(ref company, 12);
82              ModifyStringLength(ref position, 10);
83              ModifyStringLength(ref workphone, 12);
84              ModifyStringLength(ref address, 20);
85              ModifyStringLength(ref postalcode, 6);
86              ModifyStringLength(ref personalphone, 12);
87              ModifyStringLength(ref kind, 6);
88              this.name = name;
89              this.company = company;
90              this.position = position;
91              this.workphone = workphone;
92              this.address = address;
93              this.postalcode = postalcode;
94              this.kind = kind;
95              this.personalphone = personalphone;
96          }
```

```
97          private string ModifyStringLength(ref string s, int len)
98          {
99              int slen = s.Length;
100             if(slen > len)
101                 return s.Substring(0, len);
102             if(s.Length < len)
103             {
104                 System.Text.StringBuilder temp = new System.Text.StringBuilder();
105                 temp.Append("                    ", 0, len - slen);  //取 len - slen
个空格
106                 s + = temp.ToString();
107             }
108             return s;
109         }
110         public void PrintPerson()
111         {
112             Console.WriteLine("  {0,-4}{1,-8}{2,-12}", id, name, company);
113             string temp1 = "  {0,-4}{1,-10}{2,-12}{3,-12}";
114             Console.WriteLine(temp1, id, position, workphone, personalphone);
115             string temp2 = "  {0,-4}{1,-20}{2,-7}{3,-4}";
116             Console.WriteLine(temp2, id, address, postalcode, kind);
117             Console.WriteLine("  ----------------------------------
---------------------------------");
118         }
119     }
120 }
```

2）在项目中添加名为 Employee. cs 的类文件，其代码如下：

```
1   namespace Example7_2
2   {
3       public class Employee : Person
4       {
5           private decimal salary;
6           public decimal Salary
7           {
8               get { return salary; }
9               set
10              {
11                  if(value > =0)
12                      salary = value;
13                  else
14                      salary = 0;
15              }
16          }
17          public Employee(
18              decimal salary,
19              int id,
```

```
20                  string name,
21                  string company,
22                  string position,
23                  string workphone,
24                  string address,
25                  string postalcode,
26                  string personalphone,
27                  string kind
28                  )
29                  : base(id, name, company, position,
30                  workphone, address, postalcode,
31                  personalphone, kind)
32              { this.salary = salary; }
33          }
34      }
```

3）在项目中添加名为 Manager. cs 的类文件，其代码如下：

```
1       namespace Example7_2
2       {
3           class Manager : Employee
4           {
5               private decimal allowance;
6               public decimal Allowance
7               {
8                   get { return allowance; }
9                   set { allowance = value; }
10              }
11              public Manager(
12                  decimal allowance,
13                  decimal salary,
14                  int id,
15                  string name,
16                  string company,
17                  string position,
18                  string workphone,
19                  string address,
20                  string postalcode,
21                  string personalphone,
22                  string kind
23                  )
24                  : base(salary, id, name, company, position,
25                  workphone, address, postalcode,
26                  personalphone, kind)
27              { this.allowance = allowance; }
28          }
29      }
```

4）项目中，方法 Main( )所在的 Program. cs 文件代码如下：

```
1    using System;
2    namespace Example7_2
3    {
4        class Program
5        {
6            static void Main(string[] args)
7            {
8                Manager m1 = new Manager(
9                    500.0m,
10                   5000.00m,
11                   111,
12                   "李大同",
13                   "贵新苑",
14                   "经理",
15                   "86680048",
16                   "春晖路 240 号",
17                   "325035",
18                   "13709876355",
19                   "同事"
20                   );
21               Console.WriteLine("姓名:{0} \n 工资:{1} \n 职务:{2} \n 津贴:{3} \n",
m1.Name, m1.Salary, m1.Position, m1.Allowance);
22               Console.ReadKey();
23           }
24       }
25   }
```

程序运行结果如图 7-2 所示。

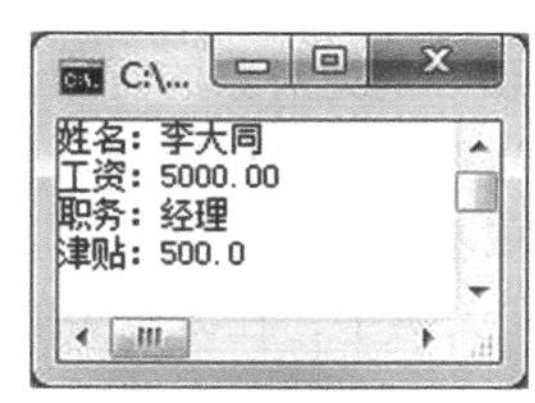

图 7-2 【实例 7-2】的运行结果

上述代码中，4 个类分别定义于不同的类文件中，但它们都定义在 Example7_2 名称空间中，这与 4 个类定义于同一个类文件同一名称空间中的效果相同，但考虑到代码行数较多，可以使若干个类分属于不同的类文件，这样可方便代码定位，也方便代码编辑。

在 Employee. cs 类文件中：

第 3 行，声明派生类 Employee，该类继承自 Person 类。

第 18 ~ 27 行，是派生类 Employee 的构造方法形参定义，这些形参将用来初始化基类及派生类的字段，即用于第 29 行的 base( )及第 32 行的方法体中。

第 29 行，base( )表示调用基类的构造方法，base( )的执行先于派生类构造方法的方法体，即先于第 32 行。

本实例中，Person 类、Employee 类及 Manager 类声明的成员及继承关系如图 7-3 所示。

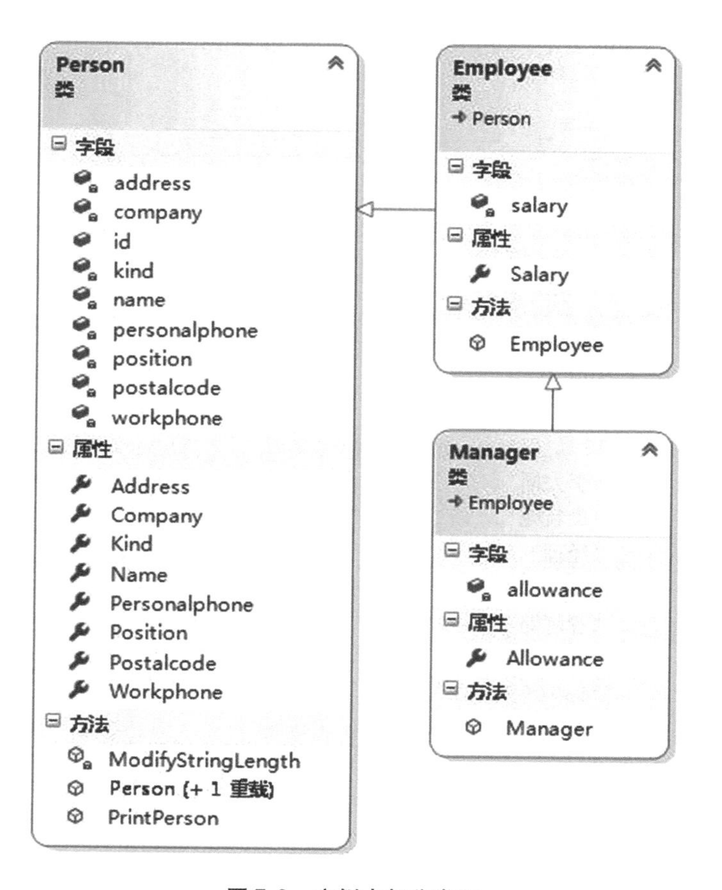

图 7-3　实例中部分类图

7.5　改写基类对象的行为

改写基类对象的行为，需要面向基类编程，就是要在派生类中重新定义基类中的某些方法。当在派生类中定义与基类中同名的方法时，.NET 开发规范中明确指出，尽量不要用 new 来隐藏基类方法，而要改写。但首先在基类中要设置建议重写，即在基类的方法声明中加入 virtual 关键字，在派生类的同名方法中加入 override 关键字，表示重写基类中的同名方法。当然，基类中所有方法的声明都可以加上 virtual 关键字，但派生类中不一定要重写同名的方法。virtual 关键字只是比较委婉地建议派生类重写同名方法而已。

例如，在如下代码中，基类 F 中的方法 Drink( )声明中使用了 virtual 关键字，表示允许派生类重新定义该方法。派生类 S 中，方法 Drink( )的声明中使用了 override 关键字，表示重写的是基类中的同类方法。在 Testvirtual 类中，基类变量 f 引用派生类对象，方法 f. Drink( )输出的是“喝啤酒”，而不是“喝白酒”，表明基类对象的行为被改变了，可以说基类对象经引用子类实例后，表现出与以往不同的行为状态，这是基类对象多态的表现。

```
1    class F
2    {
3        virtual public void Drink()
4        {
```

```
5           System.Console.WriteLine("喝白酒");
6       }
7   }
8   class S : F
9   {
10      public override void Drink()
11      {
12          System.Console.WriteLine("喝啤酒");
13      }
14  }
15  class Testvirtual
16  {
17      static void Main()
18      {
19          F f = new S();  //基类变量引用派生类对象
20          f.Drink();  //输出“喝啤酒”
21      }
22  }
```

再如，根类 System. Object 中定义有方法 ToString()，它返回表示当前 System. Object 对象的字符串信息。它的定义中使用了 virtual 关键字，语句如下：

```
public virtual string ToString(){ //… }
```

因此，在定义任何类时都可以重写方法 ToString()，以使输出信息更符合程序任务要求。例如，基类对象经常作为方法的形参，而引用不同派生类对象的实参，将表现出多态性。

在【实例 7-3】中，可以在 Triangle 类中重写方法 ToString()，定义如下：

```
public override string ToString()
{
    return string.Format("三边为:{0},{1},{2},面积为:{3}", x, y, z,Area());
}
```

【实例 7-3】 任务要求描述如下：

1）定义 Shape 类，表示形状类，它包括求形状面积的方法，建议派生类重新改写。

2）定义 Triangle 类，表示三角形类，它继承自 Shape 类，具体包括：

①表示三边的三角形私有字段。

②构造方法。

③表示三角形三边的属性。

④重写基类中的求面积方法。

3）定义 Rectangle 类，表示矩形类，它继承自 Shape 类，具体包括：

①表示矩形长和宽的私有字段。

②构造方法。

③表示矩形长和宽的属性。

④重写基类中的求面积方法。

4）测试类 TestClass，包含静态测试方法。

①方法 1：Test1(Shape shape)，输出面积。

②方法 2：Test2(object obj)，输出面积。

5）在方法 Main()中调用静态测试方法。

具体实现代码如下：

```
1    using System;
2    namespace Example7_3
3    {
4        class Shape
5        {
6            public virtual double Area()
7            {
8                return 0;
9            }
10       }
11       class Triangle : Shape
12       {
13           private double x, y, z;  //三边
14           public Triangle()
15           { }
16           public Triangle(double a, double b, double c)
17           {
18               this.x = a; this.y = b; this.z = c;
19           }
20           public double a
21           {
22               get { return x; }
23               set { x = value; }
24           }
25           public double b
26           {
27               get { return y; }
28               set { y = value; }
29           }
30           public double c
31           {
32               get { return z; }
33               set { z = value; }
34           }
35           public override double Area()
36           {
37               //return base.Area();
38               double half = (x + y + z) / 2;
39               return Math.Sqrt(half * (half - x) * (half - y) * (half - z));
40           }
41       }
42       class Rectangle : Shape
43       {
```

```
44          private double x, y;
45          public Rectangle() { }
46          public Rectangle(double length, double width)
47          {
48              this.x = length; this.y = width;
49          }
50          public double Length
51          {
52              get { return x; }
53              set { x = value; }
54          }
55          public double Width
56          {
57              get { return y; }
58              set { y = value; }
59          }
60          public override double Area()
61          {
62              return x * y;
63          }
64      }
65      class TestClass
66      {
67          public static void Test1(Shape shape)
68          {
69              Console.WriteLine("面积为:{0}", shape.Area());
70          }
71          public static void Test2(object obj)
72          {
73              if(obj is Shape)   //is 运算符,用于检查对象是否与给定类型兼容
74              {
75                  Shape shape = (Shape)obj;
76                  Console.WriteLine("面积为:{0}", shape.Area());
77              }
78          }
79      }
80      class Program
81      {
82          static void Main(string[] args)
83          {
84              Triangle triangle = new Triangle(3, 4, 5);
85              Rectangle rectangle = new Rectangle(8, 6);
86              Shape shape = new Shape();
87              TestClass.Test1(triangle);
88              TestClass.Test1(rectangle);
89              TestClass.Test2(triangle);
90              TestClass.Test2(rectangle);
```

```
91              TestClass.Test1(shape);
92              TestClass.Test2(shape);
93              Console.ReadKey();
94          }
95      }
96  }
```

程序运行结果如图 7-4 所示。

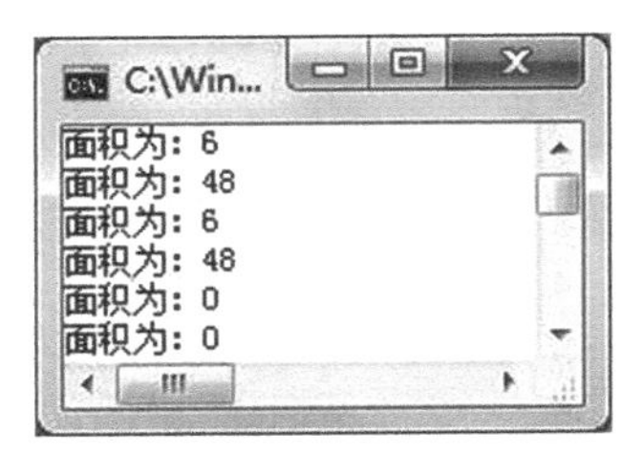

图 7-4 【实例 7-3】的运行结果

代码分析：

第 6 行，基类方法声明中使用了 virtual 关键字，建议派生类中重新定义方法 Area()。

第 35 行和第 60 行，在派生类的方法声明中使用了 ovrride 关键字，表示重新定义基类中建议重写的方法 Area()，即重写基类中由 virtual 关键字声明的方法。

执行第 87 行时，方法 Test1()Shape 类型的形参 shape 引用的是派生类对象 triangle，输出结果为 6，表示的是三角形的面积。表明在方法 Test1()中，shape. Area()调用的是派生类 Triangle 中的方法 Area()，而不是基类中的方法 Area()。可以说，基类对象 shape 表现出了派生类对象的特征。

执行第 88 行时，方法 Test1()Shape 类型的形参 shape 引用的是派生类对象 rectangle，输出结果为 48，表示的是矩形的面积。表明在方法 Test1()中，shape. Area()调用的是派生类 Rectangle 中的方法 Area()，而不是基类中的方法 Area()。可以说，基类对象 shape 表现出了派生类对象的特征。

第 71 行，形参 obj 可以引用任何其他类型的实参，但并不是所有实参对象中都包含方法 Area()，所以，在 Test2 方法体中要先判断 obj 是否与 Shape 类型兼容。

基类对象的多态性是面向对象程序设计的特征之一。多态性的作用体现于：①应用程序开发时，不必为每一个派生类编写功能调用，只需要通过基类对象进行处理即可，大大提高了程序的可复用性；②派生类重新定义基类功能，使程序更易于扩展，代码重用更加方便，也更具灵活性。

关于多态，要注意以下几点：

1）多态是基类对象的多态，所以程序中使用基类对象来引用子类对象。

2）基类对象只能调用基类中声明的成员，不能调用派生类扩充的成员。

3）如果派生类中重写了基类中的一个方法，那么派生类对象在调用这个方法时，它调用的是派生类中的这个方法，而不是基类中的方法。

7.6　抽象类与抽象方法

形状是一个抽象概念，它是许多具体形状的概括和抽象。在 C#中，定义像形状这样的抽象概念的类时，可以把它定义成抽象类。C#使用关键字 abstract 修饰抽象类，定义抽象类的语法格式如下：

```
abstract class 类名
{
    //抽象方法
    //非抽象方法
```

```
}
```

例如：

```
abstract class Shape
{
    abstract public double Area();
}
```

在 C#中，抽象类具有以下特性：

1）抽象类不能实例化。

2）抽象类可以包含抽象方法和抽象访问器。

3）不能用 sealed 修饰符来修饰抽象类。因为采用 sealed 修饰符的类无法继承，而 abstract 修饰符要求对类进行继承。

4）从抽象类派生的非抽象类，必须实现继承的所有抽象方法和抽象访问器。

抽象方法定义在抽象类中，用 abstract 关键字声明抽象方法。抽象方法没有方法体。继承的非抽象类必须实现基类中的抽象方法，如上述抽象类 Shape 中的求面积抽象方法。

如果抽象类的派生类没有全部实现抽象类的抽象成员，那么派生类还是抽象类，派生类也不能用于生成实例。

【实例 7-4】 定义表示交通工具的抽象类 Vehicle，在其中定义抽象属性 Wheels 和 Weight，表示轮子个数和重量属性。定义抽象方法 Hornsound( )，表示响喇叭功能。再定义 Vehicle 的派生类 Car，表示小汽车类，在 Car 类中重写抽象属性与抽象方法。使用 Vehicle 类和 Car 类对象。

```
1    using System;
2    namespace Example7_4
3    {
4        abstract class Vehicle                         //定义交通工具类
5        {
6            protected int wheels;                      //公有成员:轮子个数
7            protected float weight;                    //保护成员:重量
8            public Vehicle(int wheels, float weight)
9            {
10               this.wheels = wheels;
11               this.weight = weight;
12           }
13           public abstract int Wheels                 //轮子个数抽象属性
14           {
15               get;
16               set;
17           }
18           public abstract float Weight
19           {
20               get;
21               set;
22           }
23           public abstract void Hornsound();          //抽象方法,表示喇叭响
24       }
25       class Car : Vehicle                            //定义轿车类
```

```
26      {
27          public Car(int wheels, float weight): base(wheels, weight)
28          { }
29          public override void Hornsound()      //在派生类中重写基类中的抽象方法
30          {
31              Console.WriteLine("Di - di!");
32          }
33          public override int Wheels            //在派生类中重写基类中的抽象属性
34          {
35              get
36              {
37                  return wheels;
38              }
39              set
40              {
41                  wheels = value;
42              }
43          }
44          public override float Weight          //在派生类中重写基类中的抽象属性
45          {
46              get { return weight; }
47              set { weight = value; }
48          }
49          public void Playmusic()               //播放音乐
50          { }
51      }
52      class testabstract
53      {
54          static void Test(object obj)
55          {
56              if(obj is Vehicle)
57              {
58                  var v = (Vehicle)obj;
59                  Console.WriteLine(" \n 车轮:{0},重量:{1} ", v.Wheels, v.Weight);
60                  v.Hornsound();
61              }
62          }
63          static void Main()
64          {
65              Vehicle v = new Car(4, 2300f);      //4 轮,2300kg,4 名乘客
66              Console.WriteLine("{0},{1}", v.Wheels, v.Weight);
67              v.Hornsound();
68              //v.Playmusic();                    //不能调用子类新增成员
69              Test(v);
70              Test("Hello world");
71              Console.ReadKey();
72          }
```

```
73          }
74      }
```

程序运行结果如图 7-5 所示。

图 7-5 【实例 7-4】的运行结果

代码分析：

第 4 行，用 abstract 关键字定义抽象类。抽象类内部并非全部为抽象成员。

第 13 ~ 17 行，用 abstract 关键字定义抽象属性 Wheels，表示车轮数量，其中 get 与 set 没有实现部分。派生类 Car 中给予实现，见第 35 ~ 42 行。

第 23 行，在抽象类中定义抽象方法 Hornsound( )，它没有方法体，即没有实现部分。

第 29 行，在派生类 Car 中，用 override 关键字表示重写基类方法 Hornsound( )。

第 33 行，override 表示重写基类抽象成员。

第 54 行和第 69 行，测试类中的方法 Test( )的形参为 obj，类型为 object。实参是 v，引用 Car 型实例。方法调用时，obj 也引用该 Car 实例，但方法体内进行了强制类型转换。由输出结果可见，根类对象 obj 表现出了派生类 Car 对象的特性，即表现出多态性。

第 65 行，抽象类变量 v 引用派生类 Car 的实例。

第 66 行，由输出信息可知，基类变量 v 表现出派生类对象的特征，即具有多态性。

第 68 行，抽象类变量 v 不能调用派生类中新增加的功能，而只能使用基类与派生类中都有的成员。

【实例 7-5】使用抽象类与抽象方法实现【实例 7-3】。

```
1    using System;
2    namespace Example7_5
3    {
4        abstract class Shape
5        {
6            abstract public double Area();
7        }
8        class Triangle : Shape
9        {
10           private double x, y, z;   //三边
11           public Triangle()
12           { }
13           public Triangle(double a, double b, double c)
14           {
15               this.x = a; this.y = b; this.z = c;
16           }
17           public double a
18           {
19               get { return x; }
20               set { x = value; }
21           }
22           public double b
```

```
23            {
24                get { return y; }
25                set { y = value; }
26            }
27            public double c
28            {
29                get { return z; }
30                set { z = value; }
31            }
32            public override double Area()
33            {
34                double half = (x + y + z)/2;
35                return Math.Sqrt(half * (half - x) * (half - y) * (half - z));
36            }
37            public override string ToString()   //重写 object 类中的方法
38            {
39                return string.Format("三边为:{0},{1},{2},面积为:{3}", x, y, z, Area());
40            }
41        }
42        class Rectangle : Shape
43        {
44            private double x, y;
45            public Rectangle() { }
46            public Rectangle(double length, double width)
47            {
48                this.x = length; this.y = width;
49            }
50            public double Length
51            {
52                get { return x; }
53                set { x = value; }
54            }
55            public double Width
56            {
57                get { return y; }
58                set { y = value; }
59            }
60            public override double Area()
61            {
62                return x * y;
63            }
64            public override string ToString()   //重写 object 类中的方法
65            {
66                return string.Format("矩形长为{0},宽为{1},面积为:{2}", x, y, Area());
67            }
68        }
```

```
69        class TestClass
70        {
71            public static void Test1(Shape shape)
72            {
73                Console.WriteLine(shape.ToString());
74            }
75            public static void Test2(object obj)
76            {
77                if(obj is Shape)   //is 运算符,用于检查对象是否与给定类型兼容
78                {
79                    Shape shape = (Shape)obj;
80                    Console.WriteLine(shape.ToString());;
81                }
82            }
83        }
84        class Program
85        {
86            static void Main(string[] args)
87            {
88                Triangle triangle = new Triangle(3, 4, 5);
89                Rectangle rectangle = new Rectangle(8, 6);
90                TestClass.Test1(triangle);
91                TestClass.Test1(rectangle);
92                TestClass.Test2(triangle);
93                TestClass.Test2(rectangle);
94                Console.ReadKey();
95            }
96        }
97    }
```

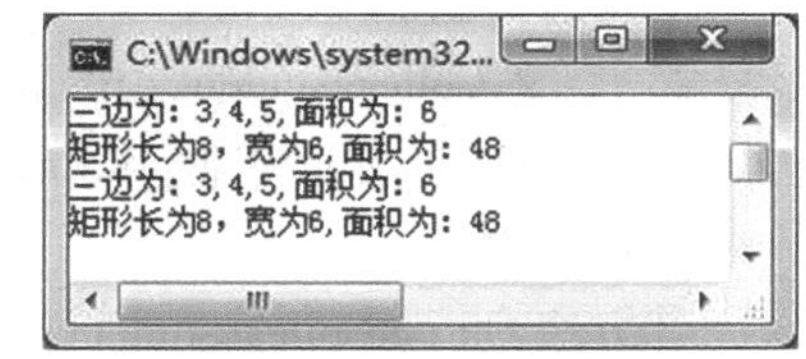

图 7-6　【实例 7-5】的运行结果

程序运行结果如图 7-6 所示。

代码分析：

与【实例 7-3】代码相比，最大区别在于 Shape 类的定义不同。

第 4 行，class 关键字前有 abstract 关键字，表示 Shape 类是抽象类。

第 6 行，方法 Area()定义中有 abstract 关键字，表示方法 Area()是抽象方法。

方法 Main()中执行下列语句时，基类形参引用派生类对象，基类对象表现出了派生类对象的行为特征，即基类对象具有多态性。

```
TestClass.Test1(triangle);
TestClass.Test1(rectangle);
TestClass.Test2(triangle);
TestClass.Test2(rectangle);
```

本章小结

继承可以重用代码，节省程序设计的时间。继承使得新定义的派生类的实例可以继承已有的基类的特征和能力，还可以加入新的特性，或修改已有的特性，建立起类的新层次。

派生类的构造方法不仅要负责自身新增的数据成员的初始化，而且还要对基类的数据成员进行初始化。在构造方法的调用过程中，先执行 base( )部分，即先调用基类的构造方法，然后再执行派生类构造方法的方法体。

当刻意要隐藏基类中的成员时，要用 new 关键字，但重写基类方法更妥当。能被派生类重写的基类方法，是用 virtual 关键字指明的方法，或是抽象方法。

多态可以提高程序的可复用性和可扩展性。多态是面向基类编程，是指用基类对象引用派生类对象，基类对象表现出派生类的特征。在实现时，关键是在派生类中要重写基类中的 virtual 方法或抽象方法，而在应用时，使用基类对象引用派生类对象。

抽象类中的成员不一定有具体的实现，抽象类中的抽象方法没有方法体。抽象类中的抽象方法由派生类重写。抽象类不能实例化，抽象类对象引用派生类对象，表现出派生类对象的特征。但通过抽象类对象只能访问抽象类中声明的成员，而不能访问派生类中新增的成员。

习题

一、编程题

1. 编写学生类与大学生类。

1） 定义 Student 类，表示学生类，它包含：

①id，表示编号，int 型，private。

②Name，表示姓名，string 型，public。

③score，表示得分，double 型，protected。

④构造方法。

2） 定义 Collegestudent 类，表示大学生类，它继承自 Student 类，并新增：

①specialty，表示专业，string 型，省略修饰符。

②构造方法。

③方法 OutputCollegestudent( )，输出大学生编号、姓名、得分以及专业信息。

3） 在方法 Main( )中定义 Collegestudent 对象并初始化，输出大学生信息。

2. 编写一个学生和教师的信息输出程序，具体要求如下：

1） 定义 Person 类，包含编号、姓名两个字段，以及输出信息 virtual 方法 Outputinfo( )。

2） 定义 Teacher 类，它派生自 Person 类，新增部门字段，重写方法 Outputinfo( )。

3） 定义 Student 类，它派生自 Person 类，新增班级号、成绩字段，重写方法 Outputinfo( )。

4） 在方法 Main( )中定义 Student 类和 Teacher 类对象，并初始化，输出各自的信息。

考虑以下两种情况的编程细节差别：

1） Person 类中的编号和姓名为 protected 类型。

2） Person 类中的编号和姓名为 private 类型。

3. 使用 Animal 和 Mammal 两个类来说明一般动物和哺乳动物的继承关系。Animal 具有名称、所属门类等属性，需要提供方法实现，以接收和显示这些属性的值。Mammal 类具有代表哺乳动物习性的属性，这些属性表明哺乳动物与其他类型动物的区别。同样地，需要提供方法实现，以接收和显示这些属性的值。

4. 编写程序，输出手机对象信息，具体要求如下。

1）定义 Phone 类，表示电话类，它包括：

①color 私有字段，Color 属性，表示颜色。

②price 私有字段，Price 属性，表示价格。

③无参构造方法。

④两个参数的构造方法，其中参数 1 表示颜色，参数 2 表示价格。

⑤方法 Outputinfo( )，输出颜色和价格。

2）定义 CellPhone 类，表示手机类，它继承自 Phone 类，包括：

①maxBatteryLife 私有字段，表示电池寿命。

②带有 3 个参数的构造方法，初始化所有数据成员。

③方法 Outputinfo( )，隐藏基类中的同名方法，输出手机的颜色、价格与电池寿命信息。

3）在方法 Main( ) 中定义 CellPhone 对象，并初始化，然后输出 CellPhone 对象的颜色、价格与电池寿命信息。

5. 编写程序，输出电热水气和燃气热水器信息，具体要求如下。

1）定义 Waterheater 抽象类，表示热水器类，它包含：

①保护字段 brands，表示品牌。

②保护字段 price，表示价格。

③保护字段 energytype，表示能源类型。

④抽象属性 Energytype，表示能源类型。

⑤带有 3 个参数的构造方法，用于初始化上述字段信息。

⑥公有方法 Outputinfo( )，输出品牌、价格、能源类型信息。

2）定义 Electricwaterheater 类，表示电热水器，它继承自 Waterheater 类，重写基类的抽象属性，还包含带有 3 个参数的构造方法，用于初始化品牌、价格、能源类型信息。

3）定义 Gaswaterheater 类，表示燃气热水器，它继承自 Waterheater 类，重写基类的抽象属性，还包含带有 3 个参数的构造方法，用于初始化品牌、价格、能源类型信息。

4）在方法 Main( ) 中定义 Waterheater 对象，分别引用 Electricwaterheater 对象和 Gaswaterheater 对象，并分别输出对象信息，输出结果可参考图 7-7。

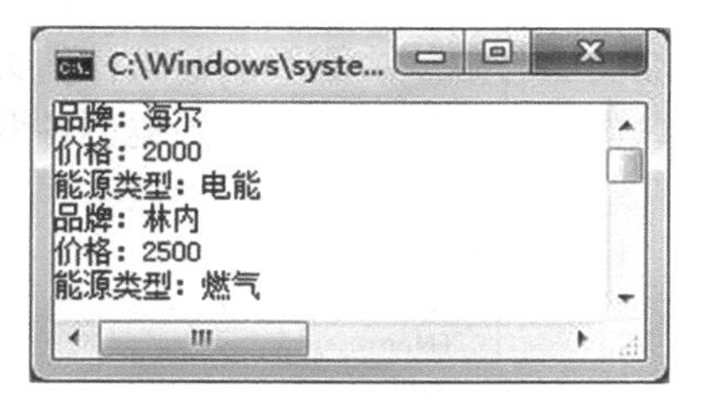

图 7-7　编程题 5 输出结果参考

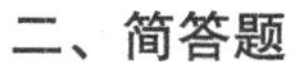

二、简答题

1. 如何理解基类成员的可见性？

2. 如何理解 C#中 base 关键字和 this 关键字的含义与作用？

3. 如何理解 C#中 virtual 关键字和 override 关键字的含义？

4. 如何理解多态？

5. 抽象类有哪些特性？

6. 如何理解密封类与密封方法？

第 8 章　接口

学习目标

1）理解接口的含义。
2）理解接口与抽象类的异同。
3）学会接口的定义与实现。
4）理解接口变量的多态性。
5）理解泛型和类型参数约束。
6）会定义简单的泛型类。

8.1　接口的声明与实现

接口（Interface）是 C#中的一种引用类型，它定义了所有类继承接口时应遵循的语法合同。接口定义了语法合同“是什么”部分，派生类定义了语法合同“怎么做”部分。在接口内部定义方法、属性、索引器和事件的声明，但它们没有实现部分。接口成员由派生类来实现。

接口变量在应用时，经常用于引用不同的派生类对象，从而通过接口变量来调用派生类对象中已实现的接口成员，表现出派生类的特征，即接口变量具有多态性。

8.1.1　理解接口

为什么要定义接口？

假设有麻雀类（Sparrow）和鸭子类（Duck）继承鸟类（Bird），如图 8-1 所示，图中 Fly()表示飞翔功能，Swim()表示游泳功能。显然，这种继承关系不合理，因为麻雀不会游泳，而某些鸭子不会飞。另外，其他鸟类也有可能不具备飞翔能力，或不具备游泳能力。因此，飞翔功能与游泳功能不能定义在鸟类中。更加合理的做法是分别定义飞翔功能接口和游泳功能接口作为基类型，让派生的类型各取所需，如图 8-2 所示。

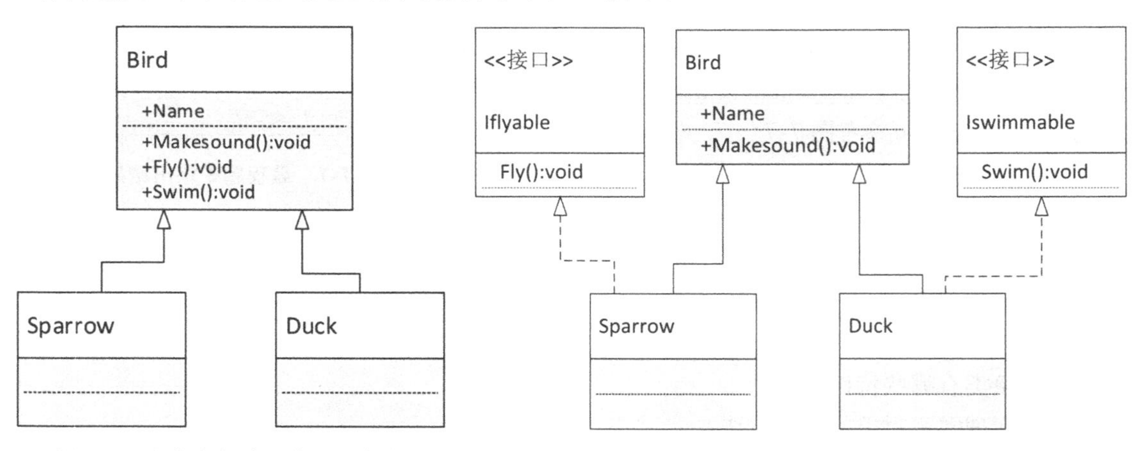

图 8-1　麻雀类与鸭子类继承鸟类　　　　图 8-2　麻雀类与鸭子类继承鸟类和接口

再比如，假如轿车、卡车、拖拉机、摩托车、客车都是机动车的子类，机动车是一个抽象类。如果机动车中有一个抽象方法“收取费用”，那么所有的子类都要实现这个方法，即给出方法体，产生各自的收费行为。这显然不符合实际情况，因为拖拉机可能不需要有“收取费用”的功能，而其他的一些类，如飞机、轮船等也可能需要具体实现“收取费用”功能。因此，需要将“收取费用”功能从机动车抽象类中剥离出来，单独定义“收取费用”接口。这个接口不仅供需要继承的轿车、卡车、摩托车、客车使用，而且也可供给飞机与轮船类型使用。

由此可知，类不合理的功能设置会导致发生不合理继承的情形，这时，可把类中的某些功能单独抽取出来，作为接口存在，由需要的派生类来继承以解决不合理的继承情形。

另外，使用接口也方便程序的维护。例如，要做一个画板程序，程序里面有一个面板类，主要负责绘画功能。可是在过了一段时间后，发现现有的面板类中的绘画功能满足不了程序要求，需要重新设计。可是，程序其他地方却已经引用了它，所以，如果修改绘画功能就可能使其他地方不合适，这给程序的维护带来了麻烦。但如果一开始就定义一个接口，把绘画功能放在接口里，这样在程序维护时，就可以定义一个新类，在新类中重新设计绘画功能，然后用接口去引用这个新类即可，这样就方便了维护。当然，此种维护情形，使用抽象类也可使维护方便。

8.1.2　声明接口

接口是一种引用类型，用关键字 interface 声明接口。例如，声明游泳接口类型，语句如下：

```
public interface ISwimmable
{
    //接口成员
    void Swim();
}
```

声明接口要注意以下几点：

1）interface 关键字前的修饰符不能是 private、protected 或 protected internal。

2）接口类型名称一般由大写的“I”开头，如 ISwimmable。

3）接口中只能包含方法、属性、索引器和事件的声明，不能定义字段。

4）不允许声明成员上的修饰符，即使是 pubilc 也不行。

5）接口中的成员没有实现部分。

8.1.3　实现接口

实现接口就是在其派生类中完成接口成员的定义，分为显式实现接口和隐式实现接口两种方式。

1. 显式实现接口

显式实现接口，即实现的接口成员名前带有接口名称前缀。如果类实现两个接口，并且这两个接口包含相同签名的成员，那么利用 Visual studio 的 IntelliSense（智能感应），可方便显式实现接口成员。

派生类中显式实现接口成员时，不能有 public 修饰符，不能通过派生类对象访问显式实现的成员，而只能通过接口变量来调用。

【**实例 8-1**】声明 IWindow 接口类型，在其中声明方法 Close()和 Restore()。方法 Close()代表关闭 Windows 窗口功能，Restore()代表恢复窗口功能。声明 IFile 接口类型，在其中声明方法 Close()，代表关闭磁盘文件功能。再定义这两个接口的派生类 Filewindow，显式实现接口成员。使用接口变量与派生类对象。

```
1    using System;
2    namespace Example8_1
3    {
4        public interface IWindow
5        {
6            void Close();
7            void Restore();
8        }
9        public interface IFile
10       {
11           void Close();
12       }
13       public class Filewindow : IWindow, IFile
14       {
15           void IFile.Close()  //无 public 修饰符
16           {
17               Console.WriteLine("关闭文件");
18           }
19           void IWindow.Close()
20           {
21               Console.WriteLine("关闭窗口");
22           }
23           void IWindow.Restore()
24           {
25               Console.WriteLine("还原窗口");
26           }
27           public static void Test()
28           {  //只能用接口变量引用派生类实例
29               IFile file = new Filewindow();
30               file.Close();
31               IWindow window = new Filewindow();
32               window.Close();
33           }
34       }
35       class Program
36       {
37           static void Main(string[] args)
38           {
39               Filewindow.Test();
40               Filewindow fw = new Filewindow();
41               //fw.Restore();  //不能用派生类对象访问显式实现的接口成员
42               Console.ReadKey();
```

```
43          }
44      }
45  }
```

程序运行结果如图 8-3 所示。

图 8-3 【实例 8-1】的运行结果

代码分析：

第 4 行，用 interface 关键字声明接口类型 IWindow。

第 6 行，在 IWindow 接口中声明方法 Close( )，方法没有实现部分。

第 13 行，派生类 Filewindow 最多只能继承一个基类，但可以继承多个接口。

第 15 行，显式实现方法 Close( )。方法 Close( )前用 "IFile." 加以限定，即显式指定实现的方法来自 IFile 接口类型。本行不能使用 public 修饰符。

第 19 行，显式实现方法 Close( )。

第 29 行，接口变量引用派生类实例。

第 30 行，执行结果显示 "关闭文件"。接口变量表现出多态性。

第 41 行，派生类对象不能访问显式实现的接口成员，但经强制类型转换后可以访问，但显得烦琐，如下所示。

```
(fw as IWindow).Close();
(fw as IWindow).Restore();
```

2. 隐式实现接口

隐式实现接口，即实现的接口成员名前没有接口名称前缀。与显式实现方式相比，接口变量和隐式实现的类都可以访问类中的方法。

【实例 8-2】定义 IAlarmable 接口，表示警报接口类型，其中声明方法 Alarm( )，表示发出警报功能。定义 Heater 类，表示加热器类，继承 IAlarmable 接口，隐式实现接口成员。定义 Door 类，表示门类，继承 IAlarmable 接口，隐式实现接口成员。使用接口和类对象。

```
1   using System;
2   namespace Example8_2
3   {
4       interface IAlarmable
5       {
6           void Alarm();
7       }
8       class Heater : IAlarmable
9       {
10          public void Alarm()
11          {
12              Console.WriteLine("热水器警报:Di...");
13          }
14      }
15      class Door : IAlarmable
16      {
17          public void Alarm()
18          {
```

```
19              Console.WriteLine("门铃:Ding...Dong");
20          }
21      }
22      class Testclass
23      {
24          public static void Test(IAlarmable ialarm)
25          {
26              if(ialarm != null)
27                  ialarm.Alarm();
28          }
29      }
30      class Program
31      {
32          static void Main(string[] args)
33          {
34              Testclass.Test(new Heater());
35              Testclass.Test(new Door());
36              IAlarmable ia = new Heater();
37              Testclass.Test(ia);
38              Door door = new Door();
39              door.Alarm();
40          }
41      }
42  }
```

程序运行结果如图 8-4 所示。

图 8-4 【实例 8-2】的运行结果

代码分析：

第 10 行，Heater 类隐式实现 IAlarmable 接口，方法名 Alarm 前没有限定接口名。本行有 public 修饰符，而显式实现的成员前没有 public。

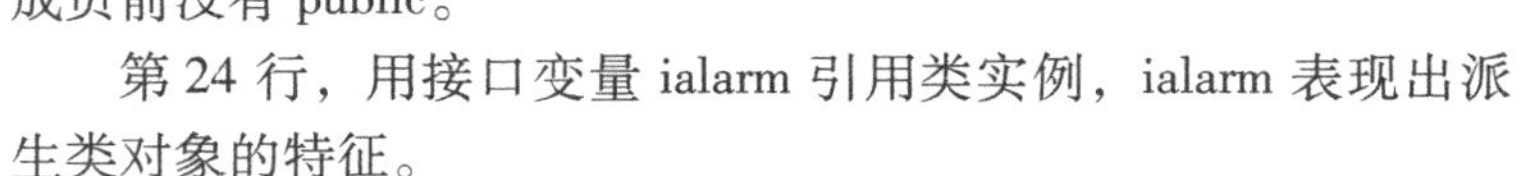

第 24 行，用接口变量 ialarm 引用类实例，ialarm 表现出派生类对象的特征。

第 39 行，通过类对象 door 调用隐式实现的接口成员。

8.1.4 接口与抽象类的区别

接口与抽象类都是为了被实现而存在的，它们都不能直接生成对象实例，并且不可以是密封的（Sealed）。它们的主要区别有以下几点：

1）接口只是一个行为的规范或规定，其派生类与接口没有 IS-A 或 LIKE-A 的关系。而抽象类的派生类与基类关系接近，或相似程度接近。例如，报警器接口的派生类可能是烧水壶类，也可能是汽车类，这些派生类差别很大，但都实现报警功能。如果报警器是抽象类，则其派生类可能是烧水壶报警器，也有可能是汽车报警器，大体上还是同一类物件。

2）一个类，包括抽象类，一次可以实现多个接口，但是只能扩展一个父类。接口可继承多个接口，但不能继承类。

3）接口可以定义零个或多个成员，接口的成员必须是方法、属性、事件或索引器。接口不能包含常数、字段、运算符、实例构造方法、析构方法或类型，也不能包含任何种类的静态成员。抽象类中可以包含构造方法，但是只能由它的派生类调用。抽象类中还可以定义字段等其他成员。

4）如果派生类还是抽象类，那么它继承接口和抽象类时，派生类可以实现基类部分抽象方法，但必须全部实现所有接口成员。

5）在接口中定义成员时，接口成员默认的访问方式是 public。接口成员定义不能包含任何修饰符，如成员定义前不能加 abstract、public、protected、internal、private、virtual、override 或 static 修饰符。但抽象类中的成员在定义时可以加修饰符。

【实例 8-3】 定义 Bird 抽象类，表示鸟类。定义 IFlyable 接口，其中声明方法 Fly( ) 原型，表示会飞翔功能。定义 ISwimmable 接口，其中声明方法 Swim( ) 原型，表示会游泳功能。定义 Sparrow 类，表示麻雀类，它继承 Bird 类和 IFlyalbe 接口；定义 Duck 类，表示鸭子类，它继承 Bird 类和 ISwimmable 接口。使用上述接口与类。

其中，Bird 抽象类成员包括：

1）保护字段 name，表示鸟名。

2）抽象方法 Makesound( )，表示鸟叫方法。

Sparrow 类成员包括：

1）构造方法。

2）重写基类的方法 Makesound( )，体现麻雀的叫声。

3）实现 IFlyable 接口中的方法 Fly( )，体现麻雀的飞翔功能。

Duck 类成员包括：

1）构造方法。

2）重写基类的方法 Makesound( )，体现鸭子的叫声。

3）实现 ISwimmable 接口中的方法 Swim( )，体现鸭子的游泳功能。

【实例 8-3】经编程实现后的类图如图 8-5 所示。

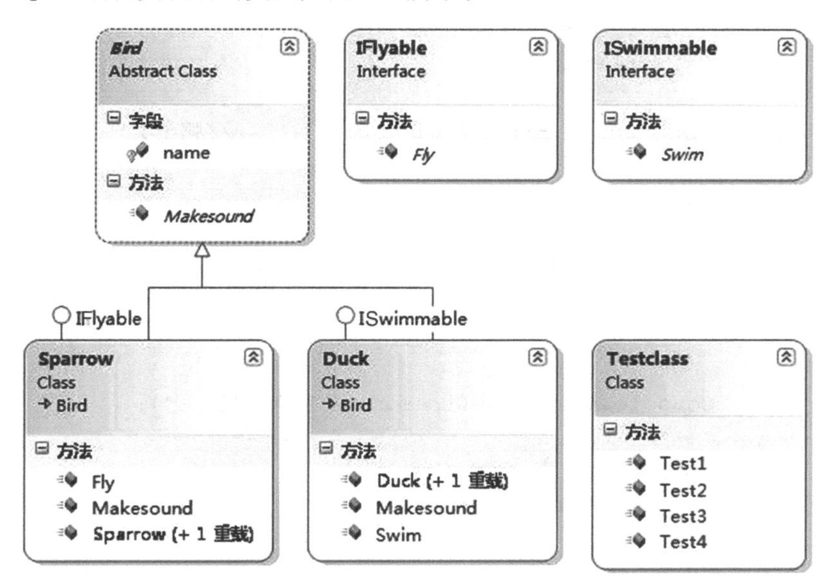

图 8-5　【实例 8-3】要实现的类图

具体实现代码如下：

```
1    using System;
2    namespace Example8_3
3    {
4        abstract public class Bird                    //鸟类
5        {
6            protected string name;                    //鸟名
7            abstract public void Makesound();         //发出声音
8        }
9        public interface IFlyable                     //会飞翔接口
10       {
11           void Fly();
12       }
13       public interface ISwimmable                   //会游泳接口
14       {
15           void Swim();
16       }
17       public class Sparrow : Bird, IFlyable         //麻雀类
18       {
19           public override void Makesound()
20           {
21               Console.WriteLine(this.name + "叽叽叽...");
22           }
23           public void Fly()
24           {
25               Console.WriteLine(this.name + "麻雀飞");
26           }
27           public Sparrow() { }
28           public Sparrow(string name): base()
29           { this.name = name; }
30       }
31       public class Duck : Bird, ISwimmable          //鸭子类
32       {
33           public void Swim()
34           {
35               Console.WriteLine(this.name + "游水");
36           }
37           public override void Makesound()
38           {
39               Console.WriteLine(this.name + "嘎嘎嘎...");
40           }
41           public Duck() { }
42           public Duck(string name): base()
43           {
44               this.name = name;
45           }
46       }
47       class Testclass
```

```
48      {
49          public static void Test1(Bird bird)
50          {
51              if(bird==null)
52                  return;
53              bird.Makesound();
54              if(bird is Sparrow)
55              {
56                  var sparrow=bird as Sparrow;
57                  sparrow.Fly();
58              }
59              if(bird is Duck)
60              {
61                  Duck duck=(Duck)bird;
62                  duck.Swim();
63              }
64          }
65          public static void Test2(IFlyable flyablebird)
66          {
67              if(flyablebird!=null)
68                  flyablebird.Fly();              //只关心飞翔功能,与其他无关
69          }
70          public static void Test3(ISwimmable swimmablebird)
71          {
72              if(swimmablebird!=null)
73                  swimmablebird.Swim();           //只关心游泳功能,与其他无关
74          }
75      }
76      class Program
77      {
78          static void Main(string[] args)
79          {
80              Bird bird;
81              Sparrow sparrow=new Sparrow("麻雀1号");
82              Duck duck=new Duck("鸭子1号");
83              Console.WriteLine("Testclass.Test1(Bird):");
84              Testclass.Test1(sparrow);
85              Testclass.Test1(duck);
86              Console.WriteLine("----------------------------------");
87              Console.WriteLine("Testclass.Test2(IFlyable):");
88              Testclass.Test2(sparrow);               //形参引用派生类对象
89              //flyablebird形参不能引用duck,形参与实参类型不匹配
90              //Testclass.Test2(duck);                //Duck类没有继承IFlyable接口
91              bird=sparrow;
92              //Testclass.Test2(bird);                //Bird型与IFlyalbe类型无关
93              Testclass.Test2((IFlyable)bird);  //需要进行类型转换
94              Console.WriteLine("----------------------------------");
```

```
95              Console.WriteLine("Testclass.Test3(ISwimmable):");
96              //Testclass.Test3(sparrow);
97              Testclass.Test3(duck);
98              //Testclass.Test3(bird);
99              bird = duck;
100              Testclass.Test3((ISwimmable)bird);    //需要进行类型转换
101              Console.ReadKey();
102          }
103      }
104  }
```

程序运行结果如图 8-6 所示。

代码分析：

第 17 行，声明派生类 Sparrow，表示麻雀类，它继承 Bird 类和 IFlyable 接口，内部隐式实现了 IFlyable 接口中的方法 Fly( )。

第 31 行，声明派生类 Duck，表示鸭子类，它继承 Bird 类和 ISwimmable 接口，内部隐式实现了 ISwimmable 接口中的方法 Swim( )。

第 47～75 行，定义了 Testclass 类，表示测试类，它内部定义的静态方法 Test1( )的形参是抽象类 Bird。

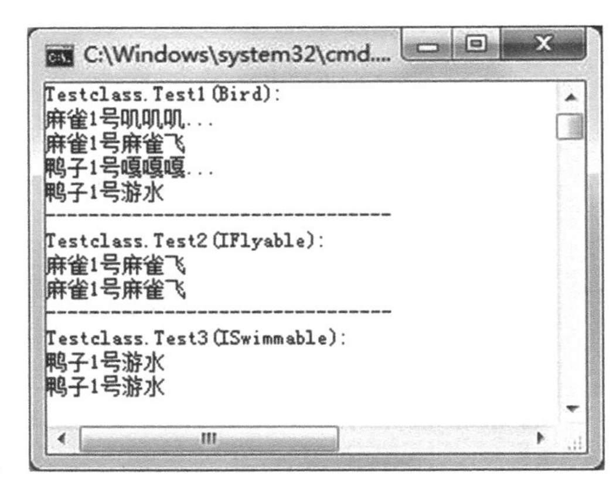

图 8-6 【实例 8-3】的运行结果

第 84～85 行，在方法调用时，实参为 Bird 的派生类对象。

测试类中的方法 Test2( )，其形参为 IFlyable 型。当第 88 行进行方法调用时，形参 flyablebird 引用派生类对象 sparrow。尽管 sparrow 对象内部有多个成员，但正如第 68 行所示，flyablebird 只能调用方法 Fly( )，而不能调用其他方法。这是因为 IFlyable 类型内部只定义了方法 Fly( )，其变量 flyablebird 只能调用方法 Fly( )。另外，方法 flyablebird. Fly( )展示的是派生类的功能，表现了 flyablebird 变量的多态性。

第 90 行，duck 是 Duck 类对象，Duck 类与 IFlyable 接口没有继承关系。因此，duck 不能作为方法 Test2( )的实参。

第 92 行，实参为 Bird 抽象类，形参为 IFlyable，形参与实参类型不匹配，且无法自动转换，所以出错。但形参和实参都可以引用 Sparrow 类型的实例，所以可以将 bird 做强制类型转换后作为方法 Test2( )的实参，如第 93 行所示。

第 96～100 行，Testclass. Test3( )的用法与上述分析的 Testclass. Test2( )的用法类似。

8.2　使用 IComparable 接口

C#中的简单类型，如 int、float、double 等，已经实现了 IComparable 接口，因此基本类型数据都可以比较大小，或直接用于排序等操作。但是对于自定义类，如何表示一个对象比另一个对象大呢？为实现自定义对象的比较功能，需要让自定义类实现 System. IComparable 接口，实现其中的比较方法。

IComparable 接口定义于 System 名称空间中，它内部只有一个方法的声明，即：

```
int CompareTo(object obj);
```

在实现 IComparable 接口的派生类中，根据如下 4 个方面要求实现方法 CompareTo( )。

（1）方法 CompareTo( )的功能要求

将当前实例与同一类型的另一个对象进行比较，并返回一个整数，该整数指示当前实例在排序顺序中的位置是位于另一个对象之前、之后还是与其位置相同。

（2）方法 CompareTo( )的形参要求

形参 obj 的类型为 object，它是当前实例与之比较的对象，即被比较的对象。在具体比较前，一般要判断 obj 的兼容类型，并做类型转换。

（3）方法 CompareTo( )的返回值要求

方法的返回值是一个 32 位的有符号整数，指示要比较的对象的相对顺序。返回值的含义如下：

1）小于零，表示当前实例小于 obj。

2）等于零，表示当前实例等于 obj。

3）大于零，表示当前实例大于 obj。

（4）方法 CompareTo( )的异常要求

当形参 obj 不具有与当前实例相同的类型时，产生 System. ArgumentException 类型的异常。

【实例 8-4】 定义 Temperature 类，表示温度类，它继承 System. IComparable 接口。将 10 个 Temperature 类对象按摄氏温度值升序输出，摄氏温度范围为 [0，99]。

Temperature 类成员包括：

1）华氏温度值。

2）华氏温度值属性。

3）摄氏温度属性，$c=\frac{5}{9}(f-32)$，其中 c 表示摄氏温度，f 表示华氏温度。

具体实现代码如下：

```
1    using System;
2    namespace Example8_4
3    {
4        public class Temperature : IComparable
5        {
6            protected double c;                          //摄氏温度值
7            public int CompareTo(object obj)
8            {
9                Temperature t = obj as Temperature;
10               if(t == null)
11                   throw new ArgumentException("不是 Temperature 类型");
12               if(this.c > t.c)
13                   return 1;
14               else if(this.c == t.c)
15                   return 0;
16               else
17                   return -1;
18           }
```

```
19            public double Fahrenheit                    //华氏温度属性
20            {
21                get
22                { return this.c * 9/5 +32; }
23                set
24                { this.c =(value * 5.0/9.0) -32;}
25            }
26            public double Celsius                       //摄氏温度属性
27            {
28                get
29                { return c; }
30                set
31                { this.c =value; }
32            }
33            public Temperature(double c)
34            { this.c =c; }
35        }
36        class Program
37        {
38            static void Main(string[] args)
39            {
40                Temperature t1, t2;
41                Random rnd =new Random();
42                t1 =new Temperature(rnd.Next(0, 100));
43                t2 =new Temperature(rnd.Next(0, 100));
44                if(t1.CompareTo(t2) ==1)             //若t1 >t2
45                {
46                    Temperature t =t1;
47                    t1 =t2;
48                    t2 =t;
49                }
50                Console.WriteLine("摄氏温度:{0} \t{1}", t1.Celsius, t2.Celsius);
51                Console.WriteLine("华氏温度:{0} \t{1}", t1.Fahrenheit, t2.Fahrenheit);
52                Temperature[] a =new Temperature[10];
53                Console.Write("排序前:");
54                for(int i =0; i < a.Length; i ++)
55                {
56                    a[i] =new Temperature(rnd.Next(0, 100));
57                    Console.Write(a[i].Celsius + " ");
58                }
59                System.Array.Sort(a);
60                Console.Write(" \n 排序后:");
61                for(int i =0; i < a.Length; i ++)
62                    Console.Write(a[i].Celsius + " ");
63                Console.WriteLine();
64                Console.ReadKey();
65            }
```

```
66        }
67    }
```

程序运行结果如图 8-7 所示。

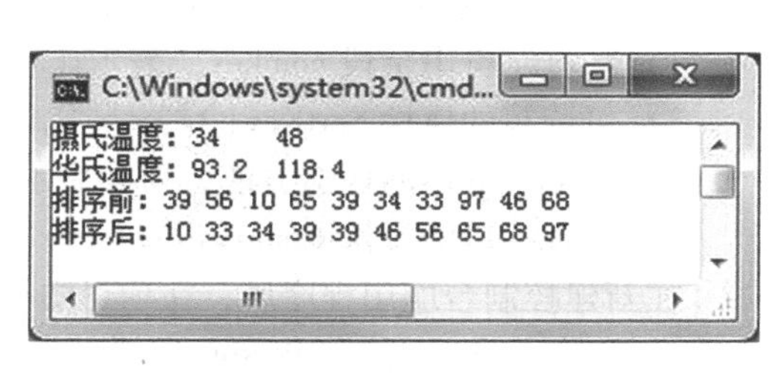

图 8-7　【实例 8-4】的运行结果

代码分析：

第 4 行，Temperature 类继承 IComparable 接口。

第 7～18 行，实现 IComparable 接口中的方法 CompareTo( )。其中，第 12～17 行可以用如下语句替换：

```
return this.c.CompareTo(t.c);
```

第 44 行，若 t1 > t2，则交换 t1 和 t2。

第 52 行，定义温度数组 a。

第 59 行，方法 System. Array. Sort( )要求待排序的数组元素类型要实现 IComparable 接口。方法 Sort( )的功能是对数组中的元素实现升序排序。

8.3　使用 System. Collections. IComparer 接口

8.3.1　方法 System. Array. Sort(Array, IComparer)

在 8.2 节中，方法 System. Array. Sort( )利用元素对象的方法 CompareTo( )实现升序排序，这种排序的排序关键字没有可选性，排序的灵活性不够。其实，方法 System. Array. Sort( )还有其他重载方法，例如：

```
System.Array.Sort(Array, IComparer)
```

该方法使用 IComparer 对一维数组进行排序。其中，Array 表示待排序的一维数组，可以是一个对象数组。IComparer 称为比较器，它引用 IComparer 接口的派生类对象。

8.3.2　System. Collections. IComparer 接口

System. Collections. IComparer 接口中定义了一个比较方法 Compare( )，其声明如下：

```
int Compare(object x, object y)
```

该比较方法用来比较两个对象并返回一个值，返回值的含义如下：

1）小于零，表示 x < y。

2）等于零，表示 x = y。

3）大于零，表示 x > y。

当 x 和 y 都不实现 System. IComparable 接口，或 x 和 y 的类型不同，它们都无法与另一个进行比较时，则产生 System. ArgumentException 型异常。

在 IComparer 接口的派生类中，必须要实现 IComparer 接口中的方法 Compare(object x, object y)。在该方法实现代码中，根据不同的排序关键字返回 x 和 y 的比较结果。

【实例 8-5】实现 3 个 Person 对象，分别按姓名、职务、类型进行排序。其中，Person 类表示人类，其代码与【实例 7-2】中的 Person 类完全相同。

分析：将 3 个 Person 对象存入数组 list，分别使用方法 System. Array. Sort(list, IComparer) 实现排序后输出。待解决的关键问题是定义 System. Collections. IComparer 接口的派生类 ComparerClass，该类对象提供比较关键字及比较方法，该对象用于方法 System. Array. Sort(list,

IComparer）。

因此，设计派生类 ComparerClass，让它的成员包括：

1）私有字符串字段 comkey，表示比较关键字。

2）可读写的属性 SortKey，它封装比较关键字 Comkey。

3）带 1 个形参的构造方法，形参表示比较关键字。

4）实现接口的方法 Compare(object x, object y)。

在新建控制台应用程序后，在项目中添加【实例 7-2】中的类文件 Person. cs，再在本项目类文件 Program. cs 中使用 Person 类的名称空间。

具体实现代码如下：

```
1    using Example7_2;  //Person 类定义处
2    using System;
3    using System.Collections;
4    namespace Example8_5
5    {
6        ///<summary>
7        ///排序关键字为:Name(姓名)、Position(职务)或 Kind(类型)
8        ///</summary>
9        class ComparerClass : System.Collections.IComparer
10       {
11           private string comkey;
12           public string SortKey
13           {
14               get { return comkey; }
15               set { comkey = value; }
16           }
17           public int Compare(object x, object y)
18           {
19               Person px = x as Person, py = y as Person;
20               if(px != null && py == null)
21                   return 1;
22               if(px == null && py != null)
23                   return -1;
24               if(px == null && py == null)
25                   return 0;
26               int result = 0;
27               switch (comkey)
28               {
29                   case "Name":
30                       result = px.Name.CompareTo(py.Name);
31                       break;
32                   case "Position":
33                       result = px.Position.CompareTo(py.Position);
34                       break;
35                   case "Kind":
36                       result = px.Kind.CompareTo(py.Kind);
```

```
37                      break;
38                  }
39                  return result;
40              }
41              public ComparerClass(string key)
42              {
43                  this.comkey = key;
44              }
45          }
46          class Program
47          {
48              static void Output(Person[] list)
49              {
50                  foreach (Person t in list)
51                      Console.WriteLine("{0}\t{1}\t{2}", t.Name, t.Position, t.Kind);
52              }
53              static void Main(string[] args)
54              {
55                  Person[] list = new Person[3];
56                      list[0] = new Person(111, "郑天津", "天津港", "科长","
13709876548", "春晖路240号","325000", "13709876548", "朋友");
57                      list[1] = new Person(112, "陈浙江", "南浦农贸", "管理员","
13709876544", "南浦路130号","325000", "13709876544", "朋友");
58                      list[2] = new Person(113, "李河南", "南汇街道", "主任","
13709876545", "划龙桥路10号","325000", "13709876545", "老师");
59                  ComparerClass comobj = new ComparerClass("Name");
60                  Array.Sort(list, comobj);
61                  Console.WriteLine("\n按姓名排序结果:");
62                  Output(list);
63                  comobj.SortKey = "Position";
64                  Array.Sort(list, comobj);
65                  Console.WriteLine("\n按职务排序结果:");
66                  Output(list);
67                  comobj.SortKey = "Kind";
68                  Array.Sort(list, comobj);
69                  Console.WriteLine("\n按类型排序结果:");
70                  Output(list);
71                  Console.ReadKey();
72              }
73          }
74      }
```

程序运行结果如图8-8所示。

代码分析：

第1行，类文件Person.cs中的Person类定义在Example7_2名称空间中。

第3行，System.Collections是IComparer接口的名称空间。

第9行，定义ComparerClass类，它继承IComparer接口，该类称为比较器类。

第 17～40 行，实现 IComparer 接口的唯一成员方法 Compare(object x, object y)。

8.3.3 IComparer 接口用于冒泡排序

在【实例 8-5】中，方法 Array. Sort(list, comobj)内部使用 IComparer 对象，实现 list 数组内部的元素排序，读者无法看到 IComparer 对象具体的应用形式。所以下面针对【实例 8-5】，在 Program 类中编写冒泡排序方法 Bubblesort(Person[] list)，以介绍 IComparer 接口变量的具体使用方法。

图 8-8 【实例 8-5】的运行结果

1. 冒泡排序法的基本思想

首先，把各元素 list[0]，list[1]，list[2]，…，list[list. Length－1]看作原始序列，其整体是一个无序区，而有序区没有任何元素。然后对无序区自左向右地两两比较相邻元素的关键字 K_j 和 K_{j+1}，若 $K_j > K_{j+1}$，则称为逆序，两者交换位置。再对 K_{j+1} 和 K_{j+2} 进行比较，如果逆序则交换，一直处理到当前无序区底部为止。这样一趟排序就使当前无序区中最大关键字的元素沉到无序区的底部，无序区少了一个最大的元素，而有序区则多了一个当前最大的元素 list[list. Length－1]。有序区将不参加下一趟比较。

然后，用相同方法对 list[0]，list[1]，list[2]，…，list[list. Length－2]进行第二趟冒泡排序，使关键字次大的元素沉到有序区的顶部。依次类推，直到完成 list. Length－1 趟冒泡排序或所有的元素已经有序。

2. 实现冒泡排序法

在【实例 8-5】中，在 Program 类中定义冒泡排序方法，它将 list 中的元素按照姓名升序排序，代码如下：

```
1    static void Bubblesort(Person[] list)
2    {
3        IComparer ic = new ComparerClass("Name");
4        bool yn;
5        int i, j;
6        for(i = 0; i < = list.Length - 2; i ++)  //若有 Length 个元素,则最多进行
Length - 1 趟排序
7        {
8            yn = true;  //标记变量
9            for (j = 0; j < = list.Length - i - 2; j ++)  //每趟都从头开始两两比较,如
list[j]与 list[j + 1]进行比较,j 的终值为当前趟中未排元素(list.Length - i 个)中最后一对元
素的前一个的下标值,即 list.Length - i - 2
10           {
11               if(ic.Compare(list[j], list[j + 1]) > 0)  //若前一个大
12               {
13                   Person t = (Person)list[j];
14                   list[j] = list[j + 1];
```

```
15                  list[j+1]=t;
16                  yn=false;  //当前趟曾交换过元素
17              }
18          }
19          if(yn==true)  //本趟没有元素交换过,则提前结束排序过程
20              break;
21      }
22  }
```

代码分析：

第3行，IComparer接口变量引用派生类对象，其中“Name”表示按姓名排序。

第6行，i的取值范围为[0, list[list.Length－2]，表示理论上最多进行Length－1趟排序。

第8行，变量yn是标记变量，用于决定是否提前终止排序。若本趟没有发生元素交换，则可以提前终止排序，代码如第19~20行所示。

第9行，j用于作为两两比较的元素的下标，其取值说明参见本行的注释。

第11行，ic.Compare(list[j], list[j+1])就是IComparer接口变量的具体使用，方法Compare()的返回值作为元素是否进行两两交换的依据。【实例8-5】中，接口变量没有这样类似的使用形式，只是在方法Array.Sort(list, comobj)内部使用了接口变量comobj。

冒泡排序比较适合于数据比较少且基本有序的场合。

8.4 自定义泛型类

8.4.1 泛型概述

泛型的本质是参数化类型，也就是说，所操作的数据类型被指定一个或多个类型参数。类型参数可以用在类、接口和方法的创建中，所创建的带类型参数的类、接口和方法分别称为泛型类、泛型接口和泛型方法。

在没有泛型的情况下，通过类型object的引用来实现参数的“任意化”。“任意化”带来的缺点是要做显式的强制类型转换，而这种转换是要求开发者对实际参数类型可以预知的情况下进行的。对于强制类型转换错误的情况，编译器可能不提示错误，在运行的时候才出现异常，这是一个安全隐患。

例如，System.Collections.ArrayList类是非泛型类，其对象可看成动态数组，如下示例代码使用ArrayList对象al，往al中添加元素，再遍历所有元素。代码编译不出错，但运行时却出现异常。

```
1   static void Main()
2   {
3       ArrayList al=new ArrayList();
4       al.Add(100);  //Add(object value);
5       al.Add(200);
6       al.Add("张三");
7       foreach (int it in al)
8       {  //使用 it
9       }
10  }
```

代码分析：

第4行，方法 Add()的形参是 object 类型，因此，可以通过该方法将任意类型的数据添加到 al 对象中。

第7行，隐含将 al 中的元素转换成 it 的 int 型，但个别元素转换无效。

泛型的好处是在编译时检查类型安全，并且所有的强制转换都是自动且隐式的，且提高了代码的重用率。例如，为实现与上述示例相同的功能，下面的代码使用泛型类 List<T>代替 ArrayList。List<T>对象是列表，列表中的元素类型是 T，即类型参数，列表中的元素可以通过索引进行访问。下面的代码中，list 是 List<int>对象，其元素类型是 int 型。在代码的编辑过程中，第4行因列表元素类型非整型而报错，这样可以避免把错误带到运行阶段。

```
1    List<int> list = new List<int>();
2    list.Add(100);  //Add(object value);
3    list.Add(200);
4    list.Add("张三");  //把错误拦截在运行前
5    foreach (int it in list)
6    {  //使用 it
7    }
```

.Net Framework 类库中定义有许多泛型类和泛型接口，本书的第9章将介绍几个常用泛型类的使用。

8.4.2 自定义泛型类

自定义泛型类的一般格式如下：

```
public class 类名<类型参数表>[:继承类型表][where 类型参数:类型参数约束]
{
    //类型参数声明的成员
}
```

例如，定义堆栈泛型类，语句如下：

```
class Stack<T> where T : IComparable, new()
{
    private T[] arr;
    //…
}
```

其中各参数说明如下。

T：类型参数。

IComparable 类型参数约束：要求类型参数 T 实现 IComparable 接口。

new()类型参数约束：类型参数 T 必须具有无参数的公共构造函数。

定义了泛型类后，在用泛型类定义变量时，要指定具体的类型参数，并且要符合类型参数的约束要求。

例如，使用上述 Stack<T>泛型类定义变量，代码如下：

```
1    using System;
2    class Stack<T> where T : IComparable, new()
3    {
4        private T[] arr;
```

```
5        //…
6    }
7    class Book : IComparable
8    {
9        public Book() { }
10       public int CompareTo(object obj) { return 0; }
11   }
12   class tempclass
13   {
14       static void Main()
15       {
16           Stack<int> stack1 =new Stack<int>();
17           Stack<Book> stack2 =new Stack<Book>();
18       }
19   }
```

8.4.3 自定义泛型中的类型参数约束

开发者定义自己的泛型类时，可以指定类型参数 T 的约束要求。一旦指定约束要求，如果尝试使用某个约束所不允许的类型来实例化类，则会产生编译错误。约束是使用 where 关键字指定的。表 8-1 列出了 6 种类型的约束。

表 8-1　6 种类型参数的约束

约　束	说　　明
T : struct	类型参数必须是值类型，可以指定除 Nullable 以外的任何值类型
T : class	类型参数必须是引用类型
T : new()	类型参数必须具有无参数的公共构造函数。当与其他约束一起使用时，new()约束必须最后指定
T : <基类名>	类型参数必须是指定的基类或派生自指定的基类
T : <接口名称>	类型参数必须是指定的接口或实现指定的接口，可以指定多个接口约束。接口约束也可以是泛型的
T : U	为 T 提供的类型参数必须是为 U 提供的参数或派生自为 U 提供的参数

例如，类型参数约束为结构（Struct），要求类型参数为值类型。而如下代码的第 17 行中的类型参数为 string，是引用类型，所以该行做了注释。

```
1    using System;
2    class myobjectType<T> where T : struct
3    {
4        public void Showtype<T>(T t)
5        {
6            Console.WriteLine(t.GetType());
7        }
8    }
9    class App
```

```
10    {
11        static void Main()
12        {
13            myobjectType<int> obj = new myobjectType<int>();
14            obj.Showtype<int>(100);  //输出"System.Int32"
15            obj.Showtype(100);  //从实参可知类型参数的类型时,可以省略类型参数的类型
16            obj.Showtype(100.00);  //输出"System.Double"
17            //myobjectType<string> showString = new myobjectType<string>();
18        }
19    }
```

再如，如下代码演示了类型参数的基类约束，要求 T 必须是 Employee 类或它的派生类。第 15 行因为类型参数是 object，不符合类型参数的约束要求。

```
1     public class Employee
2     {
3         public string Name;
4     }
5     public class Gtype<T> where T : Employee
6     {
7         public void Print(T obj)
8         { System.Console.WriteLine(obj.Name); }
9     }
10    class main
11    {
12        static void Main()
13        {
14            Gtype<Employee> obj1 = new Gtype<Employee>();
15            //Gtype<object> obj = new Gtype<object>();
16        }
17    }
```

需要说明的是，在应用 where T : class 约束时，要避免对类型参数使用 "==" 和 "!=" 运算符，因为这些运算符仅测试是否引用同一个对象，而不测试对象内部数据是否相等。

再如，可以对同一类型参数应用多个约束，并且约束自身可以是泛型类型，示例代码如下：

```
class EmployeeList<T> where T : Employee, IEmployee, System.IComparable<T>, new()
{
    //…
}
```

或者，还可以对多个参数应用约束，并对一个参数应用多个约束，示例代码如下：

```
class Base { }
class Test<T, U>
    where U : struct
    where T : Base, new() { }
```

8.4.4　自定义堆栈泛型类 Stack <T>

【实例 8-6】 堆栈（Stack）是一种后进先出的线性数据结构，数据插入与删除操作只能在顶端进行。现要求定义泛型堆栈类 Stack <T>，类型参数 T 要求实现 IComparable 接口，具有无参构造方法。

Stack <T> 成员包括：

1）用于存放堆栈元素的 T 型一维数组。

2）堆栈的容量。

3）栈中元素个数。

4）无参构造方法，将容量设置为 1024。

5）带参的构造方法，形参表示堆栈容量。

6）判断堆栈是否为空的方法。

7）判断堆栈是否已满的方法。

8）进栈方法。

9）出栈方法。

10）判断堆栈是否存在某数据的方法。

11）取堆栈顶端元素，但不删除元素的方法。

下面介绍实例实现过程。

（1）定义 Stack <T>

新建控制台应用程序项目，在项目中添加类文件 Stack. cs，在该文件中定义堆栈泛型类，代码如下：

```
1    using System;
2    namespace Example8_6
3    {
4        class Stack<T> where T : IComparable, new()
5        {
6            private T[] arr;
7            int capacity;                        //堆栈容量
8            int count = 0;                       //元素个数,count -1 指示栈顶位置
9            public T this[int i]                 //索引器
10           { get { return arr[i]; } set { arr[i] = value; } }
11           public int Count                     //只读属性
12           { get { return count; } }
13           public Stack()
14           { capacity = 1024; arr = new T[capacity]; }
15           public Stack(int capacity)           //构造方法,指定容量
16           { this.capacity = capacity; arr = new T[capacity]; }
17           public bool IsEmpty()                //判栈是否为空
18           { return count == 0; }
19           public bool IsFull()                 //判栈是否已满
20           { return count == capacity; }
21           public void Push(T obj)              //进栈
22           { arr[count ++] = obj; }
23           public T Pop()                       //出栈
```

```
24          { return arr[ --count]; }
25          public bool Contains(T obj)      //栈中是否存在obj
26          {
27              for(int i =0; i < count; i ++)
28              {
29                  if(obj.CompareTo(arr[i]) ==0)
30                      return true;
31              }
32              return false;
33          }
34          public T Peek()                  //取出栈顶元素
35          { return arr[count -1]; }
36      }
37  }
```

代码分析：

第4行，定义Stack <T>类，类型参数有约束。

第6行，T型数组arr是堆栈的内部容器。

第29行，比较两个T型对象不能用“==”运算符，类型参数不仅可以是值类型，还可以是引用类型。当比较对象的大小时，要求对象的类要实现IComparable接口。

（2）定义堆栈对象中的元素类Student

为使用上述的Stack <T>类，在堆栈中存储“学生”对象，在项目中添加类文件Student.cs，代码如下：

```
1   using System;
2   namespace Example8_6
3   {
4       class Student : IComparable
5       {
6           public string Name;                          //姓名
7           public int Age;                              //年龄
8           public Student(string name, int age)
9           { this.Name =name; this.Age =age; }
10          public Student() { }   //自定义Stack<T>要求T中定义有无参构造方法
11          public int CompareTo(object obj)             //实现接口
12          {
13              Student temp =obj as Student;
14              if(Name.CompareTo(temp.Name) > 0)       //两字符串做比较
15                  return 1;
16              else if(Name.CompareTo(temp.Name) < 0)
17                  return -1;
18              else
19                  return Age.CompareTo(temp.Age);
20          }
21          public void Output()
22          {
```

```
23              Console.WriteLine("{0},{1}", Name, Age);
24          }
25      }
26  }
```

代码分析：

第11~20行，实现IComparable接口中的方法CompareTo()。比较的原则是先按姓名比较大小，若学生同名，则继续比较年龄。

（3）定义测试类TestStack

在项目默认提供的类文件Program.cs中编辑如下代码：

```
1    using System;
2    using Example8_6;
3    class TestStack
4    {
5        public static void Test1()
6        {
7            Stack<Student> stack1 = new Stack<Student>(3);
8            if(!stack1.IsFull())
9                stack1.Push(new Student("张三", 20));
10           if(!stack1.IsFull())
11               stack1.Push(new Student("李四", 21));
12           if(!stack1.IsFull())
13               stack1.Push(new Student("王五", 22));
14           if(!stack1.IsFull())
15               stack1.Push(new Student("赵六", 23));
16           Student top = stack1.Peek();
17           if(stack1.Contains(top))          //比的是对象的内容
18               Console.WriteLine("Stack1 的栈顶元素:{0}", top.Name);
19           Student t = new Student("李四", 22);
20           if(!stack1.Contains(t))
21               Console.WriteLine("Stack1: 22 岁的李四不存在");
22           while(!stack1.IsEmpty())
23           { stack1.Pop(); }
24           Console.WriteLine("Stack1 是否为空:{0}", stack1.IsEmpty());
25       }
26       static void Main(string[] args)
27       {
28           TestStack.Test1();
29           Console.ReadKey();
30       }
31   }
```

代码分析：

第2行，由于上述3个类文件共处一个项目中，故TestStack类中省去了名称空间声明，而直接使用其他两个类的名称空间Example8_6。

第 15 行，“赵六”元素并没有进栈，因为堆栈已满，所以栈顶元素是“王五”元素。

第 20 行，堆栈的方法 Contains()中，只有对象的姓名与年龄都相等时，才会返回 0。

第 23 行，出栈操作，随着循环，元素全部出栈，堆栈成为空栈。

程序运行结果如图 8-9 所示。

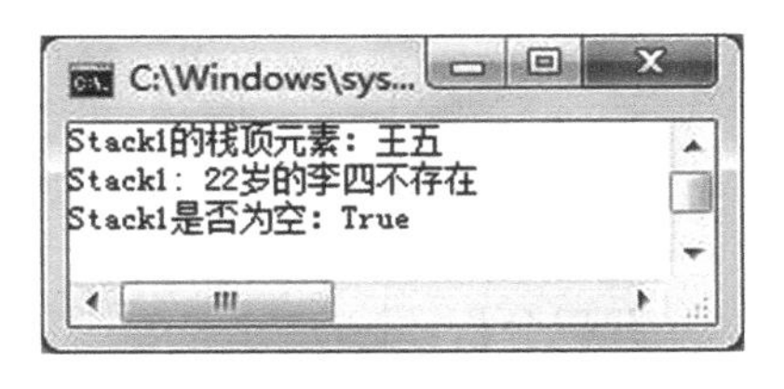

图 8-9 【实例 8-6】的运行结果

本章小结

接口用于定义行为特性或能力，类在需要某些行为特性或能力时，可以继承接口，扩展类的功能。接口是一种抽象，它本身只提供成员的原型声明，没有实现。接口的派生类必须实现接口。派生类在实现接口时，如果继承的多个接口中有相同名称的成员存在，那么就需要考虑采用显式实现成员还是隐式实现成员。类中显式实现的成员中没有 public 修饰符，不能通过对象来访问。接口与抽象比较类似，但要注意它们的不同点。

. NET 类库中定义了许多接口类型，本章介绍了 IComparable 接口与 IComparer 接口的使用，分别在实例中实现了它们的比较方法，这些方法经常作为排序比较器，而非相等比较器，如方法 System. Array. Sort()就使用了排序比较器。

泛型能提高代码的重用性，避免强制类型转换，减少装箱和拆箱操作，提高了性能及类型安全。在定义泛型类时，类型参数经常需要约束，也包括某些接口类型用作约束，如 IComparable 接口。

习题

一、编程题

1. 会潜水功能接口的定义与使用，具体要求如下：

1）潜水艇会潜水，鸭子会潜水。请定义会潜水功能接口。

2）定义潜水艇类和鸭子类继承接口。

3）实现接口对象的多态情形。

2. 会飞翔功能接口的定义与使用，具体要求如下：

1）大雁会飞，超人会飞，飞机也会飞。请定义会飞翔功能接口。

2）编写大雁类、超人类和飞机类，继承会飞翔功能接口。

3）实现接口对象的多态情形。

3. 编写程序，实现【实例 8-4】中 Temperature 对象的排序输出。要求在 ArrayList 对象中添加 10 个 Temperature 对象，根据摄氏温度值升序排序，排序方法选择 ArrayList 对象的方法 Sort(IComparer)。

4. 重新编写【实例 8-5】中的 Person 类，让它继承 IComparable 接口。在 ArrayList 对象中添加 3 个 Person 对象，根据姓名升序排序，并输出结果。

*5. 自定义泛型队列类，并使用它。

*6. 已知雇员类的定义如下：

```
public class Employee
{
    private string name;
```

```
    private int id;
    public Employee(string s, int i)
    { name = s; id = i; }
    public string Name
    { get { return name; } set { name = value; } }
    public int ID
    { get { return id; } set { id = value; } }
}
```

请定义泛型链表类 GenericList <T>，其类型参数约束为“where T : Employee”。在 GenericList <T> 内部定义的链表节点类型 Node，其代码如下：

```
private class Node
{
    private Node next;
    private T data;
    public Node(T t)
    { next = null; data = t; }
    public Node Next
    { get { return next; } set { next = value; } }
    public T Data
    { get { return data; } set { data = value; } }
}
```

请继续在链表类 GenericList <T> 中实现如下功能要求，要求使用 GenericList <T> 对象。

1）设置表头对象。

2）使用头插法添加链表节点。

3）完成方法 GetEnumerator( ) 的定义，使链表对象可用 foreach 循环遍历其元素。

4）编写搜索指定雇员姓名的首个节点方法。

二、简答题

1. 为什么要定义接口？
2. 如何定义接口？
3. 接口与抽象类有何区别？
4. ArrayList 类有哪些常字段、属性和方法？
5. foreach 循环可以用来遍历数组或集合对象的原因是什么？
6. 如何用 IComparable 接口变量实现 Person 对象的比较？
7. 如何用 IComparer 接口变量实现若干 Person 对象在 ArrayList 对象中的排序？
8. 什么是泛型中的参数类型约束？有哪些类型约束？

第9章　数组与集合

学习目标

1）理解二维数组的含义。
2）会应用二维数组存储表格或矩阵数据。
3）理解常见泛型集合接口的语法声明。
4）会使用 ArrayList、List <T> 和 Dictionary <TKey, TValue> 对象。

9.1　二维数组

在3.2节中，介绍了一维数组的知识。一维数组是一个存储相同类型数据的固定大小的顺序集合，它比较适合存储一行或一列同类型的数据，对于存储像矩阵这样的二维数据就不太方便了，但用二维数组存储却很简便。

所有数组的基类都是 System. Array，它是抽象类，继承了 ICloneable、IList、ICollection、IEnumerable、IStructuralComparable 以及 IStructuralEquatable 接口，因此，具体数组必实现这些接口中声明的成员。因此，通过数组对象可以访问隐式实现的功能，还可以用这些接口变量引用数组，完成这些接口所关心的功能。

9.1.1　声明二维数组

C#支持多维数组，二维数组是最简单的多维数组。在使用二维数组变量前要声明二维数组变量，语法如下：

```
类型[ , ] 数组名;
```

例如，声明整型二维数组变量 arr：

```
int[,] arr;
```

数组变量 arr 常简称为数组 arr，数组 arr 是一个变量，用于引用一个二维数组实例，数组元素的类型是 int。

再如，声明字符串型二维数组 names：

```
string [,] names;
```

又如，声明整型二维数组 array，使它引用一个2行3列的整型数组：

```
int[,] array = new int[2,3];   //2 和 3 表示 2 行 3 列
```

第2行第3列的元素为 array[1,2]，该元素中1是行下标的值，表示第2行。行号从0开始标识。该元素中的2是列下标的值，表示第3列。列号从0开始标识。

9.1.2　初始化二维数组

为二维数组变量指定一个二维数组实例，例如：

```
int[,] a =new int[3,4];  //a 引用 3 行 4 列的二维数组对象,每个元素值自动为 0
float[,] floatarr =new float[,] { { 1, 2, 3 }, { 4, 5, 6 }, { 7, 8, 9 } };  //指定元素
3 行 3 列的初值
floatarr =new float[2, 3];  //floatarr 重新引用另一个数组对象
double[,] scores ={ { 80, 90 }, { 70, 60 } };  //2 行 2 列的数组
```

二维数组对象可以被认为是一个 x 行 y 列的表格，上面声明的二维数组 a 如图 9-1 所示。

	列 0	列 1	列 2	列 3
行 0	a[0, 0]	a[0, 1]	a[0, 2]	a[0, 3]
行 1	a[1, 0]	a[1, 1]	a[1, 2]	a[1, 3]
行 2	a[2, 0]	a[2, 1]	a[2, 2]	a[2, 3]

图 9-1　二维数组 a

9.1.3　遍历二维数组

遍历二维数组时，需要了解二维数组的常用属性和方法。

1）Length 属性：表示 System. Array 的所有维数中元素的总数。

2）方法 GetLowerBound(int dimension)：返回某维索引的下限。

3）方法 GetUpperBound(int dimension)：返回某维索引的上限。

例如：

```
static void Printvalues(int[,] a)
{
    for(int i =0; i < =a.GetUpperBound(0); i ++)
    {
        for(int j =a.GetLowerBound(1); j < =a.GetUpperBound(1); j ++)
            Console.Write(a[i, j] +" ");
        Console.WriteLine();
    }
}
```

9.1.4　二维锯齿数组

二维锯齿数组中的每个元素又是一个一维数组，称为元素数组，其长度可以不同，因此所有元素数组按行排列起来呈锯齿状。二维锯齿数组定义的语法如下：

```
类型[][] 数组名;
```

例如：

```
int[][] jagged =new int[3][];
jagged[0] =new int[2] { 1, 2 };
jagged[1] =new int[6] { 3, 4, 5, 6, 7, 8 };
jagged[2] =new int[3] { 9, 10, 11 };
```

上述的 jagged 数组如图 9-2 所示。

1	2				
3	4	5	6	7	8
9	10	11			

图 9-2　二维锯齿数组 jagged

可以采用如下代码访问上述二维锯齿数组。

```
for(int i =0; i < jagged.Length; i ++)  //Length 行
{
    for(int j =0; j < jagged[i].Length; j ++)  //每行 Length 个
    {
        Console.Write("{0} \t", jagged[i][j]);
    }
    Console.WriteLine();
}
```

9.1.5　使用二维数组

【实例 9-1】输出杨辉三角的前 10 行，输出结果如图 9-3 所示。

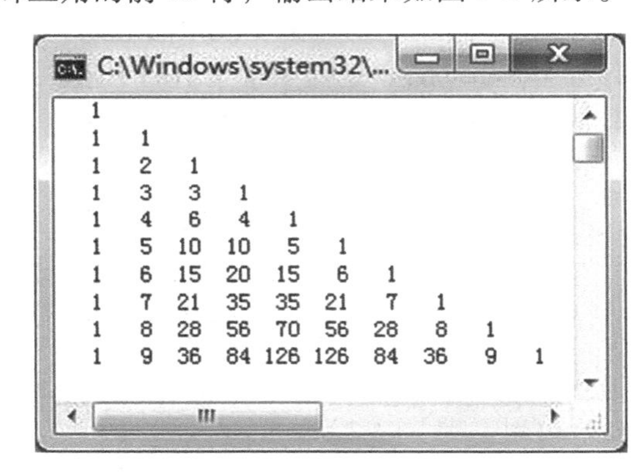

图 9-3　杨辉三角的前 10 行

分析：图中不为 1 的元素值为前一行前一列元素与前一行同列元素之和，即 a[i, j] = a[i -1, j -1] +a[i -1, j]。

本例实现代码如下：

```
1    using System;
2    class Program
3    {
4        static void Main(string[] args)
5        {
6            int i, j, n =0;
7            int[,] a =new int[10, 10];
8            n =10;
9            for(i =0; i < 10; i ++)
10           {
11               a[i, 0] =1; a[i, i] =1;
```

```
12          }
13          for(i =2; i < 10; i ++)
14          {
15              for(j =1; j < i; j ++)
16              {
17                  a[i, j] =a[i -1, j -1] +a[i -1, j];
18              }
19          }
20          for(i =0; i < 10; i ++)
21          {
22              for(j =0; j < =i; j ++)
23                  Console.Write("{0,4}", a[i, j]);
24              Console.WriteLine();
25          }
26          Console.ReadKey();
27      }
28  }
```

【实例9-2】两个矩阵相乘是矩阵的一种常用的运算。设矩阵M是m1×n1矩阵，N是m2×n2矩阵；若可以相乘，则必须满足矩阵M的列数n1与矩阵N的行数m2相等，才能得到结果矩阵Q=M×N（一个m1×n2的矩阵）。数学中，矩阵Q中的元素的计算方法如下：

$$Q[i][j] = \sum_{k=1}^{n1} M[i][k] \times N[k][j]$$

式中，$1 \leqslant i \leqslant m1$，$1 \leqslant j \leqslant n2$。

根据数学上矩阵相乘的原理，可以得到矩阵相乘的经典算法，用伪代码表示如下：

```
for(i =1; i < =m1; i ++)
    for(j =1; j < =n2; j ++)
    {
        Q[i][j] =0;
        for(k =1; k < =n1; k ++)
            Q[i][j] =Q[i][j] +M[i][k] * N[k][j];
    }
```

下面实现矩阵的相乘运算，任务描述如下。

1）定义线性代数中的矩阵结构类型myMatrix，其中包括：

①公有只读成员R，表示矩阵行数。

②公有只读成员C，表示列数。

③私有float[,]型的二维数组Matrix，表示二维矩阵。

④带参构造方法myMatrix(int r, int c)，参数r表示行数，参数c表示列数。为Matrix二维数组分配实例。

⑤带参构造方法myMatrix(int r, int c, string content)，参数r和c的含义与上面相同，string参数content用于存放矩阵元素，各元素间用空格分隔。例如，表示矩阵$\begin{pmatrix} 1 & 2 & 3 \\ 4 & 5 & 6 \end{pmatrix}$时，content的值应该设为“1 2 3 4 5 6”。

⑥定义索引器this，使方便访问myMatrix变量内部的Matrix成员的数组元素。

2）定义矩阵计算类 Calmatrix，其中包括：

①公有静态成员 Mul(myMatrix matrix1, myMatrix matrix2)，它实现 matrix1 × matrix2 的功能，返回结果矩阵。

②公有静态成员 matrixstring(myMatrix matrix)，返回 matrix 矩阵的字符串形式。

3）在 Program 类的方法 Main()中，定义并初始化两个矩阵 m1 和 m2，求 m1 × m2 以及 m2 × m1的结果，并输出结果。

具体实现代码如下：

```
1    using System;
2    using System.Text;
3    namespace Example9_2
4    {
5        ///<summary>
6        ///矩阵结构,R 为行数,C 为列数
7        ///</summary>
8        struct myMatrix
9        {
10           public readonly int R, C;
11           private float[,] Matrix;
12           public myMatrix(int r, int c)
13           {
14               this.R = r;
15               this.C = c;
16               Matrix = new float[r, c];
17           }
18           ///<summary>
19           ///初始化 r 行 c 列的矩阵
20           ///</summary>
21           ///<param name = "r">行数</param>
22           ///<param name = "c">列数</param>
23           ///<param name = "content">存储矩阵内容,以空格分隔元素
24           ///如 2 行 3 列矩阵:
25           ///1 2 3
26           ///4 5 6
27           ///那么,content 为"1 2 3 4 5 6"</param>
28           public myMatrix(int r, int c, string content)
29           {
30               this.R = r;
31               this.C = c;
32               Matrix = new float[r, c];
33               string[] elementarr = content.Split(' ');
34               if(elementarr.Length < r * c)
35               {
36                   Matrix = null;
37                   throw new Exception(string.Format("元素个数不是{0}", r * c));
38               }
```

```
39              int count = 0;
40              for(int i = 0; i < r; i ++ )
41                  for(int j = 0; j < c; j ++ )
42                  {
43                      Matrix[i, j] = float.Parse(elementarr[count ++ ]);
44                  }
45          }
46          public float this[int i, int j]
47          {
48              get { return Matrix[i, j]; }
49              set { Matrix[i, j] = value; }
50          }
51      }
52      class Calmatrix
53      {
54          public static myMatrix Mul(myMatrix matrix1, myMatrix matrix2)
55          {
56              if(matrix1.C != matrix2.R)
57                  throw new Exception("两矩阵不能相乘");
58              myMatrix result = new myMatrix(matrix1.R, matrix2.C);
59              for(int i = 0; i < matrix1.R; i ++ )   //求 result[i,j]
60              {
61                  for(int j = 0; j < matrix2.C; j ++ )
62                  {
63                      float temp = 0f;
64                      for(int k = 0; k < matrix1.C; k ++ )
65                          temp += matrix1[i, k] * matrix2[k, j];   //i 行 j 列
66                      result[i, j] = temp;
67                  }
68              }
69              return result;
70          }
71          public static string matrixstring(myMatrix matrix)
72          {
73              StringBuilder s = new StringBuilder("");
74              for(int i = 0; i < matrix.R; i ++ )
75              {
76                  for(int j = 0; j < matrix.C; j ++ )
77                      s.Append(string.Format("{0,4}", matrix[i, j]));
78                  s.Append('\n');
79              }
80              return s.ToString();
81          }
82      }
83      class Program
84      {
85          static void Main(string[] args)
```

```
86          {
87              myMatrix m1, m2, m3;
88              try
89              {
90                  m1 = new myMatrix(2, 2, "1 3 2 4");
91                  m2 = new myMatrix(2, 3, " -2 0 4 1 3 -1");
92                  Console.WriteLine("m1: \n" + Calmatrix.matrixstring(m1));
93                  Console.WriteLine("m2: \n" + Calmatrix.matrixstring(m2));
94                  m3 = Calmatrix.Mul(m1, m2);
95                  Console.WriteLine("m1 * m2: \n" + Calmatrix.matrixstring(m3));
96                  Console.WriteLine("m2 * m1: ");
97                  m3 = Calmatrix.Mul(m2, m1);
98                  Console.WriteLine("m1 * m2: \n" + Calmatrix.matrixstring(m3));
99              }
100             catch (Exception ex)
101             {
102                 Console.WriteLine(ex.Message);
103             }
104             Console.ReadKey();
105         }
106     }
107 }
```

程序运行结果如图 9-4 所示。

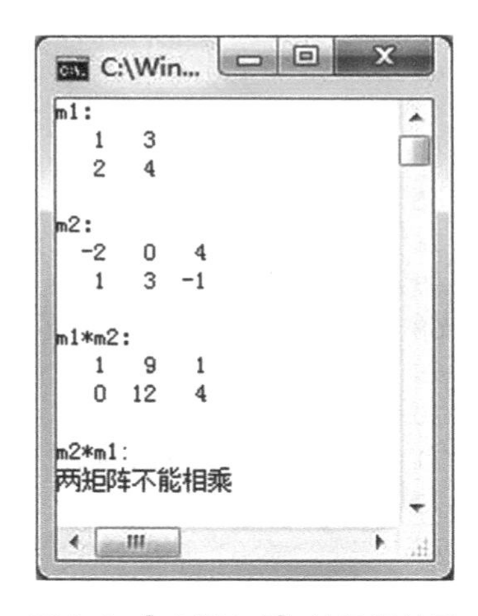

图 9-4 【实例 9-2】的运行结果

代码分析：

第 8 行，定义 myMatrix 结构类型，表示矩阵。把矩阵定义为结构类型，而不定义成类类型，为的是假设当大量使用结构变量时，其性能优于类的对象。

第 10 行，定义只读的成员 R 和 C，而不把它们定义成常量，为的是在初始化时可指定其值。

第 11 行，Matrix 是二维数组变量名，用于引用二维数组，二维数组的元素的类型是 float 型。但此处 Matrix 尚未引用一个二维数组对象。

第 16 行，Matrix 引用一个 r 行 c 列的二维数组对象，二维数组对象的元素类型是 float 型。

第 33 行，content 中字符串按空格分隔成子串，每个子串作为一个元素依次存入一维数组 elementarr 中。

第 43 行，取 elementarr 中前 r×c 个元素来初始化二维数组元素。

第 46～50 行，定义索引器 this[,]。通过该索引器，以后可以方便访问矩阵变量中的二维数组元素。例如，m1 是 myMatrix 变量，它内部有 Matrix 成员，当要访问 Matrix 成员的 Matrix[1,2]元素时，就可以用 m1[1,2]表示了。

第 54～70 行，静态方法 Mul( )中，用 3 层 for 循环实现两矩阵相乘，把结果保存于 result[matrix1. R,matrix2. C]中。result 是 matrix1. R 行、matrix2. C 列的矩阵，所以可以方便地确定循环变量 i 和 j 的取值范围，如第 59 行和第 61 行所示。最内层循环求 matrix1 的 i 行与 matrix2 的

j列对应元素相乘的和。matrix1 的 i 行有 matrix1. C 列，matrix2 的 j 列有 matrix2. R 列(matrix2. R = matrix1. C)，所以可确定出循环变量 k 的取值范围，如第 64 行所示。

第 71 ~81 行，静态方法 matrixstring( )返回矩阵内容字符串。第 73 行，s 是 StringBuilder 对象，表示可变字符的字符串。StringBuilder 密封类声明于 System. Text 名称空间中，该类的对象类似字符串对象，但对象中的字符序列是可变的，可以在对象中追加、移除、替换或插入字符而修改对象的值。方法 matrixstring( )中需要在字符串后面不断追加子串或连接字符。如果使用 string 类型的字符串，则其执行效率较低。

9.2　类库中的集合接口

. Net Framework 类库中有许多种集合类，它们通常继承不同的集合接口，因此具备的功能也不同。

类库中的集合接口及其继承关系如图 9-5 所示。图中圆圈表示接口，三角形箭头处是基接口，例如，由图可知，IEnumerator < T > 继承 IEnumerator。

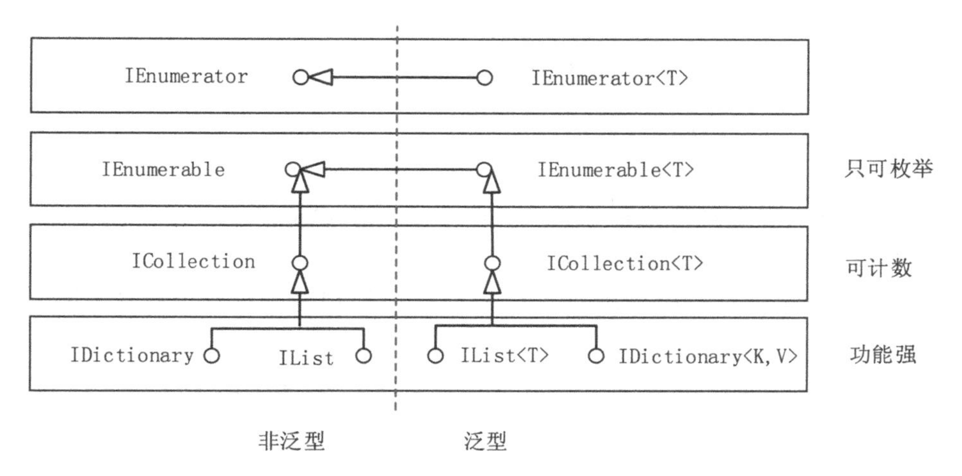

图 9-5　类库中的集合接口及其继承关系

9.2.1　IEnumerator 和 IEnumerable

IEnumerator 定义了遍历集合的基本方法，以便可以实现单向向前访问集合中的每一个元素。而 IEnumerable 只有一个方法 GetEnumerator( )，即得到枚举器。通过已经得到的枚举器，可以枚举集合中的元素。

其中，IEnumerator 接口的定义如下：

```
public interface IEnumerator
{
    bool MoveNext();  //索引位置向后移
    object Current { get; }  //当前对象
    void Reset();  //重置索引到第一个位置
}
```

IEnumerable 接口的定义如下，该定义中使用了 IEnumerator。

```
public interface IEnumerable
```

```
{
    IEnumerator GetEnumerator();
}
```

需要说明的是，foreach 循环语句实际上是调用 IEnumerator 中的方法Current()和MoveNext()，实现遍历功能。例如，泛型列表类 List<T>继承了 IList<T>、IEnumerable<T>等接口，List<T>类必然已经实现了这些基接口中的成员，因此，List<T>对象含有方法GetEnumerator()，通过该方法可以获得列表对象的枚举器，从而获得列表元素。例如：

```
List<string> list = new List<string>()
{
    "张三",
    "李四",
    "王五",
    "赵六",
    "林七"
};
foreach(var buddy in list)  //列表中的好朋友
{
    Console.WriteLine(buddy);
}
```

.Net Framework 中的各种集合类型以及数组已经实现了 IEnumerable 或 IEnumerable<T>接口。因此，开发人员可以直接用 foreach 语句遍历数组或集合元素。

如果用 while 语句代替 foreach 语句，则可以通过得到 list 中的枚举器以遍历所有元素。例如：

```
List<string>.Enumerator enumerator = list.GetEnumerator();
while(enumerator.MoveNext())
{
    Console.WriteLine(enumerator.Current);
}
```

【实例 9-3】 在【实例 8-6】中，Stack<T>类型没有继承 IEnumerable<T>类，因此其对象中的元素并不能用 foreach 语句来遍历。现要求完善它的功能，使之可用 foreach 语句遍历其对象中的元素。下面介绍实例实现过程。

1）修改 Stack<T>类。新建控制台应用程序项目，在项目中添加【实例 8-6】中现有的类文件 Stack. cs，修改其中的类代码，让 Stack<T>继承 IEnumerable 接口。代码如下，其中斜体字为新增代码。

```
using System;
using System.Collections;
namespace Example8_6
{
    class Stack<T> : IEnumerable where T : IComparable, new()
    {
        //…(省略部分不改动)
        public IEnumerator GetEnumerator()
```

```
        { return arr.GetEnumerator(); }
    }
}
```

2）在项目中添加【实例 8-6】中的类文件 Student. cs。

3）定义测试类 TestStack，在项目默认提供的类文件 Program. cs 中编辑如下代码。

```
1   using System;
2   using Example8_6;
3   namespace Example9_3
4   {
5       class TestStack
6       {
7           static void Main(string[] args)
8           {
9               Stack<Student> stack=new Stack<Student>(3);
10              if (! stack.IsFull())
11                  stack.Push(new Student("张三",20));
12              if (! stack.IsFull())
13                  stack.Push(new Student("李四",21));
14              if (! stack.IsFull())
15                  stack.Push(new Student("王五",22));
16              if (! stack.IsFull())
17                  stack.Push(new Student("赵六",23));
18              Console.WriteLine("第 1 个堆栈元素:");
19              foreach(Student s in stack)
20              {
21                  s.Output();
22              }
23              Stack<int> st=new Stack<int>(3);
24              st.Push(100);
25              st.Push(200);
26              Console.WriteLine("第 2 个堆栈元素:");
27              foreach (int t in st)
28                  Console.Write(t+" ");
29              Console.ReadKey();
30          }
31      }
32  }
```

程序运行结果如图 9-6 所示。

代码分析:

第 19 行和第 27 行，用 foreach 语句遍历自定义堆栈对象。

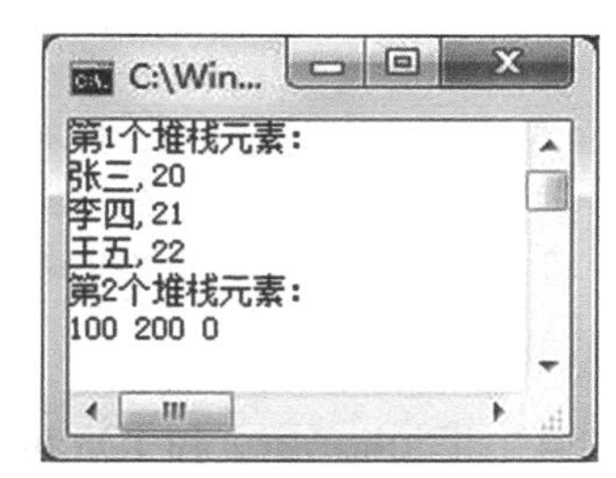

图 9-6 【实例 9-3】的运行结果

9.2.2 ICollection 和 ICollection<T>

ICollection 继承 IEnumerable，它不仅支持遍历功能，还包括统计元素个数等功能。ICollection<T> 支持的功能又有所增加，添加了编辑集合的功能，包括：

1）判断是否存在某数据值。

2）添加元素到末尾。

3）移除元素。

4）移除所有元素等。

例如，如下代码简单地使用 ICollection 和 ICollection <T> 类型，让它们的变量分别引用 List <string> 对象，读者可以从中体会它们变量功能的区别。

```
1    static void Main(string[] args)
2    {
3        List<string> citylist = new List<string>();
4        citylist.Add("上海");
5        ICollection ic = citylist;
6        Console.WriteLine(ic.Count);  //1
7        //ic.Add("温州");  //错误
8        ICollection<string> ic2 = citylist;
9        ic2.Add("杭州");
10       foreach(var item in ic)
11           Console.WriteLine(item);
12       ic2.Remove("上海");
13       Console.WriteLine(ic2.Contains("上海"));  //错误
14       ic2.Clear();
15   }
```

9.2.3 IList 和 IList <T>

IList 直接继承 ICollection 和 IEnumerable，所以它包括两者的功能，并且支持根据下标访问和添加元素、求元素的索引、插入元素、移除指定位置的元素等。与 IEnumerable 和 ICollection 相比，IEnumerable 支持的功能最少，只有遍历，而 ICollection 支持的功能稍有增加，而 IList 是最全的版本。IList <T> 与 IList 相似，支持泛型。

如下代码简单地使用 IList <string> 变量 ilist，演示了 ilist 插入元素、求元素索引、移除指定位置元素的功能。

```
1    static void Main(string[] args)
2    {
3        List<string> citylist = new List<string>();
4        citylist.Add("上海");
5        citylist.Add("温州");
6        IList<string> ilist = citylist;
7        ilist.Insert(1, "北京");
8        Console.WriteLine(ilist[2]);                //温州
9        Console.WriteLine(ilist.IndexOf("北京"));   //索引 1
10       ilist.RemoveAt(1);                          //移除索引为 1 的元素
11   }
```

9.2.4 IDictionary 和 IDictionary <TKey,TValue>

IDictionary 为字典集合的抽象接口，它支持的功能如下：

1）获取 keys 集合。

2）获取 values 集合。

3）索引器。

4）添加、删除、清空元素等。

IDictionary <TKey,TValue>表示键/值对的泛型集合。其中类型参数 TKey 为字典中键的类型，TValue 为字典中值的类型。它的基类型中有 ICollection <KeyValuePair<TKey,TValue>>接口。IDictionary <TKey,TValue>表示的字典集合中元素的类型是 KeyValuePair <TKey,TValue>泛型结构。

IDictionary <TKey,TValue>接口的应用例子请参阅 9.3 节。

9.3　使用 Dictionary <TKey,TValue>对象

Dictionary <TKey,TValue>泛型类表示键/值对的集合，称为泛型字典类。类型参数 TKey 表示键的类型，TValue 表示值的类型。Dictionary <TKey, TValue>泛型类提供了从一组键到一组值的映射。字典对象中的每个元素项都由一个值及其相关联的键组成，每个元素项中的键不能为空，而且是唯一的。通过键来检索值的速度非常快，接近于 O(1)，这是因为 Dictionary <TKey,TValue>类是作为一个散列表来实现的。

当要用 foreach 语句遍历字典中的元素时，需要用 KeyValuePair <TKey, TValue>来表示元素的类型，例如：

```
foreach(KeyValuePair<string, Employee> it in empdic)
{
    Console.WriteLine("键:{0},值:{1}", it.Key, it.Value.ToString());
}
```

【实例 9-4】 定义 Dictionary <TKey,TValue>对象，用于存储雇员信息。雇员信息由编号与姓名组成，雇员编号不重复。

在项目中添加类文件 Employee.cs，用于定义雇员类 Employee。类文件 Employee.cs 还将在第 11 章的实例中继续使用。Employee 类的代码如下：

```
1    using System;
2    namespace Example9_4
3    {
4        [Serializable]
5        class Employee : IEquatable<Employee>
6        {
7            private string id, name;
8            public Employee() { }
9            public Employee(string id, string name)
10           {
11               this.name = name;
12               this.id = id;
13           }
14           public string Name
15           {
16               get { return name; }
```

```
17              set { name = value; }
18          }
19          public string ID
20          { get { return id; } }
21          public override string ToString()   //重写 Object 中的方法
22          {
23              return "编号:" + id + ", 姓名:" + name;
24          }
25          public bool Equals(Employee other)   //实现接口,相等比较器
26          {
27              if(other == null) return false;
28              else return this.id.Equals(other.id);
29          }
30      }
31  }
```

代码分析:

第 4 行，指示定义的类可用于序列化和反序列化。

第 5 行，IEquatable <T> 接口中声明了方法 Equals( )，其原型为:bool Equals(T other)，在 Employee 类中，用于判断两雇员是否相同。

使用 Dictionary <TKey,TValue> 对象的代码如下:

```
1   using System;
2   using System.Collections.Generic;
3   namespace Example9_4
4   {
5       class Program
6       {
7           static void Main()
8           {
9               IDictionary<string, Employee> empdic = new Dictionary<string, 
Employee>();
10              empdic.Add("111", new Employee("111", "李琼"));
11              empdic.Add("112", new Employee("112", "陈希"));
12              empdic.Add("113", new Employee("113", "谷山"));
13              empdic.Add("114", new Employee("114", "郑亮"));
14              ICollection<string> keys = empdic.Keys;  //键集合
15              Console.WriteLine("empdic 的键集合如下:");
16              foreach (string it in keys)  //遍历键集合
17                  Console.Write("{0} \t", it);
18              ICollection<Employee> employees = empdic.Values;  //值集合
19              Console.WriteLine(" \n empdic 的值集合如下:");
20              foreach(Employee it in employees)  //遍历值集合
21                  Console.WriteLine(it.ToString());
22              Console.WriteLine("遍历 empdic:");
23              foreach(KeyValuePair<string, Employee> it in empdic)  //遍历
24              {
25                  Console.WriteLine("键:{0},值:{1}", it.Key, it.Value.ToString());
```

```
26                }
27                Employee temp;
28                if(empdic.TryGetValue("112", out temp))  //获取与指定的键相关联的值
29                {
30                    Console.WriteLine("获取的112 号雇员为:" + temp.Name);
31                }
32                Console.WriteLine("ContainsKey(\"888\"): {0}",empdic.ContainsKey
("888"));
33                empdic.Remove("112");
34                empdic.Remove("113");
35                Console.WriteLine("移除两个元素后:");
36                IEnumerator<KeyValuePair<string, Employee>> ie = empdic.
GetEnumerator();
37                while(ie.MoveNext())
38                {
39                    KeyValuePair<string, Employee> current = ie.Current;
40                    Console.WriteLine("键:{0},值:{1}",current.Key, current.Value.
ToString());
41                }
42                Console.ReadKey();
43            }
44        }
45    }
```

程序运行结果如图 9-7 所示。

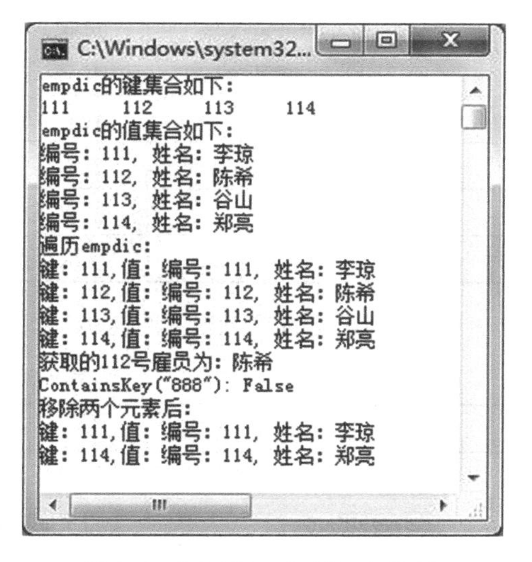

图 9-7　【实例 9-4】的运行结果

代码分析:

第 9 行，定义字典对象 empdic，元素键类型为 string，值类型为 Employee。

第 10 ~ 13 行，在 empdic 对象中添加键值对元素。

第 14 行，获取键集合。

第 18 行，获取值集合。

第 23 ~ 26 行，遍历字典对象，字典元素类型为 KeyValuePair<string,Employee>。

第 28 行，获取与指定的键相关联的值，并由 temp 引用，temp 无须初始化。

第 32 行，查看是否存在键"888"。

第 33 行，移除元素。

第 36 ~ 41 行，获取 empdic 的枚举器，用于遍历字典中的元素。

9.4　使用 ArrayList 和 List<T>对象

9.4.1　使用 ArrayList

ArrayList 类定义于 System. Collections 名称空间中，该类可看作长度按需动态增加的数组。在使用 ArrayList 类型时，要注意其对象中的元素类型安全。

定义 ArrayList 的语法格式如下：

```
public class ArrayList : IList, ICollection, IEnumerable, ICloneable
{ //…}
```

从语法上看，ArrayList 类实现了 IList、ICollection、IEnumerable 和 ICloneable 接口，因此，它的对象含有这 4 个接口的功能。例如，ArrayList 对象可按索引单独访问其中的元素，可以求得元素的个数以及具有的枚举器，支持 foreach 循环语句遍历对象中的元素。ArrayList 对象还可以被克隆。

ArrayList 类的构造方法见表 9-1。

表 9-1　ArrayList 类的构造方法

名　称	说　明
ArrayList()	新实例具有默认初始容量
ArrayList(ICollection)	新实例元素来自集合
ArrayList(Int32)	指定的初始容量的构造方法

ArrayList 类的属性见表 9-2。

表 9-2　ArrayList 类的属性

名　称	说　明
Capacity	获取或设置 ArrayList 可包含的元素数
Count	获取 ArrayList 中实际包含的元素数
IsFixedSize	表示 ArrayList 是否具有固定大小
IsReadOnly	表示 ArrayList 是否为只读
IsSynchronized	表示是否同步对 ArrayList 的访问（线程安全）
Item	获取或设置位于指定索引处的元素
SyncRoot	获取可用于同步对 ArrayList 的访问的对象

ArrayList 类的常用方法见表 9-3。

表 9-3　ArrayList 类的常用方法

名　称	说　明
Add()	将对象添加到 ArrayList 的结尾处
AddRange()	将 ICollection 的元素添加到 ArrayList 的末尾
Clear()	从 ArrayList 中移除所有元素
Clone()	创建 ArrayList 的浅表副本
Contains()	确定某元素是否在 ArrayList 中
GetEnumerator()	返回整个 ArrayList 的一个枚举器
GetRange()	返回 ArrayList，它表示源 ArrayList 中元素的子集
Insert()	将元素插入 ArrayList 的指定索引处

（续）

名　称	说　　明
Remove( )	从 ArrayList 中移除特定对象的第一个匹配项
RemoveAt( )	移除 ArrayList 的指定索引处的元素
RemoveRange( )	从 ArrayList 中移除一定范围的元素
Reverse( )	将整个 ArrayList 中的元素顺序反转
Reverse(Int32,Int32)	将指定范围中的元素顺序反转
SetRange( )	将集合中的元素复制到 ArrayList 中一定范围的元素上
Sort( )	对整个 ArrayList 中的元素进行排序
Sort(IComparer)	使用指定的比较器对整个 ArrayList 中的元素进行排序
ToArray(Type)	将 ArrayList 的元素复制到指定元素类型的新数组中
TrimToSize( )	将容量设置为 ArrayList 中元素的实际数目

【实例 9-5】 使用 ArrayList 对象，熟悉其成员。

```
1     using System;
2     using System.Collections;
3     public class SamplesArrayList
4     {
5         public static void Main()
6         {
7             string line = "Keep on going never give up.";
8             ICollection ic = line.Split(' ');  //分割句子
9             ArrayList myAL = new ArrayList(ic);
10            Console.WriteLine("myAL");
11            Console.WriteLine("    元素个数:{0}", myAL.Count);
12            Console.WriteLine("    容量:{0}", myAL.Capacity);
13            Console.Write("    元素值:");
14            PrintValues(myAL);
15            myAL.Add("tempword");
16            Console.WriteLine("    容量:{0}", myAL.Capacity);
17            myAL.TrimToSize();
18            Console.WriteLine("    容量:{0}", myAL.Capacity);
19            string[] arr = new string[myAL.Count];
20            arr = (String[])myAL.ToArray(typeof(string));  //将 myAL 中的元素复
制到数组 arr 中
21            Console.WriteLine("复制到数组 arr:");
22            PrintValues(arr);
23            int count = 3;
24            string[] arr2 = new string[count];
25            myAL.CopyTo(3, arr2, 0, count);  //从 myAL 中索引位置 3 开始复制,存入
arr2 中
26            Console.WriteLine("复制到数组 arr2:");
27            PrintValues(arr2);
```

```
28          Console.ReadKey();
29      }
30      public static void PrintValues(IList list)
31      {
32          for(int i =0; i < list.Count; i ++)
33          {
34              Console.Write("    {0}", list[i]);
35          }
36          Console.WriteLine();
37      }
38  }
```

程序运行结果如图 9-8 所示。

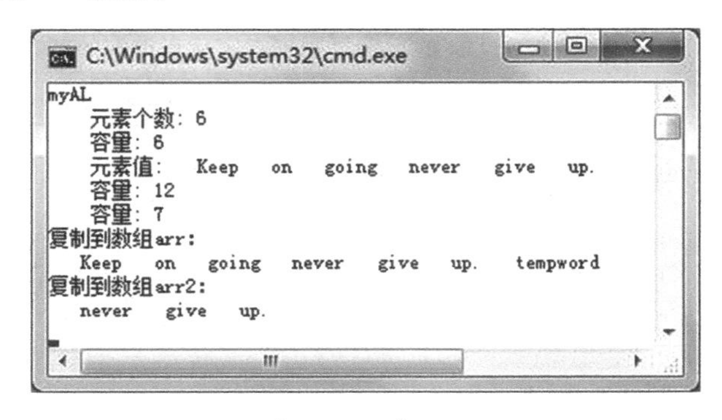

图 9-8 【实例 9-5】的运行结果

代码分析：

第 8 行，Split( )按空格分割字符串，返回字符串数组，ic 引用该数组。

第 9 行，从 ic 引用处获取元素，myAL 的容量即元素个数。

第 15 行，添加了一个元素，容量翻倍。

第 17 行，调整容量，使容量与元素个数一致。

第 20 行，注意 ToArray( )实参的表达。

第 25 行，从 myAL 中的索引位置 3 开始复制，存入 arr2 中。在 arr2 中，在索引位置 0 处开始存放，共复制 count 个元素。

第 34 行，list[i] 是索引器的访问形式。

9.4.2 使用 List <T>对象

List <T>类所属的名称空间是 System. Collections. Generic。List <T>继承了 IList <T>、ICollection <T>、IEnumerable <T>、IList、ICollection 以及 IEnumerable 接口。

List <T>是 ArrayList 类的泛型等效类，是可通过索引访问的强类型列表类型，其中列表元素的类型由类型参数 T 决定。它的使用容量可按需动态增加，提供用于对列表进行搜索、排序等操作的方法，功能十分丰富。

List <T>类既使用相等比较器，又使用排序比较器。

1. 使用相等比较器的成员

Contains( )、IndexOf( )、LastIndexOf( )和 Remove( )等成员对列表元素使用相等比较器。类型 T 的默认相等比较器按如下方式确定：如果类型 T 实现 IEquatable <T>泛型接口，则相等比较器为该接口的方法 Equals(T)；否则，默认相等比较器为 Object. Equals(Object)。

【实例 9-6】 定义 Part 类，表示零部件类，让它继承 IEquatable <Part> 接口。Part 类中用 PartId 表示零部件编号属性，用 PartName 表示零部件名称属性。在 List <Part> 对象中存储 Part 对象，使用 List <Part> 对象。

```
1    using System;
2    using System.Collections.Generic;
3    public class Part : IEquatable<Part>          //零部件类
4    {
5        public string PartName { get; set; }      //零部件名称
6        public int PartId { get; set; }           //零部件编号
7        public override string ToString()         //重写 object 的方法 ToString()
8        {
9            return "编号: " + PartId + "      部件名称: " + PartName;
10       }
11       public override bool Equals(object obj)   //重写 object 的方法 Equals()
12       {
13           if(obj == null) return false;
14           Part objAsPart = obj as Part;         //类型转换,不能转换则值为 null
15           if(objAsPart == null) return false;
16           else return Equals(objAsPart);        //调用下方的方法 Equals(Part)
17       }
18       public override int GetHashCode()   //重写基类 object 的方法 GetHashCode()
19       {
20           return PartId;
21       }
22        public bool Equals(Part other)   //实现 IEquatable<Part>中的方法
Equals(Part)
23       {  //只要零部件编号相等就是相同的零部件,而不管零部件名称
24           if(other == null) return false;
25           return(this.PartId.Equals(other.PartId));   //两个整数是否相等
26       }
27   }
28   public class Example
29   {
30       public static void Main()
31       {
32           List<Part> parts = new List<Part>();
33           parts.Add(new Part() { PartName = "曲柄臂", PartId = 1234 });
34           parts.Add(new Part() { PartName = "链环", PartId = 1334 });
35           parts.Add(new Part() { PartName = "香蕉型鞍座", PartId = 1444 });
36           parts.Add(new Part() { PartName = "盒式磁带", PartId = 1534 });
37           parts.Add(new Part() { PartName = "变速杆", PartId = 1634 });
38            Console.WriteLine("Contains(\"1734\"): {0}",parts.Contains(new
Part { PartId = 1734, PartName = "" }));   //查有无 1734 号部件,False
39           Console.WriteLine("Remove(\"1534\")后:");
40           parts.Remove(new Part() { PartId = 1534, PartName = "扳手" });   //比
```

```
较方法中只比 PartId,忽略了 PartName
   41          foreach(Part aPart in parts)
   42          {
   43              Console.WriteLine(aPart);
   44          }
   45          Part temp = new Part() { PartId = 1444, PartName = "" };
   46           Console.WriteLine("1444 号零部件在 parts 中的索引是{0}",parts.
IndexOf(temp));
   47          Console.ReadKey();
   48      }
   49  }
```

程序运行结果如图 9-9 所示。

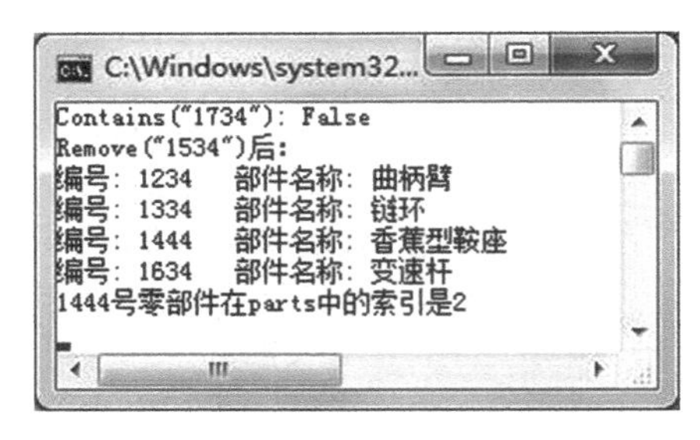

图 9-9 【实例 9-6】的运行结果

代码分析:

第 3 行，IEquatable <T> 内部只有一个方法声明，即 bool Equals(T other)。

第 11 ~ 17 行，重写 Object 类的方法 Equals()，使之适合于判断零部件是否相等。

第 22 ~ 26 行，实现 IEquatable <T> 接口。当前 Part 实例与 other 只比较 PartId 是否相等。

第 38 行，parts. Contains()判断 parts 列表中是否存在 1734 号零部件时，会反复调用相等比较器，即第 22 行的方法 Equals()。第 40 行和第 46 行与第 38 行情况类似。

2. 使用排序比较器的成员

1） BinarySearch(T)：在已排序的 List <T> 对象中搜索指定元素，并返回该元素从零开始的索引。

2） Sort()：对整个 List <T> 中的元素进行排序。

BinarySearch(T) 和 Sort() 等方法对列表元素使用排序比较器。类型 T 的默认比较器选用规定为：如果类型 T 实现 IComparable <T> 泛型接口，则默认比较器为该接口的方法 CompareTo(T)；否则，如果类型 T 实现非泛型 IComparable 接口，则默认比较器为该接口的方法 CompareTo(Object)。如果类型 T 没有实现其中任何一个接口，则不存在默认比较器，并且必须显式提供比较器或比较委托。

【实例 9-7】继续使用前述的 Part 类，并让该类再继承 IComparable <Part> 接口。使用 List <Part> 对象中存储的 Part 对象，搜索和排序 List <Part> 对象中的元素。

```
1   using System;
2   using System.Collections.Generic;
3   public class Part : IEquatable<Part>, IComparable<Part>    //零部件类
4   {
5       public string PartName { get; set; }    //零部件名称
6       public int PartId { get; set; }         //零部件编号
7       public override string ToString()       //重写基类 object 的方法 ToString()
8       {
9           return "编号: " + PartId + "      部件名称: " + PartName;
10      }
```

```
11         public override bool Equals(object obj)  //重写基类 object 的方法
Equals()
12         {
13             if(obj == null) return false;
14             Part objAsPart = obj as Part;  //类型转换,不能转换则值为 null
15             if(objAsPart == null) return false;
16             else return Equals(objAsPart);  //调用下方的方法 Equals(Part)
17         }
18         public override int GetHashCode()  //重写基类 object 的方法 GetHashCode()
19         {
20             return PartId;
21         }
22         public bool Equals(Part other)  //实现 IEquatable<Part>中的方法
Equals(Part)
23         {  //只要零部件编号相等就是相同的零部件,而不管零部件名称
24             if(other == null) return false;
25             return(this.PartId.Equals(other.PartId));  //两个整数是否相等
26         }
27         public int CompareTo(Part other)  //实现接口 IComparable<Part>
28         {
29             return this.PartId.CompareTo(other.PartId);  //只比较零部件编号
30         }
31     }
32     public class Example
33     {
34         static void Output(IList<Part> parts)
35         {
36             foreach(Part aPart in parts)
37             {
38                 Console.WriteLine(aPart);
39             }
40         }
41         public static void Main()
42         {
43             List<Part> parts = new List<Part>();
44             parts.Add(new Part() { PartName = "链环", PartId = 1334 });
45             parts.Add(new Part() { PartName = "变速杆", PartId = 1634 });
46             parts.Add(new Part() { PartName = "曲柄臂", PartId = 1234 });
47             parts.Add(new Part() { PartName = "香蕉型鞍座", PartId = 1444 });
48             parts.Add(new Part() { PartName = "盒式磁带", PartId = 1534 });
49             Console.WriteLine("排序前:");
50             Output(parts);
51             parts.Sort();
52             Console.WriteLine("排序后:");
53             Output(parts);
54             Part temp = new Part() { PartId = 1444, PartName = "" };
```

```
55            int position = parts.BinarySearch(temp);  //前提要求元素有序
56            Console.WriteLine("1444 号零部件在 parts 中的索引是{0}", position);
57            Console.ReadKey();
58        }
59    }
```

程序运行结果如图 9-10 所示。

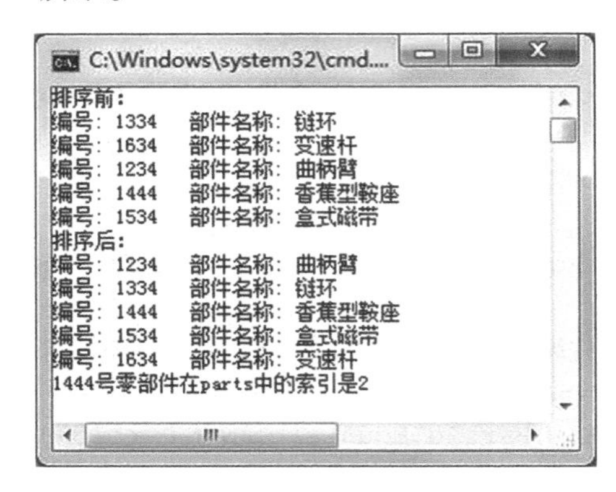

图 9-10 【实例 9-7】的运行结果

代码分析：

第 27 ~ 30 行，实现了 IComparable <Part> 接口中的方法 CompareTo(Part)，该方法就是排序比较器。

第 51 行，方法 Sort()和第 55 行的方法 BinarySearch(temp)内部执行过程中，调用方法 CompareTo(Part)实现列表元素的排序与搜索功能。

本章小结

二维数组可以存放矩阵或二维表格数据，与一维数组一样，它的基类是 System. Array，该类已经实现了 ICloneable、ICollection、IEnumerable 和 IList 接口。因此，二维数组具有这些接口设置功能，但要对数组中的元素实现排序操作，则要看元素的类型中是否已经实现了排序比较器。

类库中有许多集合类，这些集合类通常继承一些集合接口。不同的接口有不同的功能声明，在学习集合类前，要先熟悉相关的集合接口。集合类在开发应用中，要求熟悉集合对象的常用功能与用法，尤其是常用的列表与字典类。

习题

一、编程题

1. 编程实现两个矩阵对象的加减运算，矩阵元素的类型为 double 型，其值自行设定或随机生成。

2. 编程求 30 人 5 门课程成绩的平均分、总分与名次。成绩值的取值范围是 [0, 100]。

3. 定义一个 3 行 3 列的二维数组，求二维数组中的最大值和最小值，遍历数组，并输出最大值与最小值。

4. 编程实现矩阵的转置运算，即把矩阵 A 的行换成相应的列，得到新矩阵。

5. 使用【实例 7-2】中的 Person 类，编程定义 List < Person > 列表对象，在其中添加 3 个 Person 对象，并实现列表对象元素按姓名排序，遍历列表对象。

6. 使用【实例 7-2】中的 Person 类，编程定义 Dictionary < int, Person > 字典对象，在其中添加 3 个键/值对元素，键类型为 int 型，取 Person 对象的 ID 值作为键，遍历字典对象，再遍历字典对象的键集合与值集合。

二、思考题

1. 整型二维数组有哪些常用的属性与方法?

2. 二维数组与锯齿数据有何区别?

3. 如下这些集合接口中设置了哪些功能? 实现这些集合接口的类将具备什么功能?

1）IEnumerator 和 IEnumerable。

2）ICollection 和 ICollection < T > 。

3）IList 和 IList < T > 。

4）IDictionary 和 IDictionary < TKey, TValue > 。

4. List < T > 类中的方法 Contain(T)采用什么比较器来判断对象是否存于列表对象中?

5. List < T > 类中的方法 Sort()采用什么比较器来实现列表中的元素排序?

6. Dictionary < TKey, TValue > 对象中的元素类型是什么? 如何遍历 Dictionary < TKey, TValue > 对象?

第 10 章　委托与事件

学习目标

1）学会声明委托类型，并用委托对象调用相关的方法。
2）理解组合委托。
3）学会定义事件与事件数据类、会引发与处理事件。

10.1　委托类型

委托是引用类型，将委托变量与命名方法或匿名方法关联，可以通过委托变量调用方法。委托类型要与所调用的方法签名兼容。委托是事件的基础。

10.1.1　定义委托类型

在 C#中使用 delegate 关键字来声明委托类型，声明语法如下：

```
[访问修饰符] delegate 结果类型 委托标识符([形参列表]);
```

例如：

```
public delegate void TestDelegate(string message);
```

上述示例代码中，表示委托类型 TestDelegate 的对象可以调用一个方法，该方法具备一个 string 型的形参，且返回值的类型为 void。

再如：

```
public delegate int FunctionDelegate(MyType m, long num);
```

上述示例代码中，表示委托类型 FunctionDelegate 的对象可以调用一个方法，该方法具备两个形参，第一个形参的类型为 MyType 型，第二个形参的类型为 long 型，且返回值的类型为 int 型。

再如：

```
public delegate T OperationDelegate<T>(T a, T b) where T : struct;
```

上述示例代码中，表示泛型委托类型 OperationDelegate <T>，其中 T 为类型参数。OperationDelegate <T> 的对象可以调用一个方法，该方法具备两个类型为 T 的形参，且返回值的类型为 T 型。

10.1.2　使用委托类型

（1）使用委托类型定义委托对象并实例化

例如，定义委托对象 opFun1，并让它引用方法 MyOperation.Add(double, double)，语句如下：

```
OperationDelegate < double > opFun1 = new OperationDelegate < double >
```

```
(MyOperation.Add);
    opFun1 = MyOperation.Subtract;   //Subtract()有两个 double 型的形参,返回值的类型为
double 型
    TestDelegate fundelegate = new TestDelegate(Sayhello);   //Sayhello()无返回值,
有 string 型的形参
```

（2）通过委托对象调用一个签名兼容的方法

例如：

```
double result = opFun1(20, 4);
fundelegate("Hello");
```

（3）可以让委托对象直接与匿名方法关联

例如：

```
//委托对象 opFun3 与匿名方法关联
OperationDelegate<double> opFun3 = delegate(double a, double b)
{
    return Math.Pow(a, b);
};  //注意此处有一个分号
double power = opFun3(2,5);
```

10.2 合并委托

"+"运算符可以将委托合并，并将合并结果给一个委托实例，这个委托实例称为组合委托或多路广播委托。组合委托可调用组成它的那两个委托。只有相同类型的委托才可以组合。

"-"运算符可用来从组合的委托中移除某个委托。

例如，如下代码演示了合并委托和移除委托。程序运行结果如图 10-1 所示。

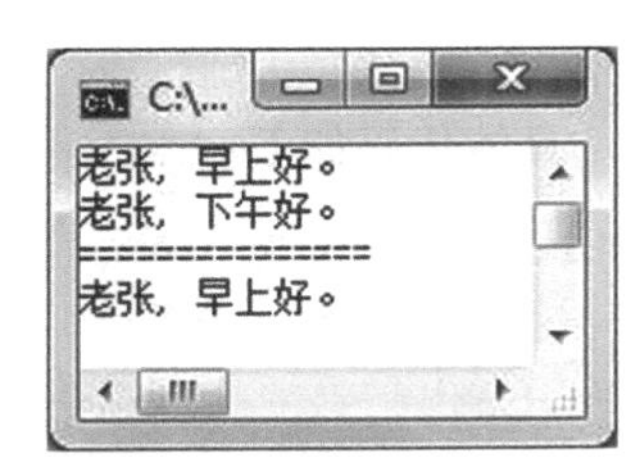

图 10-1　合并委托与移除委托

```
1    using System;
2    public delegate void myDelegate(string name);
3    class Program
4    {
5        static void Saygoodmorning(string name)
6        { Console.WriteLine("{0}, 早上好。", name); }
7        static void Saygoodafternoon(string name)
8        { Console.WriteLine("{0}, 下午好。", name); }
9        static void Main(string[] args)
10       {
11           myDelegate d1 = Saygoodmorning;
12           myDelegate d2 = Saygoodafternoon;
13           d1 = d1 + d2;   //合并两个委托
14           d1("老张");
15           Console.WriteLine(" =============== ");
16           d1 = d1 - d2;   //从 d1 中移除一个委托
17           d1("老张");
```

```
18          Console.ReadKey();
19      }
20  }
```

代码分析：

第 13 行，d1 + d2 的作用是合并两个委托。

第 14 行，执行两个方法。

第 16 行，从 d1 中移除委托 d2。

【实例 10-1】 通过委托对象调用自定义的几个数学运算方法。

1）定义 MyOperation 类表示运算类，其中的方法成员全为静态方法，包括：

①Add(double a, double b)，求 a 与 b 的和。

②Subtract(double a, double b)，求 a 与 b 的差。

③Multiply(double a, double b)，求 a 与 b 的积。

④Divide(double a, double b)，求 a 与 b 的商。

⑤GCD(int a, int b)，求 a 和 b 的最大公约数。

⑥LCM(int a, int b)，求 a 和 b 的最小公倍数。

2）定义泛型委托类型 OperationDelegate <T>，让其对象引用的方法具有两个 T 型形参，且返回 T 型返回值。

3）在方法 Main()中定义 OperationDelegate <T>对象，调用前述的数学运算方法，并输出结果。

具体代码如下：

```
1   using System;
2   namespace Example10_1
3   {
4       public delegate T OperationDelegate<T>(T a, T b) where T : struct;
5       class MyOperation
6       {
7           public static double Add(double a, double b)          //求 a + b
8           { return a + b; }
9           public static double Subtract(double a, double b)     //求 a - b
10          { return a - b; }
11          public static double Multiply(double a, double b)     //求 a×b
12          { return a * b; }
13          public static double Divide(double a, double b)       //求 a/b
14          { return a/b; }
15          public static int GCD(int a, int b)              //求 a 和 b 的最大公约数
16          {
17              int r = a % b;
18              if(r == 0)
19                  return b;
20              return GCD(b, r);
21          }
22          public static int LCM(int a, int b)              //求 a 和 b 的最小公倍数
23          { return a * b/GCD(a, b); }
```

```
24        }
25        class Program
26        {
27            static void Main(string[] args)
28            {
29                OperationDelegate<double> opFun1 = new OperationDelegate<double>
(MyOperation.Add);
30                Console.WriteLine("20 + 4 = {0}", opFun1(20, 4));
31                opFun1 = MyOperation.Subtract;
32                Console.WriteLine("20 - 4 = {0}", opFun1(20, 4));
33                opFun1 = new OperationDelegate<double>(MyOperation.Multiply);
34                Console.WriteLine("20 * 4 = {0}", opFun1(20, 4));
35                opFun1 = new OperationDelegate<double>(MyOperation.Divide);
36                Console.WriteLine("20 /4 = {0}", opFun1(20, 4));
37                OperationDelegate<int> opFun2 = new OperationDelegate<int>
(MyOperation.GCD);
38                opFun2 = new OperationDelegate<int>(MyOperation.GCD);
39                Console.WriteLine("20 与 4 的最大公约数为:{0}", opFun2(20, 4));
40                opFun2 = new OperationDelegate<int>(MyOperation.LCM);
41                Console.WriteLine("20 与 4 的最小公倍数为:{0}", opFun2(20, 4));
42                OperationDelegate<double> opFun3 = delegate (double a, double
b)  //委托对象 opFun3 与匿名方法关联,注意该方法无方法名
43                {
44                    return Math.Pow(a, b);
45                };  //注意此处有一个分号
46                double power = opFun3(2, 5);
47                Console.WriteLine("2 的 5 次方为{0}", power);
48                Console.ReadKey();
49            }
50        }
51    }
```

程序运行结果如图 10-2 所示。

代码分析:

第 4 行，定义 OperationDelegate<T>泛型委托类型，参数 T 为值类型。OperationDelegate<T>的对象所引用的方法必须具备两 T 类型的形参，且返回 T 型结果，如第 7 行所示的方法 Add()就满足要求。

第 29 行，定义委托类型的对象 opFun1，并让它与方法 MyOperation. Add()关联。

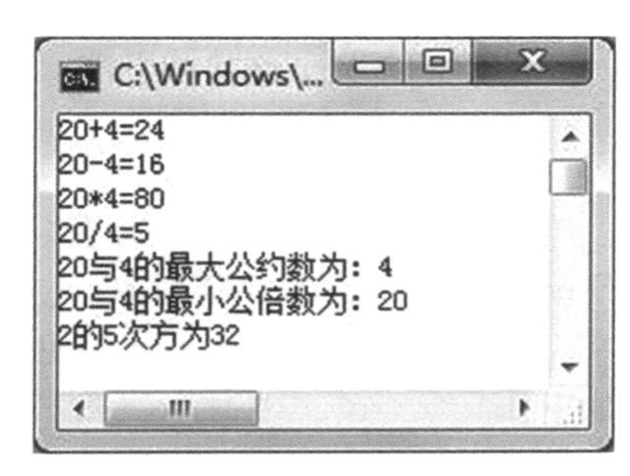

图 10-2 【实例 10-1】的运行结果

第 30 行，通过委托对象调用方法 MyOperation. Add()。

第 31 行，委托对象与方法关联的另一种形式。

第 42 ~ 45 行，定义委托对象 opFun3 直接与一个匿名的方法关联。

第 46 行，通过委托对象调用匿名方法。

10.3　事件

10.3.1　事件的概念

类或对象可以通过事件向其他类或对象通知发生的相关事情。发送（或引发）事件的类称为发行者，接收（或处理）事件的类称为订户。例如，小孩发生跌倒事件，在妈妈处理小孩的跌倒事件中，小孩是发行者，妈妈是订户。

事件是特殊类型的多路广播委托，仅可从声明它们的类或结构（发行者类）中调用。如果其他类或结构订阅了该事件，则当发行者类引发该事件时，会调用其事件处理程序。此处所谓的调用即通过委托对象调用关联的方法。

事件具有以下特点：

1）发行者确定何时引发事件，订户确定执行何种操作来响应该事件。

2）一个事件可以有多个订户，一个订户可处理来自多个发行者的多个事件。

3）没有订户的事件永远也不会引发。

4）事件通常用于通知用户操作，例如，图形用户界面中的单击按钮或选择菜单操作。

5）如果一个事件有多个订户，则当引发该事件时，会同步调用多个事件处理程序。

6）可以利用事件同步线程。

7）在.NET Framework类库中，事件是基于EventHandler委托和EventArgs基类的。其中，EventHandler委托的声明语法如下，sender是事件的发行者，e是事件引发时的数据信息。

```
public delegate void EventHandler(Object sender, EventArgs e)
```

10.3.2　声明事件

事件是多路广播委托，声明事件前得有调用事件处理程序的委托类型，而声明委托类型时已经规定了事件处理程序的签名。声明的事件本质上还是委托对象。对于声明事件的委托而言，并非任意定义的委托类型都行，它是基于EventHandler委托的，如前节所述。

事件声明的语法格式如下：

```
[修饰符] event 调用事件处理程序的委托类型 事件名;
```

例如，声明小孩跌倒事件。在声明跌倒事件前，妈妈处理跌倒事件的处理程序为：

```
void Mamaprocess(object sender, Child.FalldownArgs e)
```

这个处理程序有特殊要求，如返回void。两个形参，第一个表示发行者，第二个形参是EventArgs类或其派生类对象。

所以，在小孩类中，调用妈妈对象中的跌倒事件处理程序的委托对象的委托类型可定义如下：

```
public delegate void FalldownDelegate(object sender, FalldownArgs e);
```

进而，可在小孩类中声明跌倒事件，即Falldown事件，语句如下：

```
public event FalldownDelegate Falldown;
```

事件的声明在类或结构中进行，因此，事件是类或结构中的一种成员。声明事件与前面声明委托对象相比，仅仅是语句中多了event关键字。

10.3.3 引发事件

引发事件前，事件名要与事件处理方法进行关联，否则不会引发事件。引发事件就是通过委托对象调用事件订户的处理程序。例如，引发跌倒事件前，孩子的 Falldown 事件（委托）与妈妈对象内部的事件处理程序做了关联，代码如下：

```
child.Falldown + =new Child.FalldownDelegate(Mamaprocess);
```

引发 Falldown 事件，即通过委托变量调用事件处理程序，代码如下：

```
Falldown(this, data);
```

【实例 10-2】 定义事件与处理事件，具体要求如下。

1）定义 Child 类，表示小孩类。它有行走方法 Walk( )，用循环变量 i 的步长模拟行走距离，当 i≥100 时，表示行走距离够远，此时触发跌倒事件 Falldown。Falldown 事件中要记录行走的距离。

2）在 Child 类中定义嵌套类 FalldownArgs，表示 Falldown 事件参数类，用于表示 Falldown 事件发生时伴随着的数据信息，如行走距离。

3）定义 Mama 类，表示妈妈类。它包含 Child 私有字段，表示有一个孩子，还包含方法 Mamaprocess( )，该方法用于处理跌倒事件。

4）在方法 Main( )中定义 Child 对象，定义 Mama 对象，执行 Child 对象的方法 Walk( )。

小孩类 Child 中应该定义以下内容：

1）小孩的基本信息，如姓名等。

2）跌倒事件的数据信息，它由 FalldownArgs 类描述，继承 System. EventArgs。该类中定义跌倒事件的数据有行走距离。

3）委托类型 FalldownDelegate。

4）跌倒事件 Falldown。

5）行走方法，引发事件。

妈妈类 Mama 中定义以下内容：

1）一个小孩。

2）关联事件。

3）跌倒事件处理程序。

具体实现代码如下：

```
1    using System;
2    namespace Example10_2
3    {
4        public class Child   //小孩类
5        {
6            private string name;
7            public delegate void FalldownDelegate(object sender, FalldownArgs e);
8            public event FalldownDelegate Falldown;   //声明跌倒事件
9            public string Name
10           {
11               get { return name; }
12           }
```

```
13          public Child(string name)
14          { this.name = name; }
15
16          public void Walk()  //行走方法
17          {
18              for(int i =1; i < 1000; i ++)
19              {
20                  if(i > =100)  //表示走得远了,就触发跌倒事件
21                  {
22                      FalldownArgs data = new FalldownArgs(i);
23                      Falldown(this, data); break;
24                  }
25              }
26          }
27          public class FalldownArgs : System.EventArgs  //跌倒事件参数类,内部
嵌套类
28          {
29              private readonly int distance;  //表示行走距离
30              public int Distance
31              { get { return distance; } }
32              public FalldownArgs(int distance)  //构造方法
33              {
34                  this.distance = distance;
35              }
36          }
37      }
38      public class Mama  //妈妈类
39      {
40          private Child child;  //妈妈有一个小孩
41          public Mama(Child aChild)
42          {
43              child = aChild;
44              child.Falldown + = new Child.FalldownDelegate(Mamaprocess);
//小孩的跌倒事件与妈妈的处理方法相关联,Falldown 事件是小孩的,方法 Mamaprocess()是妈妈的
45          }
46          void Mamaprocess(object sender, Child.FalldownArgs e)  //妈妈处理
跌倒事件的方法,前面已做关联,只要小孩跌倒,就转到该方法执行
47          {  //sender 是事件发生者(小孩),e 是事件发生时伴随着的数据
48              Console.WriteLine("跌倒者:{0}", ((Child)sender).Name);
49              Console.WriteLine("已经走了:{0}米", e.Distance);
50              Console.WriteLine("{0},不要趴着,起来吧。", ((Child)sender).Name);
51          }
52      }
53      class Program
54      {
55          static void Main(string[] args)
```

```
56          {
57              Child child = new Child("明明");
58              Mama mama = new Mama(child);  //小孩是妈妈的小孩
59              child.Walk();  //必跌倒,调用妈妈的方法 Mamaprocess()
60              Console.ReadKey();
61          }
62      }
63  }
```

程序运行结果如图 10-3 所示。

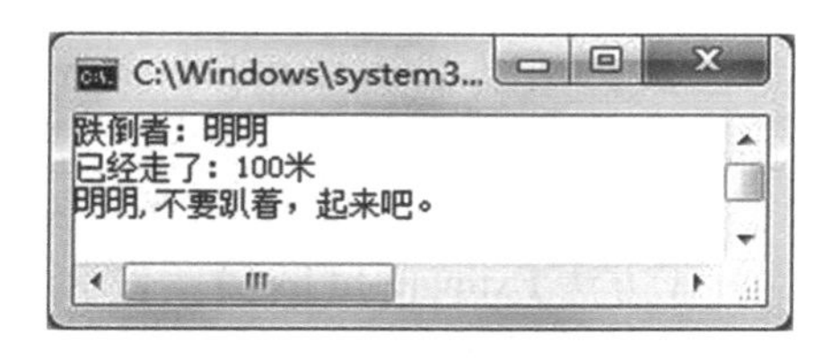

图 10-3 【实例 10-2】的运行结果

代码分析：

第 7 行，定义委托类型 FalldownDelegate。

第 8 行，关键字 event 与委托类型一起用于声明事件对象 Falldown。

第 16～26 行，行走方法 Walk()中，循环变量 i 的步长值模拟表示 1m 距离，当 i = 100 时，通过事件委托对象 Falldown 调用事先关联的方法。

第 22 行，生成 Falldown 事件数据，用于第 23 行的委托调用。

第 27～36 行，定义事件数据类，它以 System. EventArgs 为基类，其中 distance 表示行走距离。

第 38～52 行，定义 Mama 类，表示妈妈类。构造方法中指定了孩子跌倒事件处理程序，表示妈妈收订跌倒事件，如第 44 行所示。

第 46～51 行，定义 Falldown 事件处理程序，该方法签名必须符合第 7 行所示的 FalldownDelegate 类型要求。

第 59 行，小孩行走功能，触发事件。

本章小结

委托类型用 delegate 关键字来声明，委托类型的对象用来调用命名方法或匿名方法。同类型的委托对象可以组合，在组合的委托对象调用方法时，可以依次执行多个方法。

委托是事件的基础，在类或结构中声明的委托对象是事件成员，事件成员执行的是订户的事件处理程序。在订户端，处理事件的处理程序（方法）有指定的要求，即返回值和两个形参的类型要求。在订户端要收订事件。在发行者端，通常要先定义事件的委托类型，以及伴随事件的数据类型，再定义事件。在发行者端，还要有引发事件的机制，即符合某种条件时，通过事件名（委托变量）调用事件处理程序。

习题

一、编程题

1. 在对象浏览器中查阅 System. Timers. Timer 类的成员信息，然后使用 System. Timers. Timer 对象编写一个程序，实现每隔一秒显示当前的系统时间。

2. 编写一个求［2，200］之间素数的方法，用委托对象调用这个方法。

3. 定义和使用火灾警报事件，具体要求如下。

1）定义火灾事件的数据参数类 FireEventArgs，它包含：

①公有 room 字段，表示房间，如厨房、书房等。

②公有 ferocity 字段，表示火灾程度。小于 2 表示低，2、3、4 表示中等，5 以上表示高。

③带参构造方法。

2）定义 FireAlarm 类，表示火灾警报器类，它包含：

①FireEvent，表示火灾事件，定义它的委托类型为 FireEventHandler，FireEventHandler 的定义如下：

```
public delegate void FireEventHandler(object sender, FireEventArgs fe);
```

②发警报方法 ActivateFireAlarm(string room, int ferocity)，它的内部产生火灾事件数据，并引发 FireEvent 事件。

3）定义 FireHandlerClass 类，表示 FireEvent 事件的处理类，它包含：

①方法 ExtinguishFire()，表示 FireEvent 事件处理程序，其内部根据火势猛烈程度执行不同的火灾处理方法。

②带火灾警报器形参的构造方法，在其内部做形参的 FireEvent 事件的关联，即关联到上面的方法 ExtinguishFire()。

4）在方法 Main()中，定义 FireAlarm 对象，将该对象用于构造 FireHandlerClass 对象，FireAlarm 对象分别调用方法 ActivateFireAlarm()引发不同房间、不同程度的火灾情形。

二、思考题

1. 委托类型在声明时，需要重点考虑什么问题？
2. 委托对象如何调用匿名方法？
3. 同类型的委托对象如何组合？如何在组合委托对象中移除一个委托？
4. 如何理解事件？
5. 事件的委托类型有什么特别的要求？事件的数据参数一般有哪些要求？
6. C#中的事件一般有哪些特点？

第11章　序列化与反序列化

学习目标

1）理解流的含义。
2）学会使用 Directory、File、DirectoryInfo 和 FileInfo 类。
3）了解 Environment 类。
4）学会使用 StreamReader、StreamWriter、FileStream。
5）掌握将对象序列化的方法，会反序列化。

11.1　文件夹与文件操作

11.1.1　System. IO. Directory 类

System. IO. Directory 类中包含与文件夹操作相关的静态方法。表 11-1 列出了该类的部分静态方法。

表 11-1　System. IO. Directory 类的部分方法

名　称	说　明
CreateDirectory(String)	按指定的 path 创建所有的文件夹和子文件夹
Delete(String)	从指定路径删除空文件夹
Exists()	确定给定路径是否引用磁盘上的现有文件夹
GetCreationTime()	获取文件夹的创建日期和时间
GetDirectories(String)	获取指定文件夹中子文件夹的名称
GetFiles(String)	返回指定文件夹中的文件的名称
GetFileSystemEntries(String)	返回指定文件夹中所有文件和子文件夹的名称
GetParent()	检索指定路径的父文件夹，包括绝对路径和相对路径
Move()	将文件或文件夹及其内容移到新位置

下面的示例代码确定指定的文件夹是否存在，如果存在，则删除该文件夹；如果不存在，则创建该文件夹，再显示它的创建时间。然后移动此文件夹，在其中创建一个文本文件，最后统计文件数。

```
1    using System;
2    using System.IO;
3    class Test
4    {
5        public static void Main()
6        {
```

```
 7          string path =@ "c:\MyDir";
 8          string target =@ "c:\TestDir";
 9          try
10          {
11             if(!Directory.Exists(path))  //判断是否存在 c:\MyDir 文件夹
12             {
13                Directory.CreateDirectory(path);  //创建文件夹
14             }
15             Console.WriteLine(Directory.GetCreationTime(path));  //创建时间
16             if(Directory.Exists(target))
17             {
18                Directory.Delete(target, true);  //true 表示删除文件夹中的子
文件夹
19             }
20             Directory.Move(path, target);  //target 为移向的新位置
21             File.CreateText(target +@ "\myfile.txt");
22             Console.WriteLine("{0}中的文件数是{1}",target, Directory.GetFiles
(target).Length);
23          }
24          catch (Exception e)
25          {
26             Console.WriteLine("操作失败:{0}", e.ToString());
27          }
28          finally { }
29       }
30    }
```

Windows 系统中有许多特殊的文件夹，如“我的文档”、Windows 安装文件夹等。要获取这些特殊的文件夹，应使用方法 Environment. GetFolderPath( )，该方法的参数由 Environment. SpecialFolder 枚举类型指定。例如，如下代码列出 Windows 文件夹中所有扩展名为 . exe 的文件。

```
1    static void Main(string[] args)
2    {
3         string winDir =Environment.GetFolderPath(Environment.
SpecialFolder.Windows);
4         string[] exefiles =Directory.GetFiles(winDir, "*.exe");
5         foreach(string item in exefiles)
6            Console.WriteLine(item);
7    }
```

11. 1. 2　System. IO. DirectoryInfo 类

DirectoryInfo 类也用来操作文件夹，但它与 Directory 不同的是，该类内部的成员是非静态成员，需要创建 DirectoryInfo 对象，再通过对象来操作文件夹。DirectoryInfo 类的部分成员见表 11-2。

表 11-2　DirectoryInfo 类的部分成员

名　称	说　　明
DirectoryInfo 构造函数	用指定的路径初始化 DirectoryInfo 类的新实例
FullPath 字段	表示目录或文件的完全限定目录
Attributes 属性	获取或设置当前文件或目录的特性
CreationTime 属性	获取或设置当前文件或目录的创建时间
Exists 属性	获取指示目录是否存在值
Extension 属性	获取表示文件扩展名部分的字符串
FullName 属性	获取目录或文件的完整目录
LastAccessTime 属性	获取或设置上次访问当前文件或目录的时间
Name 属性	获取此 DirectoryInfo 实例的名称
Parent 属性	获取指定子目录的父目录
Root 属性	获取路径的根部分
Create( )	创建目录
Delete( )	如果此 DirectoryInfo 为空，则删除它
Delete(Boolean)	删除 DirectoryInfo 的此实例，指定是否要删除子目录和文件
EnumerateDirectories( )	返回当前目录中的目录信息的可枚举集合
EnumerateFiles( )	返回当前目录中的文件信息的可枚举集合
GetDirectories( )	返回当前目录的子目录
GetDirectories(String)	返回当前 DirectoryInfo 中与给定搜索条件匹配的目录的数组
GetFiles( )	返回当前目录的文件列表
GetFiles(String)	返回当前目录中与给定的搜索模式匹配的文件列表
GetFileSystemInfos( )	返回表示某个目录中所有文件和子目录的 FileSystemInf 数组
GetType( )	获取当前实例的 Type
MoveTo( )	将 DirectoryInfo 实例及其内容移动到新路径

下面的示例代码演示了 DirectoryInfo 对象的一些成员使用方法，代码功能是将一个文件夹复制到另一处，包括其中的文件和所有子文件夹。

```
1    using System;
2    using System.IO;
3    class CopyDirectory
4    {
5        public static void Copy(string source, string target)
6        {
7            DirectoryInfo sourceDir = new DirectoryInfo(source);
8            DirectoryInfo targetDir = new DirectoryInfo(target);
9            if(Directory.Exists(targetDir.FullName) == false)
10           {
11               Directory.CreateDirectory(targetDir.FullName);
```

```
12            }
13            foreach (FileInfo fi in sourceDir.GetFiles())
14            {
15                Console.WriteLine(@ "Copying {0} \{1}", targetDir.FullName, fi.Name);
16                string targetfile = Path.Combine(target.ToString(), fi.Name);
//将两个字符串组合成一个路径
17                fi.CopyTo(targetfile, true);  //true 表示覆盖现有文件
18            }
19            foreach (DirectoryInfo sourceSubDir in sourceDir.GetDirectories())
20            {  //在目标文件中创建子文件夹,并返回该子文件夹对象
21                  DirectoryInfo targetSubDir = targetDir.CreateSubdirectory
(sourceSubDir.Name);
22                Copy(sourceSubDir.FullName, targetSubDir.FullName);
23            }
24        }
25        public static void Main()
26        {
27            string sourceDirectory = @ "c:\source";
28            string targetDirectory = @ "c:\target";
29            try
30            {
31                Copy(sourceDirectory, targetDirectory);
32            }
33            catch(Exception e)
34            {
35                Console.WriteLine("复制失败:" + e.Message);
36            }
37        }
38    }
```

11.1.3　System. IO. File 类

System. IO. File 类提供用于创建、复制、删除、移动和打开文件的静态方法，并协助创建 FileStream 对象。System. IO. File 类的部分静态成员见表 11-3。

表 11-3　System. IO. File 类的部分静态成员

名　称	说　　明
Copy(String, String, Boolean)	将现有文件复制到新文件，允许覆盖同名的文件
Create(String, Int32)	创建或覆盖指定的文件
CreateText()	创建或打开一个文件用于写入 UTF-8 编码的文本
Delete()	删除指定的文件。如果指定的文件不存在，则不引发异常
Exists()	确定指定的文件是否存在
GetAttributes()	获取在此路径上的文件的 FileAttributes
GetCreationTime()	返回指定文件或目录的创建日期和时间

（续）

名　称	说　　明
GetLastAccessTime( )	返回上次访问的指定文件或目录的日期和时间
Move( )	将指定文件移到新位置，并提供指定新文件名的选项
Open(String,FileMode)	打开指定路径上的 FileStream，具有读/写访问权限
OpenRead( )	打开现有文件以进行读取
OpenWrite( )	打开现有文件以进行写入
ReadAllBytes( )	打开一个文件，将文件的内容读入一个字符串，然后关闭该文件
ReadAllLines(String)	打开一个文本文件，读取文件的所有行，然后关闭该文件
ReadAllLines(String,Encoding)	打开一个文件，使用指定的编码读取文件的所有行，然后关闭该文件
WriteAllBytes( )	创建一个新文件，在其中写入指定的字节数组，然后关闭该文件。如果目标文件已存在，则覆盖该文件
WriteAllLines(String,String[ ])	创建一个新文件，在其中写入指定的字符串数组，然后关闭该文件
WriteAllLines(String,String[ ],Encoding)	创建一个新文件，使用指定的编码在其中写入指定的字符串数组，然后关闭该文件
WriteAllText(String,String,Encoding)	创建一个新文件，在其中写入指定的字符串，然后关闭该文件。如果目标文件已存在，则覆盖该文件

11.1.4　System. IO. FileInfo 类

System. IO. FileInfo 类提供创建、复制、删除、移动和打开文件的实例方法，并且帮助创建 FileStream 对象。此类不能被继承。与 File 类相比，FileInfo 类内部的成员是非静态成员，部分成员见表 11-4。

表 11-4　System. IO. FileInfo 类的部分成员

名　称	说　　明
FullPath 字段	表示目录或文件的完全限定目录
Attributes 属性	获取或设置当前文件或目录的特性
CreationTime 属性	获取或设置当前文件或目录的创建时间
Directory 属性	获取父目录的实例
DirectoryName 属性	获取表示目录的完整路径的字符串
Exists 属性	获取指示文件是否存在的值
Extension 属性	获取表示文件扩展名部分的字符串
FullName 属性	获取目录或文件的完整目录
IsReadOnly 属性	获取或设置当前文件是否为只读

（续）

名　称	说　明
LastAccessTime 属性	获取或设置上次访问当前文件或目录的时间
LastWriteTime 属性	获取或设置上次写入当前文件或目录的时间
Length 属性	获取当前文件的大小（字节）
Name 属性	获取文件名
CopyTo(String)	将现有文件复制到新文件，不允许覆盖现有文件
CopyTo(String,Boolean)	将现有文件复制到新文件，允许覆盖现有文件
Create()	创建文件
CreateText()	创建写入新文本文件的 StreamWriter
Delete()	永久删除文件
GetType()	获取当前实例的 Type
MoveTo()	将指定文件移到新位置，并提供指定新文件名的选项
Open(FileMode)	在指定的模式中打开文件
Open(FileMode,FileAccess)	用读、写或读/写访问权限在指定模式下打开文件
OpenRead()	创建只读 FileStream

11.2　读写文本文件

11.2.1　System.IO.StreamReader 类

1. 理解 StreamReader 类

StreamReader 类对象的作用是以一种特定的编码从字节流中读取字符。例如，把 d:\Employees\myEmployees.txt 中的文本行依次读入到内存的 string 变量 aline 中，myEmployees.txt 文件中有数字，也有汉字。数据的源头是磁盘文件 myEmployees.txt，数据的目的地是内存变量 aline，而 StreamReader 对象就是连接在它们之间的管道（可以想象成溪流或自来水管），管道中流动是字符流，StreamReader 对象按某种字符编码从这个字符流中读取字符，使字符流流向内存变量 aline。myEmployees.txt 文件中有汉字，所以按 GB 2312 或 GBK 字符编码读取字符流比较合适。除非另外指定，StreamReader 对象的默认编码为 UTF-8，但如果要使用汉字字符编码 GB 2312，则代码为 System.Text.Encoding.GetEncoding("gb2312")。

所以，把上述文件内容读入到 aline 中，首先要定义 StreamReader 对象，并与磁盘文件做关联，并指定字符编码，代码如下：

```
StreamReader sr = new StreamReader(empfile,System.Text.Encoding.GetEncoding
("gb2312"))
```

读入到内存变量的方法：

```
aline = sr.ReadLine();
```

2. StreamReader 类成员简介

StreamReader 类继承 TextReader 类，StreamReader 对象使用特定的编码，用于读取标准文本文件的各行信息。该类的部分成员见表 11-5。

表 11-5　System. IO. StreamReader 类的部分成员

名　称	说　　明
StreamReader(String,Encoding)	用指定的字符编码，为指定的文件名初始化 StreamReader 类的一个新实例
Close()	关闭 StreamReader 对象和基础流，并释放与读取器关联的所有系统资源
Finalize()	允许 Object 在"垃圾回收"回收 Object 之前尝试释放资源并执行其他清理操作
Peek()	返回下一个可用的字符，但不使用它
Read()	读取输入流中的下一个字符并使该字符的位置提升一个字符
Read(Char[],Int32,Int32)	从 index 开始，从当前流中将最多的 count 个字符读入 buffer
ReadBlock()	从当前流中读取最大 count 的字符并从 index 开始将该数据写入 buffer
ReadLine()	从当前流中读取一行字符并将数据作为字符串返回
ReadToEnd()	从流的当前位置到末尾读取流

11. 2. 2　System. IO. StreamWriter 类

StreamWriter 类实现一个 TextWriter，使其以一种特定的编码向流中写入字符，该类的部分成员见表 11-6。

表 11-6　System. IO. StreamWriter 类的部分成员

名　称	说　　明
AutoFlush 属性	获取或设置一个值，该值指示 StreamWriter 是否在每次调用 StreamWriter. Write 之后，将其缓冲区刷新到基础流
BaseStream 属性	获取同后备存储区连接的基础流
Encoding 属性	获取将输出写入到其中的 Encoding
FormatProvider 属性	获取控制格式设置的对象
NewLine 属性	获取或设置由当前 TextWriter 使用的行结束符字符串
Close()	关闭当前的 StreamWriter 对象和基础流
Flush()	清理当前编写器的缓冲区，并使所有缓冲数据写入基础流
GetHashCode()	用作特定类型的散列函数
GetType()	获取当前实例的 Type
MemberwiseClone()	创建当前 Object 的浅表副本
Write(Char[])	将字符数组写入流
Write(String)	将字符串写入流
Write(Char[],Int32,Int32)	将字符的子数组写入流
WriteLine(String)	将后跟行结束符的字符串写入文本流

（续）

名　称	说　　明
WriteLine(String,Object)	使用与 Format 相同的语义写出格式化的字符串和一个新行
WriteLine(String,Object[ ])	使用与 Format 相同的语义写出格式化的字符串和一个新行
WriteLine(Char[ ],Int32,Int32)	将后跟行结束符的字符子数组写入文本流

下面的示例代码演示了 StreamWriter 对象与 StreamReader 对象的使用。代码首先获取 C 盘中的所有子文件夹名，再使用 StreamWriter 对象把这些子文件夹名写入到 c:\Cdirs. txt 文本文件中，然后使用 StreamReader 对象读取 c:\ Cdirs. txt 中的内容，并显示到屏幕上。在使用 StreamWriter 与 StreamReader 对象时，代码中使用了 using 语句，在 using 语句结束时，将自动调用对象的方法 Dispose( )，释放 using 语句中使用的非托管资源。

```
1    using System;
2    using System.IO;
3    class Program
4    {
5        static void Main(string[] args)
6        {
7            string cdirsfile = @ "c:\Cdirs.txt";
8            DirectoryInfo[] cDirs = new DirectoryInfo(@ "c:\").GetDirectories
();  //返回 c:\子目录
9            System.Text.Encoding encoding = System.Text.Encoding.GetEncoding
("gb2312");
10           using(StreamWriter sw = new StreamWriter(cdirsfile, false, encoding))
11           {  //把获取的子文件夹名写入 c:\Cdirs.txt 文本文件
12              foreach(DirectoryInfo dir in cDirs)
13              {
14                  sw.WriteLine(dir.Name);
15              }
16           }
17           string aline = "";
18           using (StreamReader sr = new StreamReader(cdirsfile, encoding))
19           {  //从 c:\Cdirs.txt 文本文件中读取每一行,并显示出来
20              while((aline = sr.ReadLine()) ! = null)
21              {
22                  Console.WriteLine(aline);
23              }
24           }
25       }
26   }
```

对文件的操作结束时，一定要及时关闭对此文件进行操作的文件流，如果不关闭，则有可能影响后续对此文件的操作。

【实例 11-1】读写文本文件，具体要求如下。

1）使用【实例 9-4】中的雇员类 Employee。

2）声明 EmployeeList 类，表示雇员列表类，它用于保存取雇员类数据，包括：

①公有静态字符串字段 empfile，用于存文件路径信息“d:\Employees\myEmployees. txt”。myEmployees. txt 文件的初始内容如下所示，每行表示员工编号与员工姓名，并用空格分隔。

111　李琼
112　陈希
113　谷山
114　郑亮

②公有静态字段 empdir，用于存储文件夹“d:\Employees”。

③私有字段 List <Employee> 对象 list，用于存储雇员信息。

④Count 属性，表示雇员人数。

⑤无参构造方法，实现读 empfile 中文件内容到 list 中。

⑥方法 Saveemployees()，用于把 list 中的雇员信息保存到 empfile 表示的文件中。

⑦方法 PrintEmployees()，显示 list 中所有的员工信息。

⑧方法 Add(object)，实现把 object 对象添加到 list 中。

⑨方法 Remove(object)，实现移除 list 中的某个雇员对象。

3）在方法 Main() 中，定义 EmployeeList 对象，立即显示其中的雇员信息。再在 EmployeeList 对象中添加对象，移除对象，存盘，然后显示所有的雇员信息。

具体实现代码如下：

```
1    using Example9_4;
2    using System;
3    using System.Collections.Generic;
4    using System.IO;
5    namespace Example11_1
6    {
7        class EmployeeList
8        {
9            public static string empfile = @ "d:\Employees\myEmployees.txt";
10           public static string empdir = @ "d:\Employees";  //存盘文件夹
11           List < Employee > list = new List < Employee >();
12           public int Count
13           { get { return list.Count; } }
14           public EmployeeList()
15           {  //从文件到 list
16               using (StreamReader sr = new StreamReader(empfile,System.Text.
Encoding.GetEncoding("gb2312")))
17               {
18                   string aline = "";
19                   string[] idnames;
20                   while((aline = sr.ReadLine()) != null)
21                   {
22                       idnames = aline.Split(' ');
```

```
23                    list.Add(new Employee(idnames[0], idnames[1]));
24                }
25                sr.Close();
26            }
27        }
28        public void Saveemployees()
29        {
30            if(list.Count ==0)
31                return;
32            if(! Directory.Exists(empdir))  //若目标文件夹不存在,则建立它
33                Directory.CreateDirectory(empdir);
34              using (StreamWriter sw = new StreamWriter(empfile, false,
System.Text.Encoding.GetEncoding("gb2312")))  //false 表示确定是否将数据追加到文
件,此处表示不追回,而是覆盖。"gb2312"表示汉字字符编码
35            {
36                foreach(Employee item in list)
37                {
38                    sw.WriteLine("{0} {1}", item.ID, item.Name);
39                }
40            }
41        }
42        public void PrintEmployees()
43        {
44            if(Count ==0) return;
45            foreach(Employee item in list)
46                Console.WriteLine("{0} {1}", item.ID, item.Name);
47            Console.WriteLine("--------------");
48        }
49        public void Add(object e)
50        {
51            Employee temp = e as Employee;
52            if(temp != null)
53                list.Add(temp);
54        }
55        public bool Remove(object e)
56        {
57            Employee temp = e as Employee;
58            if(temp == null)
59                return false;
60            return list.Remove(temp);
61        }
62    }
63    class Program
64    {
65        static void Init()  //初始化
66        {
```

```
67                 if(!Directory.Exists(EmployeeList.empdir))
68                     Directory.CreateDirectory(EmployeeList.empdir);
69                 if(File.Exists(EmployeeList.empfile))
70                     File.Delete(EmployeeList.empfile);
71                     using (StreamWriter sw = new StreamWriter(EmployeeList.
empfile, true,System.Text.Encoding.GetEncoding("gb2312")))  //汉字字符编码
72                 {
73                     sw.WriteLine("{0} {1}", "111", "李琼");
74                     sw.WriteLine("{0} {1}", "112", "陈希");
75                     sw.WriteLine("{0} {1}", "113", "谷山");
76                     sw.WriteLine("{0} {1}", "114", "郑亮");
77                 }
78             }
79             static void Main(string[] args)
80             {
81                 Init();  //初始化
82                 EmployeeList elist = new EmployeeList();
83                 Console.WriteLine("文件中原有员工信息:");
84                 elist.PrintEmployees();
85                 Employee e = new Employee("115", "江颖馨");
86                 elist.Add(e);
87                 e = new Employee("112", "");
88                 elist.Remove(e);
89                 elist.Saveemployees();
90                 Console.WriteLine("添加、移除后员工信息:");
91                 elist.PrintEmployees();
92                 Console.WriteLine("员工人数:{0}", elist.Count);
93                 Console.ReadKey();
94             }
95         }
96     }
```

程序运行结果如图 11-1 所示。

代码分析：

第 1 行，使用 Employee 类的名称空间，Employee 类定义在类文件 Employee. cs 中。

第 4 行，代码中的 Directory、File、StreamReader 和 StreamWriter 类声明于 System. IO 名称空间中。

第 9 行，empfile 表示存盘文件。

第 16 行，using 语句的作用是使语句段内部的对象在离开该本语句段后能被释放资源。像实现 System. IDisposable 接口的一些类，如 StreamReader、StreamWriter、System. Drawing. Font 类等，它们的对象经常在 using 语句中使用，以确保它们能被销毁，以免影响其他操作。

图 11-1　【实例 11-1】的运行结果

11.3　对象序列化与反序列化

对象存储、传输及跨平台应用需要对象序列化和反序列化。对象序列化是指将对象存储为另一种通用格式，如存储为二进制、XML、JSON 等，而反序列化是指从通用格式转换成内存中的对象。这两个过程结合起来，可以轻松地存储和传输数据。

本节介绍的序列化是把内存对象通过流对象存为二进制文件，反序列化是把二进制文件转化为内存对象。

11.3.1　Stream 类

Stream 类是抽象类，它及其派生类用于字节流的 I/O 处理。Stream 类提供的公有属性见表 11-7。其中，前 4 个属性值为布尔型，且都是只读的。由于流以序列方式对数据进行操作，因此支持流长度与当前位置的概念。在同步操作中，一个流对象只有一个当前位置，不同的程序或进程都在当前位置操作；而异步操作中，在文件共享支持下，不同的程序和进程可以在不同的位置上进行操作。

表 11-7　Stream 类的公有属性

名　称	说　　明
CanRead	表示当前流是否可以读取流中的数据
CanSeek	表示当前流是否可以在流中进行定位
CanTimeout	表示当前流是否支持超时机制
CanWrite	表示当前流是否可以修改流中的数据
Length	表示流长度
Position	表示流的当前位置
ReadTimeout	表示读超时限制（以 ms 为单位）
WriteTimeout	表示写超时限制（以 ms 为单位）

Stream 类提供的公有方法见表 11-8，它们用于流的基本操作。根据需要，可以使用 Position 属性或方法 Seek( )来改变流的当前位置。不过，Position 属性指的是流的绝对位置，即从流的起始位置开始计算，该值为 0 时，表示在起始位置，该值等于 Length 的值减 1 时，表示在结束位置。方法 Seek( )则需要通过 SeekOrigin 枚举类型来指定偏移基准，即是从开始位置、结束位置还是当前位置进行偏移。如果指定为 SeekOrigin. End，那么偏移量就应该为负数，表示将当前位置向前推移。

表 11-8　Stream 类的公有方法

名　称	说　　明
BeginRead	开始异步读操作
BeginWrite	开始异步写操作
Close	关闭当前流并释放与之关联的所有资源
CopyTo(Stream)	从当前流中读取字节并将其写入到另一个流中

（续）

名　称	说　　明
EndRead	等待挂起的异步读取完成
EndWrite	结束异步写操作
Flush	强制清空流的所有缓冲区
Read	从当前流中读取字节序列，并在此流中的当前位置提示读取的字节数
ReadByte	从流中读取一个字节，并将流内的位置向前推进一个字节
Seek	当在派生类中重写时，设置当前流中的位置
SetLength	当在派生类中重写时，设置当前流的长度
Write	向当前流中写入字节序列
WriteByte	将一个字节写入流内的当前位置

11.3.2　FileStream 类

FileStream 类是 Stream 类的派生类，使用 FileStream 对象能够对文件进行读、写、打开、关闭等操作。FileStream 对象既支持同步和异步文件读写操作，也能对输入/输出进行缓存，以提高性能。

FileStream 对象支持使用方法 Seek( ) 对文件进行随机访问。方法 Seek( ) 允许将读取/写入位置移动到文件中的任意位置，这是通过设置字节偏移量参数完成的。字节偏移量是相对于搜索基准而言的，搜索基准可以是基础文件的开始、当前位置或结尾，分别由 3 个枚举常量来表示，它们是 SeekOrigin. Begin、SeekOrigin. Current、SeekOrigin. End。

FileStream 对象会自动缓冲数据，通过方法 Flush( ) 能够强制输出缓冲区中的数据。FileStream 对象和其他流都会占用不在 .NET 管理范围的资源，因此 FileStream 对象在使用完成后应调用方法 Dispose( ) 释放非托管资源，或在 using 语句中使用 FileStream 对象，在 using 语句的最后会自动销毁 FileStream 对象。

FileStream 类有多个构造方法，在指定文件路径名时，FileStream 类的一个构造方法如下：

```
public FileStream(string path, FileMode mode, FileAccess access, FileShare share)
```

在此构造方法中，path 表示指定文件名称；mode 表示文件的打开方式，其值参见表 11-9；access 表示文件访问权限，其值参见表 11-10；share 表示文件共享设置，其值参见表 11-11。在这些参数中，至少需要指定文件的名称和打开方式两个参数。而其他参数，如文件的访问权限、共享设置以及使用的缓存区大小，则是可选的。如不指定，则默认访问权限为 FileAccess. ReadWrite，共享设置为 FileShare. Read。如果不能确定访问权限，则可以通过从 Stream 中继承的 CanRead、CanWrite 等属性进行判断。

下面的代码指定以可读可写方式打开一个现有文件，并且在关闭文件之前禁止任何形式的共享。

```
using(FileStream fs = new FileStream(@ "D:\file.txt", FileMode.OpenOrCreate, FileAccess.ReadWrite, FileShare.None))
{
    string str = "你好吗?";
```

```
    byte[] bytes1 = Encoding.UTF8.GetBytes(str);
    fs.Write(bytes1, 0, bytes1.Length);
    fs.Flush();  //立即写入到文件中,清空流的所有缓冲区
    byte[] bytes2 = new byte[fs.Length];
    fs.Position = 0;
    fs.Read(bytes2, 0, (int)fs.Length);
    Console.WriteLine(Encoding.UTF8.GetString(bytes2));  //将读取到的值获取成字符串输出
}
```

表 11-9　FileMode 枚举成员

成员名称	说　　明
Append	若文件存在，则找到文件并找到文件结尾，或创建一个新文件
Create	指定操作系统创建新文件，如果文件已存在则覆盖它
CreateNew	指定操作系统应创建新文件，如果文件存在则引发异常
Open	指定操作系统应打开现有文件，如果文件不存在则抛出异常
OpenOrCreate	指定操作系统应打开文件，如果文件不存在则创建它
Truncate	指定操作系统打开现有文件，如果文件已存在则清空

表 11-10　FileAccess 枚举成员

成员名称	说　　明
Read	对文件的读访问，拥有读取权限
Write	对文件的写访问，拥有写入权限
ReadWrite	对文件的读访问和写访问，拥有读取权限和写入权限

表 11-11　FileShare 枚举成员

成员名称	说　　明
Delete	允许随后删除文件
Inheritable	使文件句柄可由子进程继承
None	谢绝共享当前文件。文件关闭前，打开该文件的任何请求都将失败
Read	允许随后打开文件读取。如果未指定此标志，则文件关闭前，任何打开该文件以进行读取的请求都将失败
ReadWrite	允许随后打开文件读取或写入。如果未指定此标志，则文件关闭前，任何打开该文件以进行读取或写入的请求都将失败
Write	允许随后打开文件写入。如果未指定此标志，则文件关闭前，任何打开该文件以进行写入的请求都将失败

11.3.3　序列化和反序化

1. 可序列化类

序列化时，写入流的是对象信息，并不包括类的静态成员，类的静态成员不属于对象。

为了让对象支持 .NET 序列化服务，要求在声明类时使用 [Serializable] 属性，用以标识该类对象是可序列化的，例如，标识 Employee 对象可序列化，代码如下：

```
[Serializable]
public class Employee : IEquatable<Employee>
{ //…}
```

类似地，使用 [NonSerialized] 属性用以标识可序列化类的某个字段不被序列化。例如，如下代码所示的可序列化类 User 中，id 字段被标识为 [NonSerialized] 属性，表示序列化 User 对象时，该对象的 id 值不会写入流中。

```
[Serializable]
class User
{
    private string name;
    [NonSerialized]  //id 字段不被序列化
    private string id;
    //…
}
```

2. 使用 BinaryFormatter 类序列化和反序列化对象

BinaryFormatter 类的名称空间为 System. Runtime. Serialization. Formatters. Binary。BinaryFormatter 对象使用方法 Serialize()进行序列化，使用方法 Deserialize()进行反序列化。这两个关键方法的签名如下：

```
public void Serialize(Stream serializationStream, object graph)
public object Deserialize(Stream serializationStream)
```

方法 Serialize()的第一个参数为 Stream 型，实参可用 Stream 类的派生类 FileStream 的对象。方法 Serialize()的第二个参数表示待序列化的对象。

【实例 11-2】 实现 User 对象的序列化和反序化。

```
1   using System;
2   using System.IO;
3   using System.Runtime.Serialization.Formatters.Binary;
4   [Serializable]
5   class User
6   {
7       private string name;
8       [NonSerialized]  //id 字段不被序列化
9       private string id;
10      public User(string id, string name)
11      {
12          this.id = id;
13          this.name = name;
14      }
15      public string Username
16      {
17          get { return name; }
```

```
18            }
19            public string Userid
20            {
21                get { return id; }
22            }
23        }
24        public class App
25        {
26            static void Main()
27            {
28                Serialize();
29                Deserialize();
30            }
31            static void Serialize()
32            {
33                using (FileStream fs = new FileStream("d:\\temp.dat", FileMode.
Create))
34                {
35                    BinaryFormatter formatter = new BinaryFormatter();
36                    User user1 = new User("115", "江颖馨");
37                    formatter.Serialize(fs, user1);  //id 字段不会写入流中
38                    user1 = new User("112", "陈希");
39                    formatter.Serialize(fs, user1);
40                }
41            }
42            static void Deserialize()
43            {
44                using (FileStream fs = new FileStream("d:\\temp.dat", FileMode.Open))
45                {
46                    BinaryFormatter formatter = new BinaryFormatter();
47                    User tmpUser;
48                    try
49                    {
50                        tmpUser = (User)formatter.Deserialize(fs);
51                        Output(tmpUser);  //不会输出 Userid 值
52                        tmpUser = (User)formatter.Deserialize(fs);
53                        Output(tmpUser);
54                    }
55                    catch(Exception e)
56                    {
57                        Console.WriteLine(e.Message);
58                    }
59                }
60            }
61            static void Output(User user)
62            {
63                Console.WriteLine("Userid = {0}, Username = {1}", user.Userid,
```

```
user.Username);
    64          }
    65      }
```

代码分析：

第 3 行，使用 BinaryFormatter 类的名称空间。

第 4 行，给 User 类标识可序列化属性。

第 8 行，给 id 字段标识不可被序列化属性。

第 33 ~ 40 行，使用 using 语句确定释放非托管资源，如其中的 fs 对象。

第 35 行，定义 BinaryFormatter 对象 formatter。

第 37 行，序列化 user1 对象，但 user1 的 id 字段值不被序列化。

第 42 行，定义反序列化方法。

第 50 行，从 fs 所引用的文件中反序列化对象，获取数据为先写入文件的“115”号用户“江颖馨”。

程序运行结果如图 11-2 所示。图中没有显示用户编号，因为程序没让用户编号字段参与序列化。

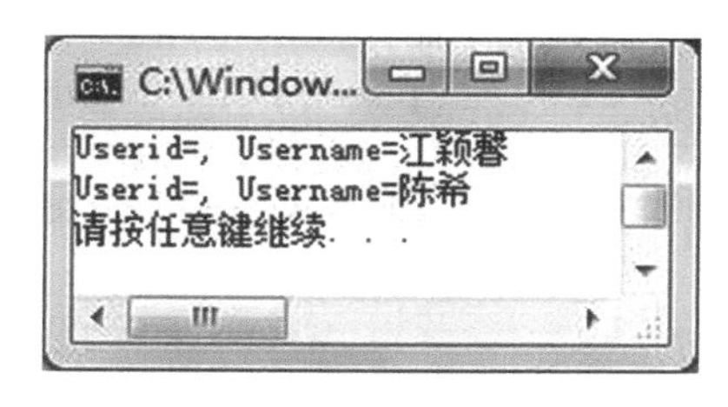

图 11-2 【实例 11-2】的运行结果

【实例 11-3】 序列化和反序列化 Dictionary < string, Employee > 对象数据，具体要求如下。

1）使用【实例 9-4】中的雇员类 Employee。

2）声明 EmployeeDictionary 类，表示雇员列表类，它用于保存雇员类数据，包括：

①公有静态字符串字段 empfile，表示文件路径信息“d:\Employees\myEmployees. dat”。myEmployees. dat 文件是一个二进制文件，经初始化后，文件内容包含 4 个员工信息，它们是李琼、陈希、谷山、郑亮，编号分别是 111、112、113、114。

②公有静态字段 empdir，用于存储文件夹“d:\Employees”。

③私有静态字段 empdic，它是 Dictionary < string, Employee > 对象，用于存储员工信息。empdic 中元素的键的值不能重复。

④Count 属性，表示员工人数。

⑤方法 Saveemployees( )，用于把 empdic 中的雇员信息保存到 empfile 内的文件中。

⑥方法 PrintEmployees( )，显示 empdic 中所有的员工信息。

⑦方法 Add(object)，实现把 object 对象添加到 empdic 中。

⑧方法 Remove(object)，实现移除 empdic 中的某个雇员对象。

⑨公有静态只读属性 UniqueID，求 empdic 中元素的键的最大值，再加 1，并把结果转换成 string 型。该值作为下个添加到 empdic 的元素的键值。

3）在方法 Main( ) 中，定义 EmployeeDictionary 对象，立即显示其中的雇员信息。再在 EmployeeDictionary 对象中添加对象，移除对象，存盘，最后显示所有雇员信息。

与【实例 11-1】相比，本实例有如下不同要求：

1）用二进制文件保存员工信息。

2）代码中用 Dictionary < string, Employee > 类型对象 empdic 保存员工信息，empdic 对象中的键值对元素要求键的值不能重复。

3）读文件和存盘方法不一样，本实例中采取用了序列化和反序列化的方法，从文件中取出原有对象的方法更加简单。

具体实现代码如下：

```
1    using System;
2    using System.Collections.Generic;
3    using System.IO;
4    using System.Runtime.Serialization.Formatters.Binary;
5    using Example9_4;
6    class EmployeeDictionary
7    {
8        public static string empfile = @ "d:\Employees\myEmployees.dat";
9        public static string empdir = @ "d:\Employees";  //存盘文件夹
10       private static Dictionary < string, Employee > empdic = new Dictionary
< string, Employee >();
11       public int Count
12       { get { return empdic.Count; } }
13       public void Loademployees()
14       {
15           using(FileStream fs = new FileStream(empfile, FileMode.Open))
16           {
17               try
18               {
19                   BinaryFormatter formatter = new BinaryFormatter();
20                   empdic = (Dictionary < string, Employee >)formatter.
Deserialize(fs);  //反序列化,从文件中得到雇员信息并存于 empdic 中
21               }
22               catch(Exception)
23               {
24                   Console.WriteLine(" --- 文件" + empfile + "已破坏!");
25                   File.Delete(empfile);  //删除原有文件
26               }
27               finally { fs.Close(); }
28           }
29       }
30       public bool Saveemployees()  //存盘方法
31       {
32           if(empdic.Count == 0)
33               return false;
34           try
35           {
36               if(! Directory.Exists(empdir))  //目标文件夹不存在则建立它
37                   Directory.CreateDirectory(empdir);
38               FileStream fs = new FileStream(empfile, FileMode.OpenOrCreate);
 //序列化 empdic 对象
39               BinaryFormatter formatter = new BinaryFormatter();
40               formatter.Serialize(fs, empdic);  //写入文件
41               fs.Close();
42               return true;
```

```
43            }
44            catch(Exception)
45            {
46                Console.WriteLine("保存异常!");
47                return false;
48            }
49        }
50        public void PrintEmployees()
51        {
52            if(Count ==0) return;
53            foreach(Employee item in empdic.Values)
54                Console.WriteLine("{0} {1}", item.ID, item.Name);
55            Console.WriteLine("--------------");
56        }
57        public static string UniqueID
58        {   //设置为最大 ID +1 的字符串形式
59            get
60            {
61                int max =0;
62                ICollection<string> ids =empdic.Keys;
63                foreach(string item in ids)
64                {
65                    int temp =int.Parse(item);
66                    if(max < temp) max =temp;
67                }
68                max++;
69                return max.ToString();
70            }
71        }
72        public void Add(object e)
73        {
74            Employee temp =e as Employee;
75            if(temp! =null &&! empdic.ContainsKey(temp.ID))
76            {
77                empdic.Add(temp.ID, temp);
78            }
79        }
80        public bool Remove(object e)   //移除员工信息
81        {
82            Employee temp =e as Employee;
83            if(temp ==null)
84                return false;
85            return empdic.Remove(temp.ID);
86        }
87    }
88    class Program
89    {
```

```
90        static void Init(EmployeeDictionary empdic)   //初始化
91        {
92            try
93            {
94                if(!Directory.Exists(EmployeeDictionary.empdir))
95                    Directory.CreateDirectory(EmployeeDictionary.empdir);
96                if(File.Exists(EmployeeDictionary.empfile))
97                    File.Delete(EmployeeDictionary.empfile);
98                empdic.Add(new Employee("111", "李琼"));
99                empdic.Add(new Employee("112", "陈希"));
100               empdic.Add(new Employee("113", "谷山"));
101               empdic.Add(new Employee("114", "郑亮"));
102               empdic.Saveemployees();
103           }
104           catch (Exception e)
105           { Console.WriteLine(e.Message); }
106       }
107       static void Main(string[] args)
108       {
109           EmployeeDictionary edic = new EmployeeDictionary();
110           Init(edic);
111           Console.WriteLine("文件中原有员工信息:");
112           edic.Loademployees();
113           edic.PrintEmployees();
114           Employee e = new Employee(EmployeeDictionary.UniqueID, "江颖馨");
115           edic.Add(e);   //添加一名员工
116           e = new Employee("112", "");
117           edic.Remove(e);   //移除112号员工
118           edic.Saveemployees();   //存盘
119           Console.WriteLine("添加、移除后员工信息:");
120           edic.PrintEmployees();   //显示最新信息
121           Console.WriteLine("员工人数:{0}", edic.Count);
122           Console.ReadKey();
123       }
124   }
```

程序运行结果如图 11-3 所示，与【实例 11-1】的运行效果一样。

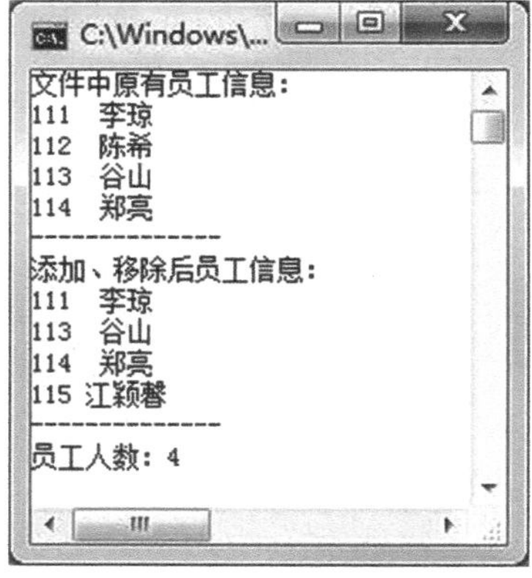

图 11-3 【实例 11-3】的运行结果

代码分析：

第 4 行，使用 System. Runtime. Serialization. Formatters. Binary 名称空间，是为了方便使用 BinaryFormatter 类。

第 5 行，使用 Example9_4 名称空间。项目中包含类文件 Employee. cs，文件中定义了 Employee 类，该类需要指明 [Serializable] 属性，表示类对象可序列化和反序列化。Employee 类属于 Example9_4 名称空间。

第 15 行，定义 FileStream 对象 fs，该对象关联 myEmployees. dat，用于打开该文件，进行第 20 行的反序列化操作。

第 19 行，定义 BinaryFormatter 对象 formatter（格式器）。

第 20 行，反序列化操作，从 fs 指定文件中读取字节流，并转换为 Dictionary < string, Employee > 型对象。

第 40 行，序列化操作，即用格式器将 empdic 对象写入 fs 所关联的文件中。

第 75 行，在 empdic 中添加元素前，需要判断元素是否已经存在。

第 85 行，Remove(temp. ID)会反复调用 Employee 类中的相等比较器。

本章小结

操作磁盘文件夹与文件，在 C#中使用 System. IO 名称空间中的类。其中，Directory 类和 File 类分别对文件夹与文件进行操作，它们的成员是静态成员，通过类名调用成员方法进行操作。相应地，DirectoryInfo 类与 FileInfo 类中的成员是非静态的，要通过它们的实例对象进行文件夹与文件的操作。

C#通过流对象操作文件数据内容。流对象如同管道一般，它连接内存对象与磁盘文件，使用流对象在内存对象与文件之间传输数据。本章介绍了 StreamReader 类和 StreamWriter 类分别读写文本文件的方法。对于二进制文件的读写，本章介绍了对象的序列化与反序列化的方法。在使用 BinaryFormatter 对象进行序列化与反序列化操作时，使用了 FileStream 对象关联磁盘文件。FileStream 对象引用的磁盘文件有文件打开方式，有文件的访问权限，有共享设置等。

本章只涉及 I/O 操作的小部分内容，还需要读者在实践中不断地学习与积累经验，提升实践能力。

习题

一、编程题

1. 使用 System. IO. Directory 类操作磁盘文件夹。
2. 使用 System. IO. DirectoryInfo 类操作磁盘文件夹。
3. 使用 System. IO. File 类操作磁盘文件。
4. 使用 System. IO. FileInfo 类操作磁盘文件。
5. 通过代码，在 D 盘上生成 temp. txt 文件，并写入若干行中文字符，然后通过代码读取它，并显示出来。
6. 定义 Book 类，表示书类，其中包括书名字段、价格字段、作者字段。请实现 Book 对象的序列化与反序化。
7. 在控制台应用程序中添加【实例 7-2】所示的类文件 Person. cs，该文件中定义有 Person 类，使用 Person 类定义 List < Person > 列表对象，在列表对象中添加 3 个 Person 对象，实现列表对象的序列化与反序列化。

二、思考题

1. System. IO. Directory 类提供了哪些文件夹管理功能？
2. System. IO. DirectoryInfo 类与 System. IO. Directory 类在用法上有什么不同？

3. System. IO. File 类提供了哪些文件操作功能?

4. 如何理解流?

5. StreamReader 类表示的字符流有哪些主要功能? StreamReader 对象为什么经常用于 using 语句中?

6. StreamWriter 类有哪些主要功能? 它的基类是什么类?

7. 抽象类 Stream 除 FileStream 类以外，还有哪些派生类?

8. 什么是对象的序列化和反序列化?

9. 一个类的对象要能被序列化，该类要设置什么属性? 如何设置类中的某个字段不被序列化?

10. BinaryFormatter 类的主要功能有哪些?

第 2 部分

综合实践模块

第 12 章　通讯录的设计与实现

学习目标

综合运用 C#知识，编程实现软件小项目，提升 C#程序设计能力。

12.1　需求分析

12.1.1　需求描述

1）通讯录联系人信息至少包含编号、姓名、单位、职务、工作电话、通信地址、邮政编码、联系人类别、个人电话。

2）能够提供浏览功能，以浏览全部联系人信息。

3）能够提供信息检索功能。当检索联系人信息时，要求按照多种方式检索联系人信息，如按编号检索、按姓名检索、按个人电话检索、按类别检索等。

4）能够添加、删除联系人信息。

5）提供修改联系人信息功能。

6）能够实现联系人信息存盘与备份功能，存盘信息内容不易被记事本等打开查看。

7）能够销毁通讯录文档。

8）能够满足简单的安全功能，如打开系统要求登录，并且提供管理员密码修改功能。

12.1.2　业务流程

作为个人的通讯录，个人用户就是管理员。用户使用通讯录系统的大致流程如图 12-1 所示。

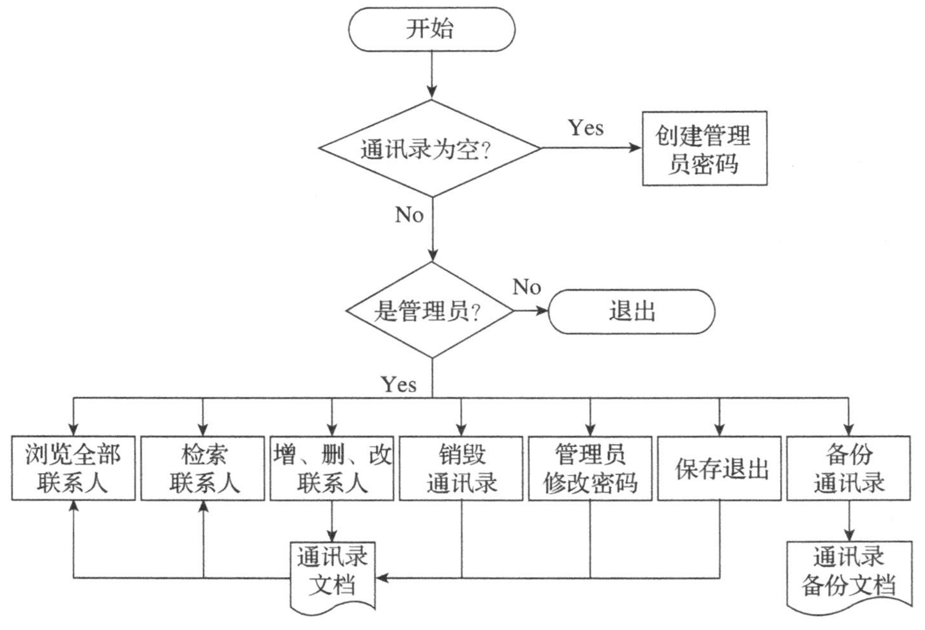

图 12-1　通讯录业务流程

12.2　系统功能分析

系统功能结构如图 12-2 所示。

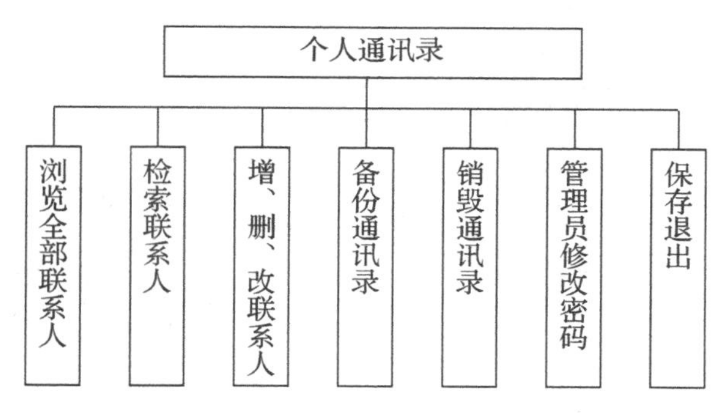

图 12-2　通讯录系统功能结构

12.3　概要设计

12.3.1　通讯录文档

1）通讯录文档目录 d:\File。

2）通讯录文档 d:\File\person. dat。

3）备份的通讯录文档的扩展名为 . bak。

12.3.2　通讯录联系人信息

通讯录中联系人设计信息见表 12-1。请参见【实例 7-2】中的 Person. cs 类文件。

表 12-1　通讯录联系人设计信息

序　号	字　段	类　型	含　义	长　度
1	id	int	编号	4 位整数
2	name	string	姓名	8
3	company	string	单位	12
4	position	string	职务	10
5	workphone	string	工作电话	12
6	address	string	通信地址	20
7	postalcode	string	邮政编码	6
8	kind	string	类别	6
9	personalphone	string	个人电话	12

12.3.3　提示信息

1）输出提示信息以“ - - ”开头。

2）输入前的提示信息为“ > > ”。

12.3.4　类设计

1）DirectoryFile 类，表示通讯录的存盘文件夹与文件名。

2）Person 类，表示通讯录中的联系人。

3）Contacts 类，表示通讯录，它的成员见表 12-2。

表 12-2　Contacts 类的成员与说明

序号	成　员	修饰符	类　型	说　　明
1	dicContacts 字段	public	Dictionary < string, Person >	存放联系人
2	instance 字段	private static	Contacts	存本类的实例，用于单例模式
3	Contacts( )	private	无	构造方法，导入文档中的联系人
4	GetUniqueID( )	public	int	在联系人最大的 id 基础上，再加 1，产生一个 id
5	~Contacts( )	无	无	析构方法，保存通讯录
6	GetInstance( )	public static	Contacts	为 instance 分配实例
7	CreateInfo( )	public	void	初始化通讯录，生成管理员密码于邮政编码中，管理员键的值为“0”
8	IsvalidpwdLength (string pwd, int x)	private	bool	验证密码长度，x 为长度要求
9	Addcontactperson( )	public	void	添加联系人，姓名必填
10	CheckNumber(string number, int x)	private	bool	验证输入的电话号码或邮政编码格式是否正确，x 为长度要求
11	delPhoneBook( )	public	void	删除通讯录中所有的联系人
12	BrowseContacts( )	public	void	浏览所有联系人信息
13	OutputfileInfo( )	public	void	显示通讯录文档的创建日期
14	OutputContact PersonwithID(string id)	public	void	输出指定 id 的联系人
15	OutputContactPersonwith IDlist(List < string > L)	public	void	输出指定 id 列表 L 中的所有联系人
16	UpdateContactPersonwith ID(string id)	public	bool	修改指定 id 的联系人
17	UpdateAnddelete Record(List < string > L)	public	void	循环提示修改、删除联系人
18	SaveRecord( )	public	bool	存盘
19	GetContactPersonList( )	public	List < string >	获取 dicContacts 中的联系人键列表

（续）

序号	成　员	修饰符	类　型	说　　明
20	GetRecordKeyListbyValue (string value, string type)	public	List < string >	查询联系人。value 为查询数据；type 为查询的类别，值为 "a"、"b"、"c"、"d" 4 种情形，分别表示按编号、姓名、个人电话、类别进行查询
21	Search( )	public	void	查找联系人，并列出结果
22	Backup( )	public	void	备份通讯录文件，目标文件的扩展名为 . bak

4）Manager 类，表示通讯录管理，它的成员见表 12-3。

表 12-3　Manager 类的成员与说明

序号	成　员	修饰符	类　型	说　　明
1	password 字段	private	string	管理员密码
2	Password 属性	public	string	管理员密码属性
3	book 字段	private	Contacts	存通讯录对象作为 Manager 的管理对象
4	Manager( )	public	无	构造方法，给 book 赋值，获取单例
5	canPass( )	public	bool	验证管理员密码。通讯录为空或输入的密码正确，则返回 true，其他情形为 false
6	updatePWD( )	private	bool	修改管理员密码
7	menu( )	public	void	主菜单
8	adminMenu( )	public	void	通讯录增、删、改菜单

12.3.5　界面设计

1）初始化管理员密码界面如图 12-3 所示。

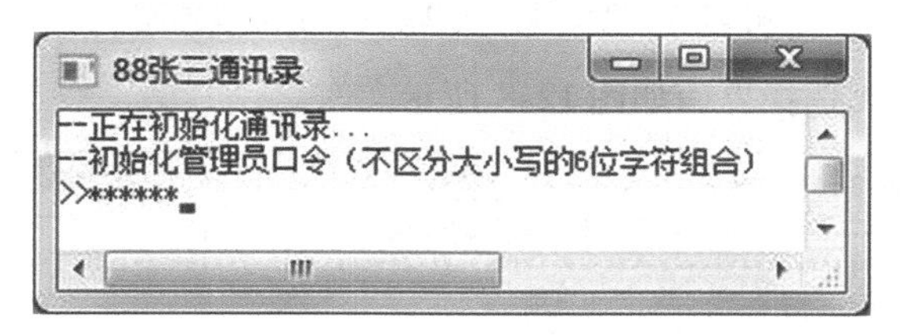

图 12-3　初始化管理员密码界面

2）验证管理员信息界面如图 12-4 所示。

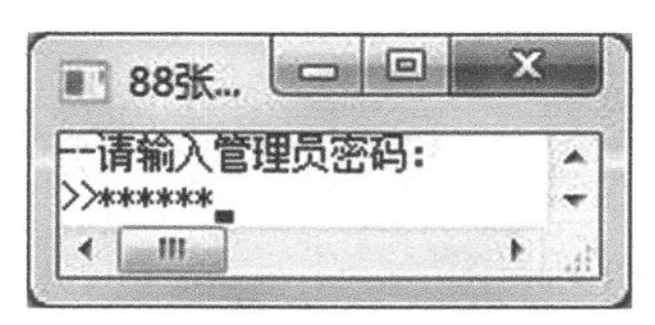

图 12-4　验证管理员信息界面

3）主菜单界面如图 12-5 所示。

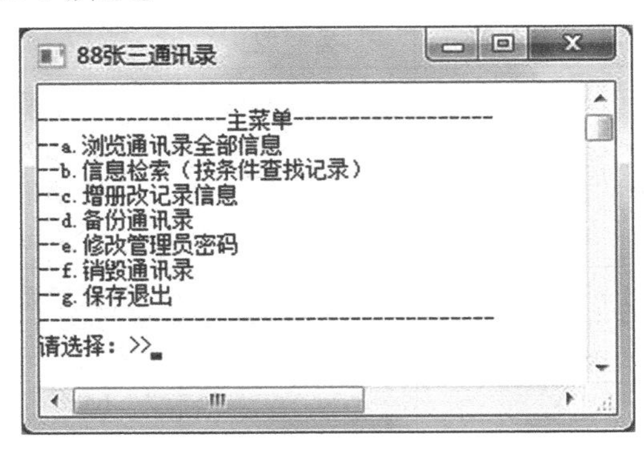

图 12-5 主菜单界面

4）检索联系人界面如图 12-6 所示。

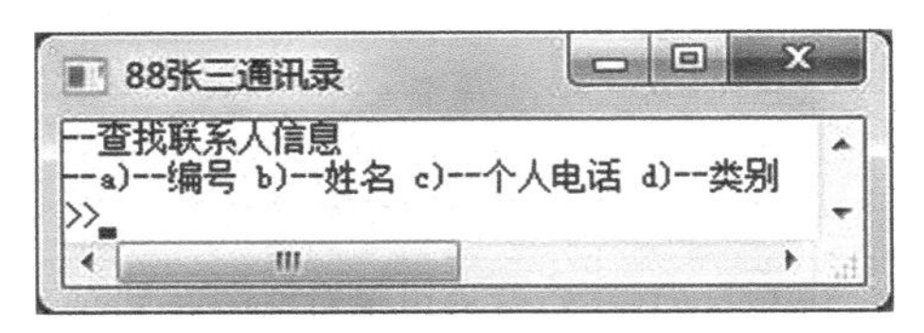

图 12-6 检索联系人界面

5）增、删、改联系人子菜单界面如图 12-7 所示。

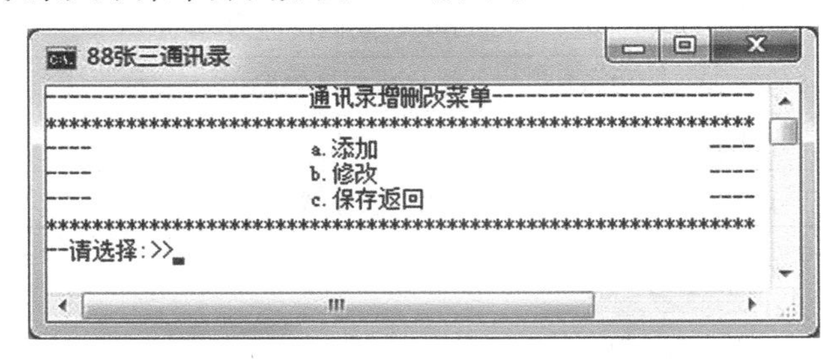

图 12-7 增、删、改联系人子菜单界面

6）修改与删除联系人选择界面如图 12-8 所示。

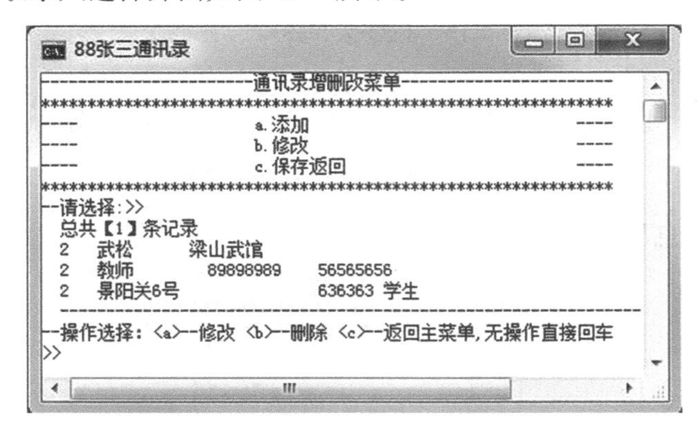

图 12-8 修改与删除联系人选择界面

7）备份通讯录界面如图 12-9 所示。

图 12-9　备份通讯录界面

8）修改管理员密码界面如图 12-10 所示。

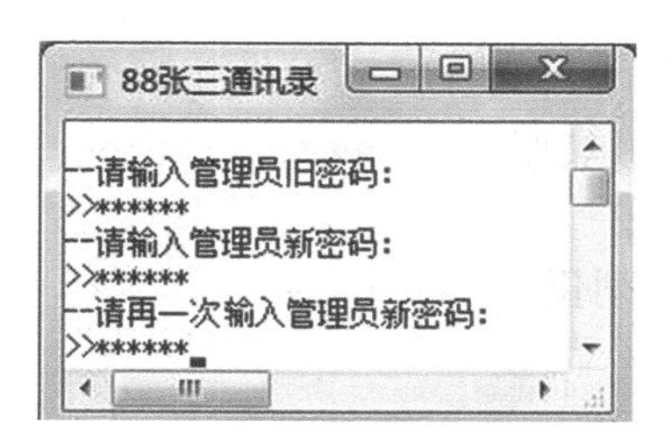

图 12-10　修改管理员密码界面

9）销毁通讯录界面如图 12-11 所示。

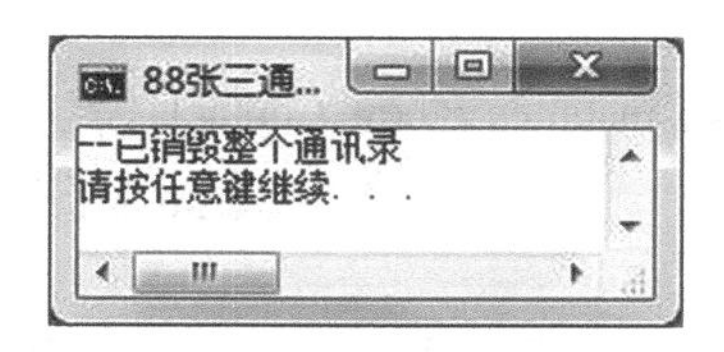

图 12-11　销毁通讯录界面

12.4　项目具体实现

12.4.1　实现 DirectoryFile 类

```
class DirectoryFile
{
    public static string FileName = @ "d:\File\person.dat";
    public static string DirectoryName = @ "d:\File";
}
```

12.4.2　实现 Person 类

参见【实例 7-2】，并使用其 Person 类代码。请读者自行编写使用 Person 对象的代码，以熟悉其成员。

12.4.3　实现 Contacts 类

本类的成员参见表 12-2，请读者一一加以实现。下面就类中的一些成员实现细节做进一步的说明。当然，读者可以根据自己的理解，实现同样要求的功能。建议在类中功能实现的同时，及时加以测试。

1. 方法 Contacts( )

功能要求：从通讯录文档中导入联系人信息到 dicContacts 对象中。

流程要点：

1）若存盘文件夹不存在，则创建。

2）若通讯录文档不存在，则返回。

3）响声提醒。

4）在 using 语句中实现反序列化，给 dicContacts 赋值。如果反序列化异常，则删除通讯录文档。

2. 方法 ~Contacts()

功能要求：序列化 dicContacts 对象，将数据保存至通讯录文档中。

流程要点：

1）声明 FileStream 对象 fs，并关联通讯录文件。

2）声明 BinaryFormatter 对象。

3）用 BinaryFormatter 对象序列化。

4）关闭 fs。

5）响声提醒。

3. 方法 GetInstance()

功能要求：为 instance 分配实例。

流程要点：

1）若 instance 字段为 null，则 instance = new Contacts()。

2）返回 instance。

4. 方法 CreateInfo()

功能要求：初始化通讯录，生成管理员密码于邮政编码中，管理员键的值为“0”。

流程要点：

1）若 dicContacts 对象中已有元素存在，则返回。

2）提示信息“--初始化管理员口令（不区分大小写的6位字符组合）”。

3）接收键盘输入的管理员密码信息，输入密码时，屏幕显示“*”。参考代码如下：

```
string password = "";
ConsoleKeyInfo info;
while (!IsvalidpwdLength(password, 6))
{
    password = "";
    do
    {
        info = Console.ReadKey(true);  //不显示按下的键
        if(info.Key != ConsoleKey.Enter && info.Key != ConsoleKey.Backspace &&
info.Key != ConsoleKey.Escape && info.Key != ConsoleKey.Tab && info.KeyChar != '\0')
        {
            password += info.KeyChar;
            Console.Write('*');
        }
    } while(info.Key != ConsoleKey.Enter);
    if(! IsvalidpwdLength(password, 6))
    {
```

```
        Console.Write("\n--密码长度小于6位,安全系数低,请重新输入! \n>>");
        continue;
    }
    else
        break;
}
```

4）用 Person 对象，表示管理员对象。

5）将 password 变量保存于管理员对象的 Postalcode 中，即邮政编码中。

6）将管理员对象添加到 dicContacts 对象中，键的值为“0”。

7）清屏，提示“--成功创建管理员”。

5. 方法 Addcontactperson()

功能要求：添加联系人，姓名必填。

流程要点：

1）string select = "y",其中 select 用于循环控制。

2）声明变量，用于接收键盘输入信息，参考代码如下：

```
int id;
string name;                            //姓名
string company;                         //单位
string position;                        //职务
string workphone;                       //工作电话
string address;                         //通信地址
string postalcode;                      //邮政编码
string kind;                            //类别
string personalphone;                   //个人电话
```

3）当 select 值为“y”时，进行循环。参考代码如下：

```
id = GetUniqueID();
Console.WriteLine("--新用户 ID【{0}】", id);
Console.Write("--姓名为必填信息,请输入姓名信息! \n>>");
name = Console.ReadLine();
while(name.Length == 0)
{
    Console.Write("--姓名为必填信息,请输入姓名信息! \n>>");
    name = Console.ReadLine();
    continue;
}
Console.Write("--请输入" + name + "的工作电话:\n>>");
workphone = Console.ReadLine();
while(!(CheckNumber(workphone, 8)||CheckNumber(workphone, 11)))
{
    Console.Write("--电话号码位数为8位或11位数字,请重新输入\n>>");
    workphone = Console.ReadLine();
}
Console.Write("--请输入" + name + "的单位:\n>>");
```

```
    company = Console.ReadLine();
    Console.Write(" -- 请输入" + name + "的职务:\n > > ");
    position = Console.ReadLine();
    Console.Write(" -- 请输入" + name + "的个人电话:\n > > ");
    personalphone = Console.ReadLine();
    while(!(CheckNumber(personalphone, 8)||CheckNumber(personalphone, 11)))
    {
        Console.Write(" -- 电话号码位数为 8 位或 11 位数字,请重新输入\n > > ");
        personalphone = Console.ReadLine();
    }
    Console.Write(" -- 请输入" + name + "的通信地址:\n > > ");
    address = Console.ReadLine();
    Console.Write(" -- 请输入" + name + "的邮政编码:\n > > ");
    postalcode = Console.ReadLine();
    while(!(CheckNumber(postalcode, 6)))
    {
        Console.Write(" -- 邮政编码为 6 位数字,请重新输入\n > > ");
        postalcode = Console.ReadLine();
    }
    Console.Write("-- 请选择"+ name + "的类别:\n --1.朋友 2.同事 3.老师 4.家人 5.学生(默
认)\n > > ");
    kind = (Console.ReadKey(true)).KeyChar.ToString();
    switch (kind)
    {
    //…
    }
    Person tem = new Person ( id, name, company, position, workphone, address,
postalcode, personalphone, kind);
    dicContacts.Add(id.ToString(), tem);
    Console.Write(" \n -- 是否继续创建用户? <y/n >:");
    select = Console.ReadLine();
    select = select.ToLower();
```

6. 方法 CheckNumber(string number, int x)

功能要求：验证输入的电话号码或邮政编码格式是否正确，x 为长度要求。

流程要点：

1）若 number 为空，则返回 true。

2）若 number 长度与位数不同，则返回 false。

3）若 number 全为数字，则返回 true，否则返回 false。

7. 方法 delPhoneBook()

功能要求：删除通讯录中所有的联系人。

流程要点：

1）若 dicContacts 不为空，则进行如下操作。

①清空 dicContacts。

②提示信息“ -- 已销毁整个通讯录”。

③退出，退出语句为“System. Environment. Exit(0)”。

2）若dicContacts为空，则提示信息“--通讯录已销毁!”

8. 方法BrowseContacts()

功能要求：浏览所有联系人信息。

流程要点：

1）提示信息“--浏览通讯录文件信息-”。

2）遍历dicContacts，输出联系人。

9. 方法OutputfileInfo()

功能要求：显示通讯录文档的创建日期。

参考代码如下：

```
Console.Clear();
Console.WriteLine("--浏览通讯录文件信息-");
Console.Write("--已存在【{0}】条记录,", dicContacts.Count -1);
if(File.Exists(DirectoryFile.FileName))
{
    Console.WriteLine("文件创建日期:" + File.GetCreationTime(DirectoryFile.
FileName).ToLongDateString());
}
```

10. 方法UpdateContactPersonwithID(string id)

功能要求：修改指定id的联系人。

流程要点：

1）声明变量，用于接收键盘输入信息，参考代码如下：

```
string name;                        //姓名
string company;                     //单位
string position;                    //职务
string workphone;                   //工作电话
string address;                     //通信地址
string postalcode;                  //邮政编码
string kind;                        //类别
string personalphone;               //个人电话
```

2）提示并输出联系人数据信息，可参考第5点。

3）根据输入信息生成编号为id的Person对象。

4）覆盖dicContacts[id]。

5）返回true。

11. 方法UpdateAnddeleteRecord(List <string> L)

功能要求：循环提示修改、删除联系人。

流程要点：

1）显示联系人人数信息。

2）遍历L，若L[i]不是管理员，则进行如下操作。

①输出指定编号的联系人信息，即调用方法OutputContactPersonwithID(L[i])。

②提示信息“--操作选择：<a>--修改 <b>--删除 <c>--返回主菜单，无操作直接按<Enter>键”。

③做 a、b、c 的选择。

④若选 a，则调用方法 UpdateContactPersonwithID(L[i])，修改联系人；若选 b，则调用方法 dicContacts.Remove(L[i])，删除联系人；若选 c，则返回。

12. 方法 GetRecordKeyListbyValue(string value,string type)

功能要求：查询联系人。value 为查询数据；type 为查询的类别，值为“a”“b”“c”“d”4 种情形，分别表示按编号、姓名、个人电话、类别进行查询。

流程要点：

1）声明 List<string>对象 L，并实例化。

2）获取 value 长度，len = value.Length。

3）根据 type 的值，分情形给 L 添加数据。例如，按类别查找，参考代码如下：

```
foreach(KeyValuePair<string, Person> p in dicContacts)
{
    if(p.Key != "0")
    {
        if(p.Value.Kind.Contains(value))
            L.Add(p.Key);
    }
}
```

4）返回 L。

13. 方法 Search()

功能要求：查找联系人，并列出结果。

流程要点：

1）提示信息“--a）--编号 b）--姓名 c）--个人电话 d）--类别”。

2）做出选择。

3）对选择分情形做处理，默认返回。例如，当按类别查找时，参考代码如下：

```
Console.Write("\n--请输入要查找的类别(朋友、同事、老师、家人、学生(默认)):\n>>");
string temp = Console.ReadLine();
if(temp.Trim() == "")  //如果没有输入
    searchvalue = "学生";
else
    searchvalue = temp;
break;
```

4）调用方法 GetRecordKeyListbyValue(searchvalue,choice)，获取查找结果。

5）调用方法 OutputContactPersonwithIDlist(searchResultList)显示查到的结果，或提示没有找到任何信息。

12.4.4 实现 Manager 类

Manager 类成员见表 12-3，请读者一一实现本类成员，并及时测试成员功能。

1. book 字段

功能要求：保存通讯录对象作为 Manager 的管理对象，初值为 null。

流程要点：Contacts book = null。

2. 方法 Manager()

功能要求：构造 book 对象。

流程要点：book = Contacts. GetInstance()。

3. 方法 canPass()

功能要求：验证管理员密码。通讯录为空或输入的密码正确，则返回 true，其他情形返回 false。

流程要点：

1）若 book. dicContacts 为空，则返回 true。

2）声明变量，bool yn = false。

3）接收键盘输入的密码。

4）获取键值为“0”的元素值 admin。

5）若 admin 为 null，则返回 false。

6）若 admin. Postalcode 与接收的密码相同，则 fn = true。

7）返回 yn。

4. 方法 updatePWD()

功能要求：修改管理员密码。

流程要点：

1）若捕捉到异常，则提示异常，并返回 false。

2）提示输入管理员旧密码。

3）用 oldpwd 接收键盘输入的旧密码。

4）oldpwd 与管理员密码不同，则提示密码错误，返回 false。

5）用 newpwd1 接收键盘输入的新密码。

6）用 newpwd2 接收键盘再次输入的新密码。

7）若 newpwd1 ! = newpwd2，则提示两次新密码不一致，返回 false。

8）在 book. dicContacts["0"]. Postalcode 中存入新密码。

9）调用方法 book. SaveRecord()进行存盘。

10）提示密码修改成功。

11）返回 true。

5. 方法 menu()

功能要求：实现主菜单。

流程要点：

1）声明变量 select，用于保存菜单选择，string select = null。

2）若 book. dicContacts 中没有任何元素，则调用方法 book. CreateInfo()初始化通讯录，若捕捉到异常，则提示异常，退出程序。

3）给出主菜单。

4）提示菜单选择，并接收菜单选择。参考代码如下：

```
select = Console.ReadKey(true).KeyChar.ToString().ToLower();
```

5）对 select 分情形进行处理，参考代码如下：

```
switch (select)
{
    case "a":  //浏览通讯录全部信息,包括文件信息及其中的记录
        {
            //清窗口→book.OutputfileInfo()→book.BrowseContacts()→menu()
        }
    case "b":  //信息检索(按条件查找记录)
        {
            //清窗口→book.Search()→给出主菜单
        }
    case "c":
        {
            //清窗口→adminMenu()→给出主菜单
        }
    case "d":
        {
            //清窗口→Backup()→给出主菜单
        }
    case "e":
        {
            //清窗口→updatePWD()→给出主菜单
        }
    case "f":
        {
            //清窗口→book.delPhoneBook()→给出主菜单
        }
    case "g":
        {
            Console.WriteLine(" --谢谢使用\n --再见 -- ");
            System.Environment.Exit(0);
            break;
        }
    default:
        {
            Console.WriteLine("输入有误:\n 请重新输入:");
            menu();
            break;
        }
}
```

6. 方法 adminMenu()

功能要求：实现通讯录的增、删、改菜单功能。

流程要点：

1）声明 string 型变量 select，用于保存菜单选择。
2）输出通讯录增删改菜单。
3）用 select 保存菜单选择结果。
4）分情形处理菜单选择结果，参考代码如下：

```
switch (select)
{
    case "a":  //添加新记录
        {
            Console.Clear();
            book.Addcontactperson();
            adminMenu();
            Console.Clear();
            break;
        }
    case "b":  //修改记录
        {
            book.UpdateAnddeleteRecord(book.GetContactPersonList());
            adminMenu();
            Console.Clear();
            break;
        }
    case "c":  //保存并返回
        {
            book.SaveRecord();
            break;
        }
}
```

12.4.5 实现 Program 类

1. 方法 InitConsoleWindow()

功能要求：初始化控制台窗口。

参考代码如下：

```
static void InitConsoleWindow()
{
    Console.Title = "88 张三通讯录";
    Console.SetWindowPosition(0, 0);
    Console.SetWindowSize(80, 43);
    Console.BackgroundColor = ConsoleColor.White;
    Console.ForegroundColor = ConsoleColor.Blue;
    Console.Clear();
}
```

2. 方法 Main()

功能要求：启动通讯录程序。

参考代码如下：

```
static void Main(string[] args)
{
    InitConsoleWindow();
    Manager m = new Manager();
    if(! m.canPass())
    {
        Console.WriteLine("\n\t--密码错误! \n--已退出");
        Console.ReadKey();
        return;
    }
    Console.Clear();
    m.menu();  //主菜单
    Console.WriteLine("\n\t--本次操作结束,欢迎您再次使用本系统! \n--已退出");
    Console.ReadKey();
}
```

参考文献

[1] 梁勇. Java语言程序设计（基础篇）[M]. 北京：机械工业出版社，2015.

[2] 杜江. C#程序设计项目化教程 [M]. 青岛：中国海洋大学出版社，2010.

[3] 陈向东. C#面向对象程序设计案例教程 [M]. 2版. 北京：北京大学出版社，2015.

[4] 谭浩强. C程序设计题解与上机指导 [M]. 3版. 北京：清华大学出版社，2005.

[5] 衡友跃. Java趣味编程100例 [M]. 北京：清华大学出版社，2013.